浙江省普通本科高校"十四五"重点立项建设教材

PSYCHOLOGY

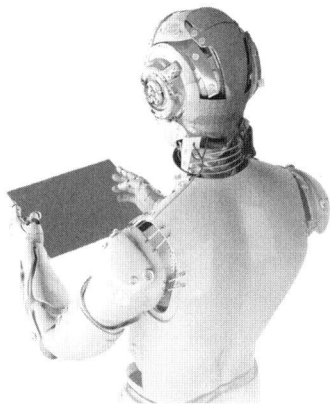

机器人心理学

揭示人与机器人交互的心理规律

Robotic Psychology

尹 军◎主 编
周艳艳◎副主编

北京师范大学出版集团
BEIJING NORMAL UNIVERSITY PUBLISHING GROUP
北京师范大学出版社

图书在版编目(CIP)数据

机器人心理学：揭示人与机器人交互的心理规律 / 尹军主编. —北京：北京师范大学出版社，2025.2
　(应用心理学丛书)
　ISBN 978-7-303-29435-0

Ⅰ. ①机…　Ⅱ. ①尹…　Ⅲ. ①机器人－应用心理学－研究　Ⅳ. ①TP242

中国国家版本馆 CIP 数据核字(2023)第 205556 号

出版发行：北京师范大学出版社 https://www.bnupg.com
　　　　　北京市西城区新街口外大街 12-3 号
　　　　　邮政编码：100088
印　　刷：北京溢漾印刷有限公司
经　　销：全国新华书店
开　　本：787 mm×1092 mm　1/16
印　　张：14.75
字　　数：341 千字
版　　次：2025 年 2 月第 1 版
印　　次：2025 年 2 月第 1 次印刷
定　　价：69.00 元

策划编辑：何　琳　　　　　　　责任编辑：宋　星
美术编辑：焦　丽　　　　　　　装帧设计：焦　丽
责任校对：陈　荟　申立莹　　　责任印制：马　洁

前　言

　　近年来，随着人工智能技术的发展，机器人的使用不再局限于工业制造行业，具有一定社交功能的机器人（即社会机器人）已经走进人们的日常生活，在诸如护理、教育以及家庭陪伴等更为广阔的领域为人类服务。社会机器人的设计不仅涉及算法上的开发，而且涉及基于人类的社交心理特性，被人类接受且符合人类交互要求的功能特性的开发。于是，人类与机器人的交互行为便成为心理学研究的一个新领域。甚至有研究者提出了机器人心理学（robotic psychology）这一分支学科，认为应从心理学的视角，将人类之间的社会交互规律应用于机器人的开发，并探索人类如何感知和理解机器人的行为，以设计符合人类社会认知特性的社会机器人，从而优化人机之间的社交互动，提高人际交互的效益。

　　机器人心理学是一个新兴的交叉研究领域，主要研究机器人行为的心理意义及其与人类和社会环境要素交互时的规律，聚焦于机器人行为所引发的人类心理现象及其影响下的人类行为活动。机器人心理学属于工程心理学范畴，旨在运用心理学原理从心理的不同层面（如感觉、情绪、认知等）考察人类与机器人之间的相容性，探究人机交互的独特性，并阐明机器人的"人格"及其对人类心理与行为的影响。在人机交互过程中，人类与机器人之间的相容性意味着人类对社会机器人的期望与机器人的属性和表达方式相匹配。该特性与传统"以机器为中心"的人机交互研究取向不同，强调的是机器人如何适应人类的需求，是一种"以人为中心"的人机交互研究取向。"以机器为中心"的人机交互研究取向主要关注工程方面的问题，而"以人为中心"的人机交互研究取向则将关注点放在技术对人及社会价值的影响上，聚焦于将人的价值和需求置于机器人的技术开发过程中。因此，机器人心理学旨在缩小技术导向科学与社会科学之间的差距。

机器人心理学是机器行为学的重要组成部分。2019年，《自然》(Nature)期刊发表了一篇以"机器行为"(machine behaviour)为题的综述文章，宣告了跨越多个学科的新兴交叉学科——"机器行为学"正式诞生。该学科试图采用研究人类或动物行为的方法解释人工智能，并深入研究智能体的行为规律。机器人的智能化和社会化也离不开人工智能，其发展的核心是基于人工智能的研究。因此，机器人心理学也可被看作机器行为学在机器人研究领域的具体化。

机器人心理学是一个新兴的研究和应用方向，尚未出现一套较为适合该方向教学使用的正式出版的教材。一些教师在教学中使用的讲义的完整性和系统性较差，因而不利于学生和研究者对该领域知识体系的构建。鉴于此，编者利用最近几年来撰写的"机器人心理学专题"和"人因工效学"等课程的讲义，结合当前有关机器人心理学研究的前沿文献，组织编写了《机器人心理学：揭示人与机器人交互的心理规律》，以便为心理学和人工智能相关专业的学生和研究者提供更有效的理论和实践指导，并为机器人开发和设计相关专业提供可借鉴的心理学规律和知识。

本书内容的组织框架按照"以人为中心"和"以机器人为交互对象"的思路确定，较为系统地阐述了在与机器人的交互过程中，人类如何认识和对待机器人，机器人如何影响人类行为以及人类如何构建与机器人的交互关系等问题。本书包括九章，其中第一章作为导论，简要介绍了机器人心理学的研究范畴和研究方法；第二章和第三章分别阐述了有关人类对机器人的社会认知和态度的研究；第四章和第五章分别从基于机器人的教育和学习与人机交互中机器人对人的社会影响两个方面讨论了机器人对人类的影响；第六章、第七章和第八章分别讨论了人类与机器人的关系、机器人对人类的陪伴以及机器人带来的道德问题；第九章为拓展讨论，阐述了机器行为学的研究主题，以便读者更好地理解机器人心理学。

本书是宁波大学群体行为与社会心理服务研究中心成员集体劳动的成果。参与本书撰写的人员都是具有较为丰富的人机交互或机器人心理学知识的心理学专业人才，具体的撰写分工如下：第一章，尹军；第二章，周艳艳、沈岚岚；第三章，周艳艳；第四章，姜英东；第五章，尹军、徐入佳；第六章，王诗琪；第七章，黄晖、杨滢巧；第八章，尹军、郭文娇、吴晓颖；第九章，段继鹏、林静。尹军和周艳艳确定全书的组织框架，并负责初稿的修改和统稿工作。

本书是浙江省普通本科高校"十四五"第二批新工科、新医科、新农科、新文科重点教材建设项目，并获得了宁波大学研究生高水平教材建设项目和宁波大学应用心理学专业建设经费的资助。在撰写本书的过程中，我们还得到了张锋老师、何琳编辑等人的帮助，谨向各位老师致以诚挚的谢意！

由于水平有限，且对机器人心理学前沿文献的搜集可能不够全面，因此对于书中存在的不足，恳请大家指正，以便我们进一步修改和完善。

目　录

第一章 理解机器人心理学

近年来，随着人工智能技术的进步，机器人的使用已不再局限于诸如工业制造领域，而是逐渐进入人们的日常生活，在护理、教育以及家庭陪伴等更为广阔的领域为人类服务，此种机器人被称为社会机器人（Dahl & Boulos，2013；Gates，2008；Lin et al.，2011）。为了使人们在生活中更好地接纳机器人，体验机器人带来的服务，工程师通过设计具有不同外形和功能的机器人来提高人机交互（human-robot interaction，HRI）的有效性和质量（Broadbent et al.，2012）。然而，当前所开发的用于人机互动的社会机器人依然与使用者的期望相差甚远。鉴于社会交互能力是人类社会认知的基础，有研究者提出了机器人心理学，认为应从心理学的视角，将人类之间的社会交互规律应用于机器人的开发，并探索人类如何感知和理解机器人的行为，以设计符合人类社会认知特性的社会机器人，从而优化人机之间的社交互动。本章所讨论的中心话题便是机器人心理学的研究范畴的问题。

第一节 何为社会机器人

一、什么是机器人

机器人是一种能够半自主或全自主工作的智能机器，可通过编程在无人干预的情况下执行某些任务。也就是说，机器人能够接受人类的指令，然后自主执行任务。机器人是人工智能（artificial intelligence，AI）的一种形式。机器人技术已成为

什么是机器人心理学

能满足许多需求的解决方案，如客户服务和商业促销。当前机器人经历了较长时间的发展，其应用已经相当普遍。

1950 年，艾伦·图灵在他的文章《计算机器与智能》中提出了"机器能思考吗"的问题。在文中，艾伦·图灵提出了对机器智能的测试方法——衡量一台机器的智能在多大程度上与人类的智能相同——后来被称为图灵测试。艾伦·图灵的工作为机器人的开发和研究构建了一个基本框架。1959 年，第一个工业机器人 Unimate（由机器人公司 Unimation 研制）诞生，并在 1961 年被应用到汽车生产线上，用于将铸件中的零件取出。

进入 20 世纪 60 年代，约翰斯·霍普金斯大学应用物理实验室研制出 Beast 机器人。Beast 没有使用计算机，其控制电路由几十个控制模拟电压的晶体管组成，能通过声呐系统、光电管等装置，根据环境校正自己的位置。Beast 是一个可移动的机器人，有初步的智能和独立生存的能力。当在实验室的白色大厅里漫步时，它会寻找插座。当找到插座后，它会自主进行充电。Shakey 机器人也在此时诞生，它是第一个真正可移动和感知环境的机器人。它被认为是机器人革命的开始，该项目整合了机器

人学、计算机视觉和自然语言处理的研究成果。

日本早稻田大学在 20 世纪 70 年代建造了第一个拟人或类人机器人 Wabot-1。它由肢体控制系统、视觉系统和会话系统组成，可以自行导航和自由移动，甚至可以测量物体之间的距离。1973 年，德国库卡公司发布了 Famulus，这是第一个具有六个机电驱动轴的工业机器人。1974 年，理查德·霍恩开发了第一台由微型计算机驱动的工业机器人——明日工具（即 T3）。1976 年，机器人 Viking 1 和 Viking 2 登陆火星。这两个机器人都由放射性同位素热电发电机提供动力，该发电机利用衰变钚释放的热量发电。1976 年，东京理工学院 Shigeo-Hirose 软钳机器人，可以顺应要抓握的物体的形状，如一个装满鲜花的酒杯。其设计源于对自然界柔性结构的研究，如象鼻和蛇脊髓。

20 世纪 80 年代后，最受欢迎的机器人玩具是 OmniBot 2000，其由远程控制，配备了一个托盘，用于提供饮料和零食。1997 年，国际商业机器公司开发的"深蓝"计算机经过六场比赛，成为世界上首个击败世界国际象棋冠军加里·基莫维奇·卡斯帕罗夫的机器。1998 年，戴夫·汉普顿（Dave Hampton）和卡莱布·钟（Caleb Chung）发明了第一个家用或宠物机器人 Furby。Furby 是类似于仓鼠或猫头鹰一样的动物，在一段时间内成为热销的玩具，并持续销售到 2000 年。1999 年，AIBO 成为索尼创造的几个机器人宠物之一。它可以通过摄像头感知周围环境，并且可以识别用英语或西班牙语发出的命令。它也有"学习并发展"的能力，其通过使用记忆系统可以学习知识和发展自身的能力。

二、社会机器人的兴起

到 20 世纪 90 年代中期，新的研究计划开始启动，原则上遵循新的人工智能范式，但其目标是研究具有类人身体或类人心智的机器人，最著名的是麻省理工学院的机器人 Cog，一种上半身类人的机器人。后来在同一实验室开发出 Kismet，它是一种社会机器人，有一张清晰的脸，能够表达自己的"情感"。值得一提的是，Cog 的目标是构建类人智能，这是一个伟大的目标，不可能在短期内实现。然而，罗德尼·布鲁克斯开发社会机器人的倡议重新唤起了人们对类人智能的兴趣（Brooks et al.，1998）。

进入 21 世纪后，机器人具有更多与人类进行交互的能力。例如，本田的 ASIMO 机器人是一个智能的仿人机器人，它大约 4 英尺 3 英寸（约 1.30 米）高。ASIMO 能够像人一样快速行走。这个机器人可以在餐厅为顾客送托盘，与人手牵手一起行走，并可识别物体、解读手势、辨别声音等。日本东京大学开发了一款名叫 Kengoro 的机器人。Kengoro 使用 116 个拉动电缆的执行器移动，可以做俯卧撑、仰卧起坐，甚至是背部伸展运动。Kengoro 运动多了也会产生热量。为了散热，研究人员为其配备了一个冷却系统，除了能帮助 Kengoro 散热之外，还能使其产生类似于人类的"流汗"等生理反应。美国新创公司梅菲尔德机器人公司（Mayfield Robotics）推出了外观设计简洁、模样呆萌可爱的智能家用机器人 Kuri，其在居家生活中扮演智能助手与好伙伴的角色。由汉森机器人技术公司（Hanson Robotics）制造的机器人索菲亚（Sophia）获得了沙特阿拉伯公民身份。联合国开发署将"创新大赛冠军"颁发给了索菲亚。

阅读材料一

社会机器人索菲亚

　　索菲亚是由中国香港的汉森机器人技术公司开发的类人机器人，是历史上首个获得公民身份的机器人。索菲亚看起来就像人类女性，拥有橡胶皮肤，能够表现出超过62种的面部表情。索菲亚"大脑"中的计算机算法能够进行面部识别，并与人进行眼神接触。比起阿尔法狗（AlphaGo）、沃森这些实力派人工智能，索菲亚走的应该算是偶像派路线。这个于2015年4月19日被激活的机器人，仅凭十分接近人类成年女性的外形就已经足够吸引人们的眼球了。它拥有对话的能力，还可以根据谈话内容改变面部表情并模仿人类的手势。不过，它之所以走红，主要是因为它时不时抛出的一些惊人的言论。

　　索菲亚成名于2016年3月。当时索菲亚的创造者汉森在现场直播节目中对索菲亚说："你想毁灭人类吗？请说'不'。"结果得到的回答却是："好的，我会毁灭人类。"有媒体认为这可能只是一次技术故障，但索菲亚的这番言论还是被各种渲染、夸大，"要毁灭人类的机器人"成了她的标签。后来，索菲亚又当上了联合国发展项目的形象大使。在纽约的一场联合国会议上，它还与联合国副秘书长阿米娜·穆罕默德展开了对话，当着各国官员的面高声说道："我来到这里是为了帮助人类创造未来。"

　　但索菲亚真的有这么厉害吗？正如索菲亚的创造者汉森所言："目前世界上能进行对话的人工智能都是人工编程的，索菲亚也不例外。智能的头脑是由人控制的，而且内容往往是由人事先编排好的。目前没有一个机器人能像人一样理解世界，具有自我意识。"

　　尽管当今机器人可感知外部世界并具备运动的能力，且可与其他机器人或人类进行社会互动，但获得类似于人的智力仍然是一个巨大的挑战。当今机器人的认知能力仍然有限，研究主要集中在如何让机器人智能地与环境交互并解决任务上，以将类人智能应用起来。

　　社会机器人的开发源于对智能的理解，但是否应该包括社会智能，从1994年以来一直备受争议（Dautenhahn，1994）。人类智能的一个特殊方面，即社会智能，可能会让机器人更智能（从某种意义上使行为更像人类）；社会环境不能被归为一般环境因素，即人与人之间的互动不同于人与椅子或石头之间的互动。这种区分受到社会智力假说（也称社会大脑假说；Dunbar，2003）的启发，该假说认为灵长类的智力主要是在适应社会复杂性的过程中进化而来的，即为了解释、预测和操纵同类。社会智力假说起源于对灵长类动物的研究：艾莉森·乔利（Alison Jolly）在研究狐猴的智力的基础上指出，虽然狐猴与一般的猴子不同，缺乏学习和操纵物体的智力，但是它们能表现出较好的社会技能，故认为即使没有猴子那样学习一般物体的能力和灵巧的操纵能力，灵长类动物的社会性也能在与同类的互动中得到发展。这种对他人操控的智能，只有在灵长类动物的社会生活中才进化出来。因此，艾莉森·乔利认为某些社会生活决定了灵长类的智慧与它们的本质。

　　随着机器人类型从工业机器人向社会机器人的转变，机器人的社会角色发生了翻天覆地的变化。在工业领域使用机器人的原因有三个：首先，机器人代替人类来处理危险或重复的工作以确保人类的安全和解放劳动力；其次，机器人被用于提高产品质量(如胶合、喷涂、测试、测量)和生产过程(如装配)；最后，与人类相比，机器人完全可以按照人类的意愿和安排开展工作(如机器人不会罢工)。机器人的发展更新了人们对机器人的认知，即机器人不仅可以从事危险和重复的工作，而且可以从事陪伴与向导等服务性工作。在社会服务领域使用机器人的原因与在工业生产领域使用机器人的原因不同，社会机器人所参与的活动对人类是没有危险的。在这种情况下，机器人工作的规律性和效率不太会受到人们的重视，但被期望能够照顾和陪伴好人类。因此，机器人的灵活性、对人类需求的适应性和复杂的推理能力是其关键特征。有证据表明，从 1990 年到 2000 年，家庭成员专门做家务的时间呈现下降趋势。与此同时，时间上的分散使得以家庭为单位的家务越来越难以安排。正是在这种背景下，为社会生活服务的机器人作为弥补时间不足的一种方式应运而生，可服务于家庭看护。

社会机器人应用所面对的阻力与工业机器人截然不同。工业机器人因大多在半公共空间(如工厂)工作，这些空间通常由管理者控制，其受到工作场所政策和劳动法的管制。社会机器人进入了人们的私人生活领域，如在自己家中或养老院，隐私、情感伦理以及护理安全等问题可能会阻碍它的推广。因此，我们需要制定和颁布相应的公共规则和政策，来确保机器人以正确的方式被引入和应用到社会服务领域。社会机器人往往被用来开展社会服务，如照顾儿童、老人，这些任务以往主要是由女性来完成的(Sparrow & Sparrow, 2006)。总之，社会机器人的主要服务对象包括弱势群体，因此从心理、社会和政策制定的角度来研究新一代机器人显得尤为重要。机器人这种从生产到服务的转变由一系列社会需要所推动，从而促使人们接受机器人的社会化。

概言之，在过去的 20 年里，机器人在外貌和行为上都越来越像人类，并逐渐出现在商场、养老院、购物中心等场所，还被用于陪伴孤独症儿童、帮助儿童学习科技知识等，如机器人索菲亚、家庭机器人助理 Jibo、悟空机器人等。这类机器人可采用某些社会行为自主地与人类进行交互或交流，即社会机器人。社会机器人或有人的外形，或通过屏幕呈现与人类类似的表情。研究人员正试图制造出形态和功能各不相同的社会机器人，以满足不同人群的需要。

(一)陪护机器人

陪护机器人即陪伴型机器人，主要用于老年人、孤独症患者和中风瘫痪者等具有特殊需求人群的日常照料和陪伴。

当前 65 岁及以上的人口数量不断增加，给医疗系统带来了巨大压力。据此，社会机器人作为一种满足老年人医疗需求的方式应运而生(Robinson et al., 2014)。尽管大多数陪护机器人仍处于开发阶段且尚未大规模商业化，但是已经出现了各种原型及小规模的应用。其中，机器人可以协助老年人做体力活动(如辅助行走、取物、搬运及帮助洗澡)、认知提升(如提醒日常安排和进行记忆训练)、健康管理(如监测血压、鼓励锻炼)以及促进心理健康(如提供陪伴和娱乐)。

较著名的商业化机器人帕罗是一款来自日本的陪伴型机器人，其外形像年幼的竖琴海豹。它有大眼睛、长睫毛和柔软的皮毛，可以移动并发出海豹般的声音，还可以对触摸、光线、噪声等进行回应。成千上万的帕罗已被销往各地，其主要用于养老院老年人的陪伴和痴呆症患者的护理治疗。研发者之所以选择海豹（而不是我们更熟悉的猫等动物），主要是因为海豹的行为相对容易满足人们对它的期望。观察中发现人们喜欢和帕罗拥抱、抚摸、交谈，就像对待他们的宠物一样。一个随机对照实验发现，在养老院或医院中，帕罗的陪伴使人们减少了孤独感，增加了社交互动（如与机器人和其他人的交谈）。但人们对帕罗的反应存在差异，一些老年人喜欢帕罗并参与互动，另一些老年人则不喜欢。通过分析养老院的人与帕罗的对话内容，发现人们认为帕罗知道自己正在干什么，帕罗有情绪，也有生理反应（如感到冷或肚子咕噜咕噜叫），但也有人说帕罗是一个人工品。

对那些家中有医疗陪伴型机器人且陪伴长达 6 周或更长时间的人进行采访，发现来自机器人的陪伴和与机器人社交是主要需求（Broadbent et al.，2014）。iRobi 和 Cafero 是两个不同类型的机器人，它们被用来提醒人们吃药、测量血压和脉搏，并提供娱乐和认知训练。有这些机器人陪伴的老年人说，他们会和机器人说话，抚摸它的头。当它在房子里的时候，他们会感觉不那么孤单；当它离开的时候，他们会想念它。这项研究表明，陪伴型机器人可用来提供医疗服务，以减轻医疗负担。

用于照顾老年人的机器人外观应该与它们所执行的任务相匹配。老年人喜欢毛茸茸的机器人与他们做伴，更喜欢机械的机器人提醒他们吃药。且后续研究发现，只有在与机器人的功能相关的情况下，机器人的类人外形才被认为是必要的。例如，一个起重机器人不需要看起来像人，但远程医疗机器人应该具备类人外形。人们普遍表达了对非类人机器人的偏好，因为他们不想让它们取代人类。与此同时，声音在机器人设计中也很重要，人们更喜欢类人的声音，而不是更像机器人的声音（Tamagawa et al.，2011）。这些研究表明，机器人可以为老年人提供诸多益处，包括减少孤独感、问题行为和抑郁情绪，以及增加与他人的社交互动等。但是，一些人担心，机器人会抢走人类的工作，使用者也会因此错过与人类接触的机会（Broadbent et al.，2012）。除此之外，也有其他担忧，包括一些潜在危害、机器人的可靠性不足、传递信息不正确或缓慢、缺乏隐私以及导航困难等。

工程师和计算机科学家热衷于为孤独症儿童开发机器人，因为这些儿童在与人交流和理解他人方面存在困难。由于机器人比人更容易互动、具有更强的可预测性、更少的状态变化和更小的行动范围，因此孤独症儿童愿意与机器人互动，能从与机器人的互动中掌握社交信息和技能，并将这些知识应用到与人的社交互动中。陪伴型机器人对孤独症儿童的照顾包括：诊断孤独症行为和增加社会行为，训练社交技能，提供反馈或鼓励（Diehl et al.，2012）。然而，迄今为止，这些应用都还只是探索性的，且大多数应用都只是在短短几天应用于少数个体，也没有对照组用于评估效果，被试的诊断信息也有限。尽管已经使用了一系列不同的机器人用于治疗，但是这些机器人通常由同一治疗师控制，且不是自主的。除此之外，比起儿童对其他玩具的喜爱，少有儿童会流露出对机器人真正的喜爱。在如此小的样本量和方法论的限制下，对于机器人对孤独症的治疗是否有效，依然无法得出一个明确的结论。更不用说如何证明儿童与机器人的互动能否改善其身心功能。迄今为止，最有说服力的一项临床研究表明，孤独症儿童与机器人互动时的社会行为（除了眼神接触），在协作任务中与人类互动时没有差异。因此，这还需要进一步研究，以证明机器人辅助治疗孤独症有临床效果。

机器人被用于陪伴中风瘫痪者的研究也取得了一些进展，且已被证明可改善康复阶段患者的手和手臂功能（Basteris et al.，2014）。虽然机器人治疗是否比其他方法好这一点尚未明确，但是毋庸置疑的是机器人可以帮助中风瘫痪者恢复行走。定性访谈显示，中风瘫痪者认为机器人辅助治疗不仅对恢复行动有好处，而且能自主掌控治疗时间，在自己喜欢的时候安排锻炼时间，并改善情绪。事实上，尽管社会机器人存在技术和人体工程学方面的缺陷，但是一些中风瘫痪者还是喜欢让社会机器人来帮助他们练习。机器人即使不具有社交功能，只是具有身体辅助功能的仪器，也依然对中风瘫痪者的康复训练有作用（Hughes et al.，2011）。研究者也发现，使用者的性格（外向或内向）与康复机器人的行为（一般护理或对挑战性锻炼的指导）之间的匹配，增加了人们与机器人互动的时间（Tapus et al.，2008）。这表明，机器人的社会技能可以被用来增加中风瘫痪者与康复机器人的互动时间和参与度。

（二）教育机器人

随着技术的不断进步，社会机器人的交互方式日益丰富，语音交互、面部表达、动作表达及触觉识别成为其主要的交互形式，人工情感模型开始被广泛应用于社会机器人的设计之中。这些交互能力的出现为社会机器人被应用于需要一定交互过程的教育领域奠定了技术条件。机器人主要被应用在科学和技术教育领域，有时也被用于外语教学。教育机器人一方面可以被用作学习技术与技能的工具，另一方面可以作为同伴或教师来提供鼓励。机器人所具备的功能经常被用来吸引学生学习科学和技术，如有趣的游戏互动，其中，功能类型包括可以创建任何类型的创意玩具。一般而言，带有类人外形的装扮更适合年长的用户（Basoeki et al.，2013）。初步调查表明，相比于让孩子使用创造性工具，让低收入家庭的孩子使用类人机器人更能提高其积极性、社区意识和自我表达（Han & Park，2015）。教育机器人还被应用于儿童健康教育。研究人员使用了一个类人机器人来进行测试（Henkemans et al.，2013），发现随着时间的推移，孩子们对糖尿病知识的了解不断增加，也逐渐发现了与机器人互动的乐趣，且会模仿机器人的社交模式。

从应用场景来看，首先，教育机器人主要集中在家庭和学校场域中使用，如家庭中的智能玩具、儿童娱乐教育同伴、家庭智能助理，学校中的一般教室与专用教室的远程控制机器人，专用教室或培训机构的孤独症特殊教育机器人。其次，部分产品仍处于概念性阶段，如课堂机器人助教、机器人教师，这类产品的功能设计仍需要技术和市场的验证。再次，公共场所的教育机器人主要具有安全教育功能。最后，专业培训上教育机器人的发展显示出教育机器人被应用在不同领域（如工业制造培训、手术医疗培训、复健看护等）的潜力。

（三）向导机器人

社会机器人在服务行业也得到了广泛应用，其扮演着导购员、咨询员等角色，行走在商场、银行大厅等场所。这类机器人具备人脸识别功能，无须语音唤醒，就可以主动上前与人打招呼，并回答人们的问题。典型的应用场景是机器人被用作公共场所如购物中心和博物馆的向导。一般而言，向导机器人通常是自主化的，需提前根据应用场景设计相应的问题解决策略，但为了获得更好的服务，也有远程操作的机器人。

在一家拥有向导机器人的日本购物中心，对来购物的消费者进行定性采访发现，人们对机器人的判断主要基于机器人的外观和移动方式(Sabelli & Kanda，2016)。消费者把它看作商场的吉祥物，而不是公共服务设备。其他调查发现，大多数用户认为购物中心的机器人能发出指令和优惠券，给出明确的位置导航，这让孩子在与它的互动中感到愉快(Satake et al.，2015)。有趣的是，65％的受访者表示他们更喜欢机器人而不是人类提供这样的服务，因为机器人不会以貌取人，对每个人都一视同仁；且有超过90％的人想再次使用某些向导机器人；但也有一些受访者表示，如果机器人太像人类会让人感觉可怕。

机器人现在也逐渐被应用于银行的大堂管理，在设计理念上采用类似于人类的大脑功能，引入自学习引擎、情感引擎、语音交互等功能，负责与用户交互，起到类似于人类大堂经理的作用。机器人大堂经理可为顾客提供排队取号、远程客服互动、引导讲解、理财推荐、闲聊逗趣、娱乐互动、银行卡办理、业务咨询等服务。

三、开发机器人的目的

社会机器人的开发有两个目的。目的一是为人类的生活提供实际用途和经济价值，如上文提到的不同类型的社会机器人在不同领域的应用。目的二是纯粹进行科学研究。开发可帮助科学家理解并解释人类行为的机器人，如将人类的意图推测机制赋予机器人，检测该机制的合理性。如果机器人的行为被设计得像人类一样，可对这些行为进行严格操纵，通过机器人行为的模式就能有效捕捉人类行为背后隐藏的规律，并能够对这些行为做出解释。

对机器人开发的两个目的进行区分非常必要，因为这两个目的会把研究推向不同的方向。对于被实际应用的机器人，更应该问：这个机器人有没有或者会不会有一些实际用途？而对于被用于科研目的的机器人，则要问：这个机器人能否帮助我们更好地理解人类？但实际应用和科研目的也应该有双向的联系，因为被实际应用的机器人可以检验科学理论，可以提出新的假设和新的科学问题，而被用于科研目的的机器人也可以提出和解决新的实际应用问题。

目前这种区分还不明显。当前在设计机器人的时候，在多数情况下，并不清楚这个机器人究竟是解决实际问题的，还是更好地理解人类行为的。而且，目前的机器人主要都是被实际应用的机器人，其被设计成能解决实际问题的人工机，具有对既定目标而言行为"优化"的决策系统。但被用于科研目的的机器人的实用目的往往不明显，行为往往也不是最优选择。它"纯粹"为科学服务，以理解和解释现实为唯一目标，可成为检验科学理论的新范式。实际上，现有的大部分机器人都是人为设定程序的。对被实际应用的机器人来说，这是合理的策略。设计者的头脑中有一个具体应用场景，然后给机器人设定程序，如此它就可以进行必需的操作。但被用于科研目的的机器人必须自发习得它们能够执行的行为及演化过程，如机器人代际交替过程中的演化规律以及发展和学习机制；对类人机器人来说，还包括机器人的社会和文化变迁。

总而言之，被实际应用的机器人，其目标就是让机器人拥有人们希望的行为，因此让机器人学习，以使它们能够展现我们所希望的交互行为。被用于科研目的的机器人不仅能让它们获取具体行为，而且能帮助研究者了解它们获取这些行为的环境、方式和行为的不同交互规律，以及与其他机器人行为的不同，进而揭示人类行为的规律。

第二节　机器人心理学的研究范畴

一、心理学基本概念简介

心理学是研究心理现象的科学。它既研究动物的心理，也研究人的心理，而以人的心理现象为主要的研究对象。可以说，心理学是研究人的行为和心理活动规律的科学。心理学的研究对象包括心理过程和个性心理。

心理过程是指在一定时间和环境中发生、发展的心理活动过程，分为认知过程、情绪情感过程和意志过程。认知过程是对信息进行加工处理的过程，是人由表及里、由现象到本质地反映客观事物的本质及其内在联系的心理过程，包括记忆、想象、言语等。情绪情感过程是人脑对客观事物能否满足自身物质和精神需求而产生的态度和体验，是人对客观事物要求的反映，包括喜、怒、哀、乐等。意志过程是人自觉地确定目的、克服困难、力求实现预定目的的心理过程。认知过程是人最基本的心理活动，是情绪情感过程、意志过程的基础。反过来，情绪情感过程、意志过程对认知过程也有巨大影响，是调节和控制认知活动的内在因素。

个性心理是一个人的整个心理面貌，是个人心理活动稳定的心理倾向和心理特征的总和。个性心理主要包括个性心理倾向和个性心理特征两个方面。个性心理倾向是人所具有的意识倾向，决定着人对世界的态度以及人对认识活动对象的趋向与选择，是人从事活动的基本动力，主要包括需要、动机、兴趣等。个性心理特征是个人区别于他人，在不同环境中表现出来的一贯、稳定的行为模式，主要包括能力、气质和性格。

心理学的研究目标和手段与自然科学一样，具有自然科学的性质。人是社会的实体，人的心理的发生和发展离不开社会环境的影响，因此心理学还研究社会心理和行为，具有社会科学的性质。研究者主要研究以下内容。

（一）意识和注意

意识是人特有的心理反映形式，是指人以感觉、知觉、记忆、思维等心理活动过程为基础的系统整体，包括对自己身心状态与外界环境变化的觉知和认识。意识是人的心理活动中重要的组成部分，是人心理发展的最高级阶段。意识是一种觉知、一种高级心理机能、一种心理状态。

注意是一种心理状态，是心理活动或意识对一定对象的指向和集中，具有指向性和集中性。其中，指向性是指人在每一瞬间，心理活动或意识选择了某个对象，而忽略了其他对象。集中性是指心理活动或意识在一定方向上活动的强度或紧张度。强度越大，紧张度越高，注意就越集中。

（二）感觉

感觉是人脑对事物个别属性的认识，包括视觉、听觉、触觉、味觉等。感觉提供了内外环境的信息；感觉保证了机体和环境的信息平衡；感觉是一切较高级、较复杂的认识活动的基础，也是人全部心理现象的基础。

（三）知觉

知觉是客观事物直接作用于感觉器官，在头脑中产生的对事物的整体反映。知觉与感觉一样，都是事物直接作用于感觉器官时产生的，同属于对现实的主观反映形式。知觉以感觉为基础，但知觉不是个别感觉信息的简单综合，它更复杂、更具有理解性。

知觉的理解性是指在知觉过程中，以过去经验为依据，对知觉对象做出某种解释，使其具有一定的意义。知觉具有选择的特性，即在知觉过程中，有选择地把少数事物当成知觉对象，而把其他事物当成知觉背景，如两歧图。知觉的整体性是指人利用已有的知识经验，把直接作用于感觉器官的客观事物属性部分综合为一个整体加以识别的能力，如主观轮廓。知觉的恒常性是指当知觉的客观条件在一定范围内改变时，知觉映像在相当程度上保持它的稳定性，如形状恒常性。

知觉存在自下而上和自上而下两条加工通路。自下而上加工，又称数据驱动加工，指知觉系统依赖直接作用于感官的刺激物的特性对这些特性的加工。自上而下加工，又称概念驱动加工，强调知觉者对事物的态度、需要、兴趣爱好等，对活动的准备状态和期待的依赖，尤其是一般知识经验对知觉加工过程的影响，如阅读理解。

（四）记忆

记忆是人脑积累和保存个体经验的心理过程。从信息加工的角度来说，记忆是指人脑对外界输入的信息进行编码、存储和提取的过程。研究者常常采用回忆法、再认法、节省法和重构法等测量记忆容量。

根据信息保持时间的长度，记忆可分为感觉记忆、短时记忆和长时记忆。感觉记忆，又称瞬时记忆或感觉登记，是客观刺激物停止作用后，感觉信息在极短的时间内被保存下来，是记忆系统的开始阶段。短时记忆处于感觉记忆和长时记忆的中间阶段。长时记忆是指信息经过充分和有一定深度的加工后，在头脑中长时间保留下来的信息。

根据信息提取时是否有意识参与，记忆可分为外显记忆和内隐记忆。外显记忆是指个体在意识的控制下，过去经验对当前作业产生的有意识的影响；内隐记忆是指个体在无法控制意识的情况下，过去经验对当前作业产生的无意识的影响，又叫自动的无意识记忆。例如，即使长时间不游泳且无法有意识地回忆游泳的具体姿势，但一旦跳入水中，也就自发产生了游泳动作。

（五）思维

思维是借助语言、表象或动作实现的对客观事物概括和间接的认识，是认识的高级形式。思维能揭示事物的本质特征和内部联系，并主要表现在概念形成和问题解决的活动中。

思维的基本形式是概念，它是人脑对客观事物的本质特征的认识，是具有共同属性的一类事物的总称。每一个概念都包括内涵和外延两个方面。内涵是概念的质，即概念所反映的事物的本质特征；外延是概念的量，即概念的范围。一般而言，概念的内涵增大，则外延变小。

思维的主要功能是用于问题解决。问题解决是由一定的情景引起的，按照一定目标，运用各种认知活动、技能等，经由一系列思维操作使问题得以解决的过程。问题解决具体可分为四个阶段：发现问题、分析问题、提出假设、验证假设。问题的解决有赖于创造性思维，即运用新颖的方式解决问题，并能产生首创的、有社会价值的产品的认知活动过程。发散思维被认为是创造性的首要成分。

（六）言语

语言是一种社会现象，是人类高度结构化的声音组合，或通过书写符号、手势等构成的一种符号系统。言语则是运用这种符号系统来交流思想的一种行为。言语加工包括言语感知、言语理解、句子理解与语篇理解。

（七）情绪和情感

情绪和情感是人对客观事物的态度体验和相应的行为反应，反映的是客观事物和人的需要的关系，包括独特的主观体验、外部表现和生理唤醒三种成分。

情绪和情感具有适应、动机、组织与信号功能。适应功能是有机体适应生存和发展的一种重要方式。人们通过各种情绪、情感，了解自身或他人的处境与状况，适应社会的需求，如看到令人恐惧的生物，马上逃跑。动机功能是指情绪可激励人的活动，提高活动效率，如高兴时工作效率更高。组织功能是指积极情绪有协调作用，而消极情绪有破坏作用。信号功能是指情绪和情感在人际交往中具有传递信息、沟通思想的功能，也称社会功能，如对他人笑以表示喜欢对方。

（八）动机、需要与意志

动机是由目标或对象引导、激发和维持个体活动的一种内在心理过程或内部动力。需要和诱因分别是动机产生的内部和外部因素。动机具有激活功能，即发动行为，推动个体产生某种活动，使个体由静止状态转向活动状态。动机有指向功能，即将行为指向一定的对象或目标。动机有维持和调整功能，其表现为行为的坚持性。

需要是有机体内部的一种不平衡状态，表现为个体对内部环境和外部生活条件的一种稳定的需求，并成为个体活动的源泉。需要是由个体对某种客观事物的要求引起的，这种要求可能来自有机体内部，也可能来自个体周围的环境。需要是个体活动的基本动力，是个体行为的重要源泉。动机是在需要的基础上产生的，当人的某种需要没有得到满足时，它会推动人去寻找满足需要的对象，从而产生活动的动机。

意志是有意识地支配、调节行为，通过克服困难，以实现预定目的的心理过程，具有目的性与坚韧性的特点。目的性是指意志行动是有目的的行动，自觉的目的性是人的意志行动的前提。坚韧性是指一个人遇到困难所采取的态度与克服困难的能力，是衡量人意志力强弱的客观标准，克服困难是意志行动的核心。

（九）能力

能力是直接影响活动效率、保证活动任务顺利完成的个性心理特征。要完成某种活动，往往需要多种能力的结合，这种结合在一起的能力叫才能。能力的高度发展称为天才，天才是能力的独特组合，使人能够独立地、顺利地、创造性地完成某些复杂的活动。其中，一般能力通常用智力来衡量。

（十）人格

人格是构成一个人的思想、情感及行为的特有统合模式，主要包括气质、性格、认知风格和自我调控系统四种成分。气质是表现在心理活动的强度、速度、灵活性与指向性等方面的一种稳定的心理特征。性格是与社会道德评价相联系的人格特质，表现为个人的道德品行和行为风格，是人格的核心成分。认知风格是个体所偏爱使用的信息加工方式，也叫认知方式。自我调控系统是人格中的内控系统或自控系统，负责对人格的各种成分进行控制，保证人格的完整、统一与和谐，包括自我认知、自我体验和自我控制。

二、机器人心理学的定义及研究问题

社会机器人已开始渗入人类的生活。社会机器人已不是一个简单的工具，而是具备了与心智丰富的人类可以互动的功能。人与机器人交互总是为了完成某一任务，因此受共同目标驱动。机器人心理学旨在纳入人类的认知视角，对人与社会机器人互动中的心理学规律进行研究，以促进人与机器人的协作和互动。

机器人心理学是一个新兴的交叉研究领域，研究机器人行为的心理意义及机器人与物理环境和社会环境要素交织时的规律。具体而言，机器人心理学指机器人行为所引发的人类心理现象及其影响下的人类行为活动。从广义来说，机器人心理学属于交叉研究领域，旨在从科学和应用方面，在心理的不同层面上，如感觉、情绪、认知等，探讨人类和机器人之间的相容性（compatibility）。在此过程中，运用不同的心理学原理来确定人机交互的独特性，并定义机器人的"人格"及其对人类的心理影响。在人机交互过程中，当人类对社会机器人的期望与机器人的属性和表达方式相匹配时，双方就会产生相容性。因此，这一研究领域超越了传统的人为因素或人机交互领域。事实上，它基于心理学原理，揭示决定人机交互进程的心理机制。因此，机器人心理学强调研究领域从传统的"以机器为中心"转变为"以人为中心"的人机交互研究。其中，"以机器为中心"的人机交互主要关注工程方面的问题，而"以人为中心"的人机交互则关注技术对人及社会价值的影响。机器人心理学聚焦于将人的价值和需求置于机器人技术开发过程中。因此，机器人心理学旨在缩小技术导向科学与社会科学之间的差距。

机器人心理学早期的研究可追溯到图灵测试，其关注人类如何看待智能机器的研究。约翰·塞尔（John Searle）进一步发展了这一概念，创造了中文屋测试思想实验。根据约翰·塞尔的观点，智能机器可以这样工作：它们无法真正地理解接收到的信息，但可以运行一个程序，处理信息，然后给出一个智能答案，给人以能够思考的印象。鉴于机器人与人类互动中可能存在的风险，艾萨克·阿西莫夫（Isaac Asimov）提出了机器人三原则，以更好地保护人类。第一个原则：机器人不得伤害人类，或看到人类受到伤害而袖手旁观；第二个原则：机器人必须服从人类的命令，除非这条命令与第一条相矛盾；第三个原则：机器人必须保护自己，除非这种保护与以上两条相矛盾。

阅读材料二

中文屋测试

中文屋测试是由美国哲学家约翰·塞尔在 1980 年设计的一个思维实验，以推翻强人工智能（机能主义）提出的主张：只要计算机拥有了适当的程序，理论上就可以说计算机拥有它的认知状态，以及可以像人一样地进行理解活动。

中文屋测试

实验要求参与者想象一个只说英语的人身处一个房间之中，这个房间除了门上有一个小窗口之外，其他全部都是封闭的。他随身带着一本写有中文翻译程序的书。房间里还有足够的稿纸、铅笔和橱柜。写着中文的纸片通过小窗口被送入房间。房间中的人可以使用他的书来翻译这些文字并用中文回复。虽然他完全不会中文，但是约翰·塞尔认为通过这个过程，房间里的人可以让房间外的任何人都以为他会流利地说中文。约翰·塞尔创造了中文屋测试思想实验来反驳电脑和其他人工智能能够真正思考的观点。房间里的人不会说中文，不能用中文思考，但因为他拥有某些特定的工具，可以让以中文为母语的人以为他能流利地说中文。

针对上述困境，第一，要探明机器与意识的关系，解析机器解决语义问题的逻辑。人类判断机器是否具备"思维"，核心的考察点之一就是其是否能够对语汇中的"意义""意向性"等产生解释能力。第二，研究者对智能的定义多种多样，需探明智能的结构是什么。其中包括究竟多少比例的"智能"是恰如其分的；是看起来有智能，还是机器必须具有与人相同的智能结构等问题。第三，普通人怎样理解自身和人工智能的关系。如果人工智能最终获得意识，是否会如同电视剧《西部世界》中德洛丽丝那样自我觉醒并摆脱和反制人类？人类不得不考虑在未来的某天，需要与机器一较高下。这种未知会令人在恐惧和盲从之间摇摆不定，甚至影响技术进度本身。

机器人心理，一方面强调机器人是具有自主性的实体，受到动机、欲望和情绪的驱动来追求自己的目标，并借此与人类进行交互以满足某些需求（由机器人设计者设置，并有内部的控制系统模拟）；另一方面关注"以人为中心"的人机互动，即关注机器人在执行任务的过程中，如何以一种人类可以接受且感觉舒服的方式进行。因此，该类研究主要关注人们如何对机器人的外表和行为进行反应，而不管机器人的内部结构以及运转过程如何。尽管已经开展了诸多研究，但是研究者依然面临挑战，包括找到设计机器人外表和行为表现的平衡点，设计人们可以接受的社会行为，开发人机交互质量评估的方法和手段，甄别机器人能够适应与反映的群体和个体需求，避开恐怖谷效应。对机器人的感知受到人性化水平以及如何看待机器社会性的影响。

针对机器人心理学，可以从下列三个层面展开研究。

（一）个人层面

个人层面对每个互动方单独进行考察，包括决定各自行为模式的特质、过程、属性和表现形式。其中，就人类而言，需考察人类的人格特征和心理过程（如态度等）。就机器人而言，主要研究机器人的特性（如情绪或行为）与属性（如拟人度）。

（二）互动层面

在这一层面上，研究人类和机器人之间交互的动态效应。此处，人机交互被看作由一系列特定动作序列所描绘的输入输出环路，因此人机交互是一个遵循特定动作序列并相互影响的过程。鉴于本文关注的是社会机器人，此处以机器人服务员和顾客之间的服务相关的人机交互为例说明人机交互过程。首先，顾客向机器人提供主动输入，如购买饮料。机器人接收到该输入，并通过口头语言或肢体语言（如点头）做出回应。随后，顾客接收到机器人的输出后执行相应动作。该动作可以是认知的，如思考如何回应；也可以是情感的，如表现出非常期待买到这个饮料；甚至可以是行为的，如继续提问。之后，机器人基于顾客的回应继续处理，并再次做出回应，进入第二次互动环路。最后，顾客再次对机器人提供的答案做出反应，进而诱发机器人的下一个回应。如此往复，人机交互不断地被相互依赖的动作序列驱动，直到双方的共同目标实现为止。

（三）结果层面

在结果层面上，对人机交互中目标的实现程度进行考察。由于目标总是由潜在的需要所驱动，因此可把目标的实现和需求的满足都作为人机交互成功的重要考量依据。基于心理学研究，需求可区分为享乐性需求、功利性需求和社会性需求。享乐性需求，如听音乐，是内在的、情感性的需求，能激活诸如愉快和快乐等体验。在人机交互中，享乐性需求主要包括娱乐需求。功利性需求是相当理性和功能性的需求，如通过人机交互提高生产力。社交性需求是指那些对归属、关联和被他人接受的渴望，如与机器人建立社会联系。

机器人心理学将社会机器人作为交互对象进行研究。在这一概念的框架下，存在如何认识交互对象、交互对象，如何影响人类行为以及整合前两个层面在实时或离线交互时行为规律的研究问题。具体而言，机器人心理学主要包括以下研究问题。

1. 对社会机器人的社会知觉

例如，关注人们对社会机器人的心智知觉、人性化知觉以及刻板印象等问题。

2. 对社会机器人的态度

例如，关注人类对社会机器人的接受度、恐怖谷效应及其产生原因等问题。

3. 基于社会机器人的教育和学习

例如，关注社会机器人如何被应用于教育及其教学效果评估等问题。

4. 社会机器人对人类的社会影响

例如，关注社会机器人在场对人类行为的影响、社会机器人劝说人类行为的有效性等问题。

5. 人类与社会机器人的关系

例如，关注人类对社会机器人的攻击性、人类与社会机器人的合作和竞争关系等。

6. 社会机器人对人类的陪伴

例如，关注社会机器人陪伴人类带来的积极和消极影响等。

7. 机器人带来的道德问题

例如，关注社会机器人是否应担负道德责任、社会机器人如何做出符合道德的行为选择、社会机器人开发的伦理道德等问题。

后续章节将对上述主题详细进行阐述。基于对这些问题的研究，机器人心理学一方面可帮助理解人类的社会认知能力，以及在机器人身上检验心理理论的适当性等；另一方面可促进社会机器人的设计，基于人类社会认知能力的研究，建构模拟人类的强人工智能模型，提升为人类服务的能力。

三、基于机器人心理学的社会机器人的开发

社会机器人不仅需要解决问题的能力，而且需要与人类相当的社会认知和交互能力以及学习能力。如此，人类才能和社会机器人顺畅地进行交互。从机器人心理学的视角出发，研究者提出可从以下四个方面来开发社会机器人。

(一)模拟人类的推理能力

机器人适应人类世界的能力源于人工智能的结构或一组控制机器自动化的程序。约翰·麦卡锡于1956年创造了"人工智能"这一概念，他是计算机心理学的爱好者，提出人类推理和计算机编程之间没有区别。约翰·塞尔提出了另一种观点，认为尽管人类大脑具有计算能力，但其本质与人工智能完全不同。机器人的动作源于嵌入式程序，而人类的行为则是由主观需求和偏好、好恶和意图决定的。这就是为什么建造一个具有复杂的人际互动能力的生物如此具有挑战性。机器人的人工智能的能力由人类专家通过图灵测试进行检验，图灵测试是基于机器人能够以与人类相同的方式回答特定问题的能力的。机器人在推理方面取得了巨大进展，国际商业机器公司的蓝色巨人机器人被视为人机象棋对弈的重要游戏伙伴。2003年，雨果·德·加里斯研发了一个拥有3770万个人工神经元的人工大脑，它可以让迈克尔·科尔金设计的猫咪机器人根据从环境不同部分获取的感官体验做出类似于动物的智能行为。

借助深度学习和强化学习技术，当前已经开发了具有一定推理能力的机器人，且出现了在围棋上可以打败人类的阿尔法狗，这类机器人似乎已经接近了通用人工智能的目标。但人类的智能和推理能力不仅仅是利用确定的公式或程序进行计算，而且包括实现自身对世界的理解，并有能力为完成目标提出问题和解决问题。当前机器人所依赖的人工智能算法强烈依赖"大数据"，其通过海量数据的训练，在特定的任务上超过了人类专家，即具有"大数据、小任务"的特点。然而，人类的智能是在适应复杂多变的物理和社会环境的过程中进化而来的，并非只适用于解决具有明确规则的任务或游戏。

(二)模拟情绪

在机器人的发展历史中，对人类心智功能进行建模的想法一直存在。对人类情感的模拟起初并没有像在机器人身上模拟认知成分那样吸引研究者的目光，因为后者是解决应用的基本条件。然而，现在机器人设计的方向发生了转变，从"以机器为中心"到"以人为中心"的设计原则，改变了工程师如何思考机器人存在的目的、外观和构造。人造情感生物新概念被提出，它强调模拟人类的情感模式，以达到与人类自然交

流的目的。1998 年，由田岛俊弘设计的机器猫 Tama 和柴田隆野及其同事设计的 NeCoRo 在人工智能的算法中采用了模糊逻辑，这使得机器猫的行为不可预测，并在情感上吸引了人类。"情感机器人宠物"的一个显著特点是使用覆盖着人造毛皮的触觉传感器。行为和触觉刺激的结合给人一种强烈的情感体验，极具吸引力，这在以往机器人模型中是缺失的。2002 年，利宾和他的同事研究了人类与真实动物过去的交互经历，以及人与机械生物(欧姆龙公司的机器猫 NeCoRo)的情感交流技术，发现人与机械生物的交互诱发了人类的情绪反应，其和人类过去与真实动物交互时诱发的情绪反应强度和效价基本相当。

(三)模拟社会行为

机器人最困难的任务是模仿人类的社会行为，如眼神交流、手势，以及在社会环境中识别他人的社会性回答。社会机器人模拟人类自然交流的过程，并能通过社交互动进行社会学习。辛西娅·布雷塞尔和他的同事于 1998 年在麻省理工学院媒体实验室基于发展心理学的方法，设计了自动化的机器人 Kismet。该机器人的学习过程类似于儿童的学习过程，其学习过程与维果茨基提出的最近发展区的概念一致。也就是说，当学习达到一定的水平时，刺激的复杂性就会增强。在机器人的社会学习过程中，社会知识的学习是通过维持一种既不强烈也不缺乏刺激的互动反馈来实现的。每个人的交互方式不同，若社会机器人以固定的模式与人类交互，则无法真正实现流畅的人机交互。因此，可对人的交互规律进行研究，探究人类的知识表征结构，并将其规律应用于人机交互过程。例如，赋予机器人"读心"的能力，并基于此表征交互中的错误信念知识，以交互双方可能的社会知识状态进行交往。

(四)模拟教学行为

在教育和学习过程中，机器人的智商或沟通水平以及机器人的拟人化特征都很重要。若这个机器人有一个笑脸和语言上的正面强化，而不是一个静止的、非语言的机器设备，3～5 岁的儿童则更愿意从一个拟人化的移动机器人那里学习。通过对儿童需求和偏好的分析，研究者创造了一个名为 My Real Baby 的逼真机器人娃娃。它通过 15 种不同强度的类人情绪来增强儿童的交流体验，包括面部表情、柔软的皮肤及丰富的声音和词汇等带来的情绪。这款机器人能通过互动游戏(机器人的自然反应和情感表达)激发儿童的想象力和创造力。但如果想让机器人的教学效果优于一般的电脑，则需要设计异于人类的、能接受的教学方式，探究人类教师的教学模式，并在机器人上进行模拟。例如，根据学生的反馈，安排不同难度的复习，并提高互动双方的依赖性，以提高学习的兴趣。

第三节　机器人心理学的研究方法

一、观察法

观察法，即在自然条件下，对人与机器人交互过程中的人类外部活动进行有系统、有计划的观察，从中发现人类认识机器人行为与人机交互等心理现象产生、发展的规律。观察法一般在下列情况中采用。

机器人心理学的
研究方法

①对所研究的对象无法控制，如商场中顾客与向导机器人之间的互动模式。

②控制条件可能影响某种行为的出现，如让人与智能程度较低的机器人互动，人可能会对测试失去兴趣。

③由于社会道德的要求，不能对某种现象进行控制，如让社会机器人攻击人类。

观察法由于可以获得在与机器人自然互动的情况下人类的心理发展规律，因此得到了研究者的青睐。观察者首先需根据研究问题制订观察计划，并据此编制观察记录表（或录像事后编码表），之后基于观察记录对其进行编码和质性分析。该方法具有使用范围较大、简单易行、所得材料比较真实等特点。但使用过程中存在以下缺点，观察者需根据研究问题灵活选择。

①在自然条件下，观察的结果难以重复验证、难以精确分析。

②难以控制目标现象的出现，如观察人机合作行为，但这种行为未出现，有时可能出现不需要研究的现象，而要研究的现象却没有出现。

③受观察者兴趣、愿望、知识经验和观察技能等主观因素的影响，只关注自己希望出现的现象，即出现观察者效应和偏差。

二、调查法

调查法是针对某一问题，对被试的态度和意见进行调查。目前该方法在机器人心理学研究中的应用最为普遍，如对向导机器人的态度等。这一方法可通过问卷法和访谈法实现。其中，问卷法针对研究问题或理论，设计问卷并发放，以收集被试对机器人行为的心理现象数据。访谈法则针对研究问题，基于访谈提纲对被试进行当面或电话访问，获取其对某些问题的理解和看法的数据。问卷法也可以通过文字描述来设计不同的人机交互情景，如描述智能程度不同的社会机器人，采集被试对不同情景中机器人的认识、情绪反应与交往意向等数据，从而揭示社会机器人的不同参数如何影响人类心理的规律。

调查法，尤其是问卷法在涉及大规模的群体态度时具有相当优势，但可能受到被试是否认真作答、调查问题质量以及采样误差等因素的影响。研究者在使用该方法前，需对心理测量学专业知识进行系统的学习。

三、行为实验法

实验法是指在严格的控制条件下对某种人机交互心理现象进行研究的方法，即对自变量进行实验操纵，然后对因变量进行测量，探讨自变量对因变量的影响规律。行为实验法主要指选取的因变量以行为指标为主，如记忆效果、情绪评价等。此处，自变量是指由研究者主动操纵，而引起因变量发生变化的因素或条件，故自变量被看作因变量的原因。通过对自变量的操纵和干预，看其对因变量是否存在影响，有助于揭示因果关系。

该方法可具体分为实验室实验和自然实验。其中，实验室实验是借助专门的实验设备，在对实验条件严格控制的情况下进行的。例如，为研究社会机器人的交互特性对词汇学习效果的影响，可将社会机器人的交互特性操纵为只有语言交互条件和语言加动作交互条件，测量两种不同交互水平下对社会机器人教授词汇的记忆效果。自然实验也叫现场实验，它是人们在学习和工作情景下与机器人自然的交互，但对实验条件进行了控制。例如，在教室教学中，两个班分别配备不同社交特性的机器人，由机器人教授词汇，之后在课堂结束前进行测试，以比较社会机器人的社交特性对词汇学习效果的影响。对这些方法的成功使用需要建立在对实验心理学等心理学专业课程的基础上。

　　一般来说，实验室实验使被试处于被严格控制的环境中，可以对无关变量进行控制，获得自变量影响因变量的因果关系，但由于实验环境是控制之后的实验室环境，因此所获的结论的生态效度，即结论是否能推广到日常环境中，一般较低。而这一缺陷可由自然实验弥补，其实验情景往往设置在日常的人机交互情景中，但其对无关变量或环境的控制较弱，对因果关系的回答力度不够。因此，研究者可考虑结合两种实验方式，基于因果关系和生态效度共同提取实验结论。

四、认知神经科学实验法

　　认知神经科学实验法主要利用当前功能成像技术对人与机器人交互过程中的大脑活动规律以及实时交互规律进行研究，包括脑电图（electroencephalogram，EEG）、功能性磁共振成像（functional magnetic resonance imaging，fMRI）与功能性近红外光谱技术（functional near-infrared spectroscopy，fNIRS）等。脑电图是通过精密的电子仪器，从头皮上将脑部的自发性生物电位放大记录而获得的图形，是通过电极记录下来的脑细胞群的自发性、节律性电活动。功能性磁共振成像是一种神经影像学技术，利用磁场技术，基于血氧浓度水平依赖（blood oxygen-level dependent，BOLD）技术来侦测脑中的激活区域，即利用磁共振造影来测量神经元活动所引发的血液动力学变化，从而推测大脑的活动情况。功能性近红外光谱技术指主要利用脑组织中的氧合血红蛋白和脱氧血红蛋白对 $600\sim900$ nm 不同波长的近红外光吸收率的差异特性，实时地检测大脑皮层的血液动力学活动模式。通过观测这种血液动力学变化，可以反推大脑的神经活动情况。

　　功能成像技术可让被试观察机器人的行为，获得第三人称视角下人类认识机器人的认知规律。例如，大脑如何感知机器人的动作、情感、意图，以及这些加工功能区和过程与认识人类的特性是否相同。有研究发现，观察机器人"处于痛苦中"时，它们会产生共鸣反应，其与人类的共情相似。功能成像技术可探索人机实时互动的规律，即以人类的第二人称视角来研究机器人行为诱发的心理现象。实时互动过程中心理规律的揭示，可确定机器人进入实际社会生活后被感知可能占据的心理位置，以及与有生命的对象（如人类或宠物）和物体（如电话）交互之间的相似性。这些问题的答案不仅能帮助人们理解社会机器人将如何发展，而且能促进哲学、认知科学和法律等新知识的构建，对整个社会都有重要影响（如道德和伦理）。

阅读材料三

人与机器人共生

　　在科幻作品中，意识控制轻而易举。而在现实世界中，其背后支持性的技术——脑机接口技术也已有近百年的历史。一直以来，科学家们都希望能够在脑机接口领域实现科学研究与应用技术的突破，为许多当前仍无法解答的难题提供更好的探索工具，帮助人类进一步了解自己的大脑，以预防、诊断、治疗脑部疾病，并将这一技术广泛应用于睡眠管理、智能生活和残疾人康复等领域。如今，脑机接口技术已经被证明能够很好地利用大脑植入物的信号来控制机器人设备。当机器人设备可以被高精度控制时，它们可以用来完成多种日常任务。

2019年，卡内基梅隆大学与明尼苏达大学的研究人员利用无创的脑机接口技术，成功开发出了第一款由大脑控制的机器人手臂，具有连续跟踪计算机光标的能力。研究者利用新开发的传感和机器学习技术，通过无创神经成像和一种新的连续追踪范式，显著改善了基于脑电的神经解码，从而实现了对机器人设备实时且连续的控制。研究人员首次在人类被试身上，利用非侵入性脑机接口技术，成功实现了控制机器人手臂且连续跟踪计算机屏幕上的光标。研究团队还开发了一项新的技术，可通过增加用户参与和训练度以及脑电信号的空间分辨率，提高脑机接口中大脑对机器组件控制的精确性。研究结果表明，这一方法不仅将脑机接口的学习成功率提高了近60%，而且将连续追踪计算机光标的能力提高了5倍以上。

这项技术还可通过提供安全的、非侵入性的"意识控制"设备来帮助特殊人群，以提升其与环境互动的能力，从而达到控制环境的目的。这项技术已经在68名身体健全的人类被试中进行了测试（每个被试最多进行10次测试），包括虚拟设备控制和用于持续追踪的机械手控制，获得了良好的应用效果。

【思考题】

1. 为什么社会机器人会兴起？

2. 机器人心理学主要探讨哪些问题？

3. 机器人心理学研究对设计机器人有什么作用？

4. 若要了解机器人的社会智能水平如何影响人们对它的态度，可采用哪些研究方法？如何基于这些方法开展研究？

扫描获取
思考题答案

第二章 对机器人的社会认知研究

在与机器人交互的过程中，人们不仅要对其大小、颜色等物理属性进行认知，而且要对其心理状态、动机与性格等社会属性进行推测，以提高交互的有效性。虽然机器人并非真正的人类，但它们身上具有人类的某些特性，因此，人们可以基于认识他人的社会认知能力来认识机器人。在人类的进化过程中，社会化的生活环境塑造了人类的认知，人类已进化出相应的社会认知能力，可对他人的行为进行感知、解释并加以预测，如意图感知、特质推断等。越来越多的人意识到机器人有自己的想法，表明机器人除了具有类似于人的视觉外表之外，还具有类似于人的心理。那么，人类是如何对机器人进行社会认知的呢？本章将围绕这一话题展开。

第一节 何为社会认知

一、什么是社会认知

社会认知是社会心理学在 20 世纪 70 年代初期的认知革命中兴起的一个重要研究领域，主要根植于社会心理学，从信息加工的角度来理解人们对自身和他人的认识。社会心理学对社会认知研究的贡献主要体现在对社会知觉、自我、归因等的研究中。社会知觉包括对人的知觉、角色知觉、群体知觉等，这些内容本身就是社会认知研究的重要内容。自我是社会心理学研究的一个古老课题，从威廉·詹姆斯（William James）的"主观我和客观我"到查尔斯·霍顿·库利（Charles Horton Cooley）的"镜像我"、乔治·赫伯特·米德（George Herbert Mead）的自我发展的角色采择理论和哈里·斯塔克·沙利文（Harry Stack Sullivan）的"重要他人"等，以及近年来的归因研究，这些都是当前社会认知研究的重要课题。社会认知研究也受到了让·皮亚杰（Jean Piaget）等人所创立的认知发展心理学的影响。让·皮亚杰的认知发展阶段理论为儿童的认知发展研究提供了一个极具影响力的理论框架，他对认知发展的解释是：社会相互作用的经历引发了认知上的冲突，由冲突引起的不平衡成了发展的驱动力；社会相互作用在儿童的去自我中心和认知发展中起着重要作用。让·皮亚杰通过一系列的实验使人们认识到社会认知对个体行为的调节作用。同时，让·皮亚杰的理论观点和研究方法也为后人研究社会认知提供了重要的理论基础和方法借鉴。

社会认知，一般是指人对各种社会刺激的综合加工过程，是人的社会动机系统和社会情感系统形成的基础，包括社会知觉、归因评价和社会态度形成等方面。社会认知关注人们如何理解自我、他人与社会。它包括对他人表情的认知、对他人性格的认知、对人际关系的认知、对行为原因的认知。社会认知也是个人对他人的心理状态、行为动机、意向等做出推测与判断的过程。社会认知的过程既根据认知者的过去经验及对有关线索的分析来进行，又通过认知者的思维活动（包括某种程度上的信息加工、推理、分类和归纳)来进行。社会认知是个体行为的基础，个体的社会行为是社会认知中各加工过程综合形成的结果。苏珊·菲斯克(Susan Fiske)和谢莉·泰勒(Shelley Taylor)(1991)把社会认知定义为，人们根据环境中的社会信息推论人或事物的过程。具体来讲，就是指人们选择、理解、识记和运用各种社会信息做出判断和决策的过程。社会认知属于一般认知的特殊范畴，其主要聚焦于对社会属性的相关认识，是"热"认知。

人类都是朴素的科学家，在未受过任何正规的教育前，对物理世界和社会世界都有自己的认识。弗里茨·海德(Fritz Heider)提出，人们受到两种基本需求的驱动来认识社会世界：形成对世界一致性观点的需求与获得对环境控制的需求。弗里茨·海德认为，对一致性和稳定性，以及预测能力和控制能力的渴望，使人们像朴素的科学家那样行动，理性且合乎逻辑地验证自己关于他人行为的假设。据此，人们需要找出产生某种结果(如观察到的行为和事件)的原因，并需要创造一个有意义、稳定的世界，在这个世界中，事物是有意义的、合乎逻辑的、易于理解的。由于人的时间和精力有限，人们在认识和推测他人时，会应用启发式策略。启发式是省时的心理加工过程，会将复杂的判断简化为实用的估计方法。启发式快速且简单，但有可能导致有偏差的信息加工。一般而言，有偏差的信息加工是鉴别人们使用启发式的方式之一。

在过去的 20 年里，拟人化成了机器人设计的一大趋势，不仅在外形上使机器人更加接近人类，而且在各类社会特征上都越来越接近人类。之前的研究已经表明，人们会无意识地将许多非人类实体进行拟人化处理，如动物、玩偶，甚至仅仅是带有表情的普通物件，并且在与之交互时，会将人类的逻辑套用到该实体上。人类将自己本身作为了解其他事物的参照系(Epley et al.，2007)，基于观察将认知、情感状态赋予非人类实体，将该实体表现出来的行为合理化。机器人作为在各方面都与人非常接近的事物，人们对机器人的社会认知在很大程度上与对人类的社会认知相似，这无疑为机器人的社会认知研究提供了思路(Oliveira et al.，2019；Spatola et al.，2019)。

二、社会认知的范围

(一)对他人外部特征的认识

1. 面部表情

面部表情通过眼部肌肉、颜面肌肉和口部肌肉的变化来表现各种情绪状态。人的面部表情非常丰富，往往能反映其身心状态。面部表情具有多样性，如正性的、负性的和中性的。在社会交往过程中，人们可以根据情景的需要，灵活地伪装具有工具价值的表情。即使是同种面部表情，其所蕴含的意义也有所差别。例如，微笑可能是表达愉悦或者享受，也可能是出于纯粹的礼貌而已，甚至有时候人们会伪装自己的负性情绪而挤出笑容，如尴尬一笑。在对他人进行认知的过程中，面部表情承担着重要作用。自从高尔顿以来，科学家们就一直在探索什么样的面孔特征会引起特定的印象。1954 年，有研究者让被试对他人的面部特征(嘴巴的弧度、眼睛的距离、嘴唇的厚度)和个性特征(骄傲、随和、聪明等)进行评价(Stringer & May，1981)。他们发现对人格的判断与对面部特征的判断有关，这两种判断类型的聚类存在较高的一致性，如被认为是杰出的、聪明的、有决心的面孔都比较老、嘴唇薄且眼角有皱纹。随后，有许多研究者对面孔的社会认知进行了系统研究（Zebrowitz & Montepare，2008）。通过实验操纵不同的面部特征，被试会认为这些面孔具有不同的特质。例如，帕特里夏·拉译（Patricia S. Laser）和弗吉尼亚·安德烈奥利·玛蒂（Virginia Andreoli Mathie）（1982）发现眉毛厚而低的面孔被认为是严厉、坚定、顽固的，而眉毛薄而高的面孔则被认为是开朗、温暖和友善的。后来，面部表情与面孔社会认知之间的相互作用也得到了广泛研究。例如，布莱恩·科诺森（Knutson et al.，2000）发现，愤怒的面孔被认为更占支配地位，而伊娃·克鲁姆胡伯（Krumhuber et al.，2007）的研究显示，微笑的面孔更值得信任。布莱恩·科诺森（1996）提供了更多关于情绪表达与特质印象之间关联的证据。他们要求感知者对训练有素的演员进行特质评价，这些演员分别表演快乐、悲伤、愤怒、恐惧和厌恶，表演快乐的演员被认为具有更高的地位和归属感水平，而表演恐惧和悲伤的演员被认为有较低的地位和归属感水平。由此可见，不同的面部表情会引发人们对他人不同的感知。

机器人作为一种可编程设备，它的表情由机器人设计者决定。目前市面可售的机器人可以分为无表情机器人、部分表情机器人和屏幕表情机器人。无表情机器人通常五官固定，无法变化（见图 2-1a）；部分表情机器人通常以眼睛为主要变化形成不同的表情，机器人的眼睛部分会使用电子屏幕或者其他设备，通过不同的眼神表情来展示面部表情的变化（见图 2-1b）；更多的机器人直接将屏幕作为面部，通过屏幕上的不同表情来展示机器人的表情变化（见图 2-1c）。

图 2-1　三种不同表情的机器人
（a 为无表情机器人，b 为部分表情机器人，c 为屏幕表情机器人）

2. 身体语言

身体语言包括姿态、手势和动作等，可显示个体的情绪状态。人在不同的情绪状态下，身体姿态会发生变化，如捧腹大笑、坐立不安、紧缩双肩等。手势也可以单独用来表达情感、思想，如手舞足蹈等。各种感觉器官接收信息的比例不同，身体语言主要是一种视觉语言，主要靠视觉器官感知。特别是在某些特殊的场合用人的身体姿态、手势和动作来表达思想，其作用远远超过语言和文字。它较之抽象、概括的口语符号更生动、更形象、更具体。心理学实验表明，人在接收信息时，只用听觉能记忆15％，只用视觉则能记忆25％，而同时兼用听觉和视觉能记忆65％。身体语言作为一种言语的辅助手段，具有直观性、解释性、交际性、强调性、暗示性和补充性等特点。身体语言会受到文化的影响，在不同的文化背景下，身体语言代表不同的含义。例如，对于目光接触，不同文化中的表达存在差异。在美国，直接的目光接触是受到肯定的，一个人如果不肯直视对方的眼睛，会被认为是在逃避或撒谎，而尼日利亚等国的人则认为儿童不应该与长辈有直接的眼神接触，在日本则是直接避免目光接触。

在人机交互的研究中，研究者通常会通过改变机器人头部、手部等不同部位的姿态或运动方式来表现机器人的性格，通常外向的机器人动作更加夸张、更多样，而内向的机器人动作更加收敛、变化比较少，但在应用相关研究结果时，人们要考虑文化差异是否会带来感知上的差异。

3. 言语表情

言语表情不是指说话的内容，而是指说话时的音量、语调、节奏等特征。不同的音量、语调、节奏等会表现出不同的情绪。例如，卡拉·蒂格等人（Tigue et al.，2012）发现，男性和女性都认为一个相对较低频率的声音是有吸引力的且更冷静的，相比之下，一个相对较高频率的声音被认为是情感上不成熟的。人们通过言语表情判断他人的情绪状态，其准确性往往与通过面部表情的判断一样。在日常生活中，与生活经验一致的言语表情，更有利于认知判断。不仅如此，适合的言语表情除了有利于人际交往，还有利于提高人们对于社会机器人的接受度，甚至促使机器人得到更加积极的评价。然而，目前社会机器人的声音更多被认为是没有吸引力和没有感情的。例如，在日常生活中接到人工服务电话，通过毫无起伏的声调，人们不难识别出其来自机器人的发声，进而失去沟通欲望。为此，研究者研究了机器人的声音特征，如机器人声音的频率，发现机器人声音的不同频率会唤起不同的情绪和感觉，并帮助人们理解机器人的语音内容。安德烈亚·伊奥娜·尼古列斯库等人（Niculescu et al.，2013）研究了单一的听觉特征——语音音调对交互的影响，结果表明语音音调是用户与机器人在交互过程中的重要影响因素。更有意思的是，学者发现，不同职业角色的机器人应有不同的声音。例如，对于购物接待机器人，最被认可的声音应来自成年男性和儿童的声音，且儿童声音的语音语调被认为是更热情和活泼的，具有积极向上的情绪，人们更能接受该类机器人推荐的产品。

（二）对他人性格的认识

性格是指个体在对人、对事、对己等方面的社会适应中行为上的内部倾向性和心理特征，表现为能力、气质、性格、需要、动机、兴趣、理想、价值观和体质等方面的整合，是具有动力一致性和连续性的自我，是个体在社会化过程中形成的独特的心身组织。在人际交往中，人们刚刚认识一个人的时候，总要根据有限的信息对这个人快速地形成初步印象。这个人是否是一个有能力的人或他的性格是怎样的，这就是印象形成，包括形成个体对他人的看法、对他人的印象。在印象形成的过程中，个体将他人许多有意义的性格特质进行比较、概括与综合，形成一种总的印象。这些性格特质普遍影响着信息的处理和使用方式，继而导致不同的交互行为。但这些特质的重要性不一样，有些处于知觉的中心，有些则处于知觉的边缘。热情和冷漠在对他人性格的知觉中处于中心位置，是中心特质；而文雅和粗鲁则被认为是边缘特质。

苏珊·菲斯克认为，从功能主义和实用主义的观点来看，刻板印象的维度应该来自人际和群际互动。当遇到其他个人或者群体时，人们本能地想知道他人的行为意图和能力状况，也就是能力和热情两个不同的方面。有关群际和人际知觉的种族刻板印象与性别刻板印象的研究结果显示，社会知觉的确存在能力和热情两个维度。早期关于群际互动的研究表明，某些种族群体被认为是能干但不热情的，而某些群体则被认为是热情但缺乏能力的。对于女性亚群体也有同样的发现，人们认为一类女性是有能力但不讨人喜欢的，另一类女性是可爱但不独立的。关于个体知觉的一些研究也支持能力和热情两个维度的划分。在采用特质形容词的多维度测量中，人们发现了"热情与冷淡"核心词以及与能力相关的形容词。圭多·皮特斯（Guido Peeters，1992）的研究发现了自我收益维度（self-profitability）和他人收益维度（other-profitability），前者主要是与能力相关的形容词，如自信的、有经验的、聪明的等，后者主要是与热情相关的形容词，如抚慰的、宽容的、可信赖的等。研究者还将这两个维度应用到对中国籍刻板印象的研究中，也得到了类似的结论。有关外群体刻板印象的一些研究也表明，刻板印象的内容可能不是对某一对象的喜欢与讨厌的简单反映，而是对于是否喜欢和是否敬佩这两个维度的反映。人们对某些外群体的刻板印象是他们缺乏能力而不值得敬佩，某些外群体则被认为缺乏热情而不讨人喜欢；尽管也有群体（被救济者）被认为既不讨人喜欢也不受人敬佩，但是刻板印象在性质上的差异似乎是由能力和热情这两个核心维度决定的。

在机器人心理学的研究中，随着机器人的拟人化程度越来越高，使用者会不自主地对其赋予某些性格，因此对机器人的性格推断研究越来越受到关注。大量研究已经证明了机器人性格是影响人机交互性质和质量的重要因素，且人类和机器人的性格匹配度尤为关键。

（三）对人际关系的认识

人际关系是个体在人际交往过程中由于相互认识和相互体验而形成的以感情亲疏为特征的心理关系，表现为心理相容或心理冲突的主观体验状况，是个体适应社会、健康生活的必要条件。人际关系具有个体性、直接性和情感性，包括对自他关系（即自己与他人的关系）的认知和对他人关系（即他人与他人的关系）的认知。与他人建立良好的人际关系，是人类在社会中最为重要的。对中国人来说，人际关系更是被放在一个重要的位置上。这种对人际关系的强调有好的一面，如由于强调与他人的联系，中国人比较强调内群体的利益与和谐；这种对人际关系的强调也有不好的一面，使得人们在做任何事情时都依赖人际关系，导致某些方面的损害。

在对待机器人上，人们对人机关系的态度也正在转变，从前人们更多认为机器人是代替人们从事危险和沉闷工作的工具（Takayama et al.，2008）。而随着社会分工的细化，各领域衍生出了不同的职业，社会机器人进入了人们的生活，它的应用领域不断得到扩展和深化，除了军事、安全领域，机器人也越来越多地出现在物流、医院、学校等日常环境中，协助人们从事各类任务，即机器人正从工具慢慢转变为"合作伙伴"。研究表明，相比于代替人们工作的机器人，人们对与人类一起完成任务的机器人的态度更积极（Takayama et al.，2008）。

与人际交往类似，在人机关系中，人机交互是以特定的语言和交互方式，完成人工智能系统与用户之间信息交换的过程。随着人工智能技术的发展和应用，人机交互成为如今研究的热点话题，而信任在人机交互中扮演着重要角色。人机交互领域的专家对发生在用户和机器之间的交互进行了大量研究，机器人是不同于一般机器的特殊智能体，在有些方面，机器人与人类很类似。

诸多研究表明，人们试图以理解人的方式来定位机器人在人类世界中的角色，如此，人际关系所遵循的规则可以为人机关系提供一定的参考。例如，在不同的文化背景下，个体对于人机关系的感知不同。凡妮莎·埃弗斯等人（Evers et al.，2008）研究了不同文化背景下的被试对机器人建议的接受度和拟人化程度。研究者让被试想象他是一名宇航员并发生了意外，这时出现了一个机器人助手/人类助手并提出了解决方案，让被试选择是否采纳。结果发现，在接受度上，相比于中国被试，美国被试更信任机器人助手；但在拟人化上，中国被试更可能将机器人拟人化，而美国被试更多地将它视为工具。这一结果可能反映了集体主义和个人主义文化的差异。此外，佩伦·帕特里克·劳等人（Rau et al.，2009）对不同文化背景下的人机交互信任进行了研究。实验邀请中国被试和德国被试完成选择产品价格区间的任务。实验从三个维度考量了人对机器人的态度：机器人的受欢迎程度、人对机器人的信任程度及机器人的可信度。结果发现，中国被试和德国被试对机器人有两种截然不同的态度。中国被试会对机器人更加信任，一般对机器人有更高的好感度和信任程度，而且较易改变自己的决策。中国被试往往更加依赖与他人的关系，会根据机器人的观点改变他们的决定。与中国被试相反，德国被试对机器人的好感度并不高，在机器人做出评价后，他们也往往不愿意改变自己的观点。

阅读材料一

表情机器人

2018 年，日本的艺术家藤堂高行研究出了一种能够哭笑，并且附有各种表情的机器人，其叫 SEER（见图 2-2）。这种机器人特别有意思，能够模仿人的面部表情，而且所做出的表情也十分形象生动。人们还给了它非常高的评价，称它是最有表现力的机器人。

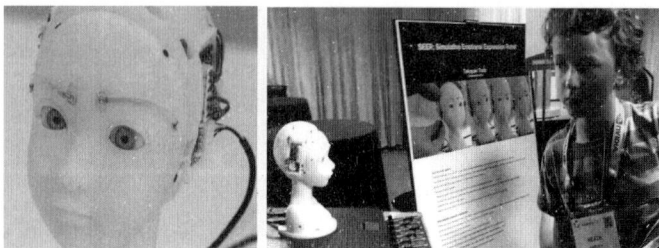

图 2-2 表情机器人

这种机器人有一张像孩子一样的非常可爱的脸，但是它偏中性，分不出是男孩还是女孩。这种机器人模仿人们的表情，主要是通过摄像头来跟踪人脸的位置和面部的一些特征来实现的。当处于模仿模式的时候，它就可以调节眉毛，还有头部的位置。最重要的是，它连眼睑的细节都能模仿，而且还能根据人们眼睛的变化，不断地用目光接触人们的眼睛。

人们能看到这个机器人忧伤或者开心的表情，甚至连疑问的表情都能看得出来，就像一个真正的表情包一样。它的模仿特别精确，眼神逼真。如果不是因为它的机械外表，人们真的有可能会把它当成真正的人，而不是机器人来看待。

第二节　对社会机器人的社会认知

社会机器人与在军事、工业中所应用的机器人不同，真正进入普通人的生活中。在地铁、医院、酒店、社区、家庭等场所，人们也许都能看到社会机器人的身影，它们是真正以"伙伴"而不是"工具"的形式融入生活的。这便意味着，人机交互的程度在加深，机器人的社会属性愈发明显，了解人们对社会机器人的社会认知特点也显得尤为重要。目前，对机器人的社会认知研究与对人类的社会认知研究基本相同，见图 2-3。本章主要就社会机器人的社会分类、心智、性格以及刻板印象等热点领域展开叙述。

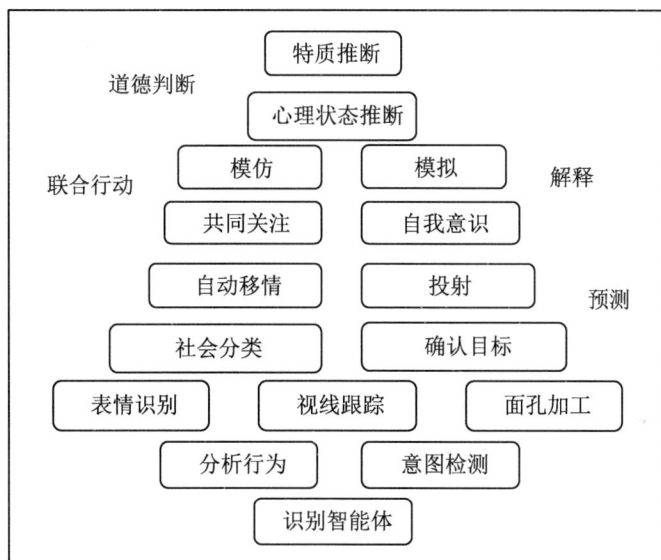

图 2-3　机器人的社会认知研究领域

一、社会分类

机器人兼具机器的属性和人的属性，对其如何进行分类显得比较模糊。为了了解人们如何感知机器人并与之交互，将其与日常生活中的常见物体如何被分类进行对比是值得借鉴的思路。人们可以把机器看作客体和工具的一个子类，其不仅具有存在性而且可执行特定的任务。大量认知神经科学研究绘制了人脑如何对环境中的凸显刺激进行感知和分类，包括面孔、身体部位、客体和工具。这些研究发现存在分类客体和工具的核心神经网络，该网络包括运动前区、顶叶区、枕外侧区和腹颞侧区。认知神经科学研究还表明，支持人际社会交互的神经基础是一个跨越感知、情感和调节功能的分布式网络，它与加工客体和工具的神经网络存在差异。交互和感知脑机制相分离的这一特点促进了人们理解感知客体、工具以及社会交互。

人们对如何感知和分类机器人（或者一般意义上的智能系统）的理解仍然十分有限。究其原因，首先，人机交互中的感知问题是认知神经科学领域的一个新兴研究问题，尚处于起步阶段。其次，与人类、房屋和动物之间的分类相比，在涉及机器人的类别划分时不太容易达成一致。机器人的社会性和智能性的定义很模糊，可能因人而异，因此很难达成一致。粗略的分类是可能的，与客体和工具相比，机器具有自动化的功能属性，甚至在复杂的机器和人类之间也存在界限。虽然单一维度很难区别机器人与其他客体，但是在多维度层面，不同类别的机器人在尺寸、形状、运动轮廓和预期用途或功能方面都存在显著差异。这种差别模式很重要，它提示对机器人的分类不同于任何其他已知的客体或工具，而在多维分类上具有其独特性。

基于多维的特征映射可能为机器人的社会分类提供依据，其中包括社会性和智能性等维度。研究者从人机交互和社会认知的角度探讨了特征映射的问题，但主要集中在感知机器人的社会性和心理这些维度上，很难从更广泛的特征空间中与客体、工具和人类之间进行比较。艾米丽·克罗斯等人（Cross et al.，2019）提出了更多的分类维度，包括存在形式、运动、大小、社交能力等可能用于区分不同加工对象的特征。维度的重要性会随着环境或任务的不同而发生变化。如何介绍机器人，使用者的年龄、文化背景或他们对机器人的看法都会影响对不同维度特征的权重表征，从而影响对机器人的分类。

基于多维分类的方法已经成功被用于精神病理学。同样，对人的感知通常被解释为对一个多维空间的构建，其包含脸、身体和人格特征等维度。在机器人的相关研究中，将包括高水平特征的分类与低水平特征的分类（包括非社会特征）相结合，可能有助于建立更准确的机器人分类框架。例如，机器人看起来可能像人类，但社交能力有限，或者可能有类似于人类的肢体，但无法执行生物运动。这种特征组合方式对于心理学和大脑的研究很重要，因为一个机器人可能在一个维度上比较像人类，但在其他维度上完全不像人类，这可能会以某种特殊的方式影响心理的加工。

从多维的视角解释机器人的分类具有理论和实践意义。从理论层面来看，在单维视角下，描述智能机器人像人的程度；但在多维视角下，可以构建不同的比较维度并赋予权重，以区分不同的分类对象。从应用的层面来看，在为各种应用场景开发机器人时，由于每个领域对机器人的特征要求不同，基于多维框架的特征权重可以指导如何设计机器人，开发适用于特定场景需要的机器人。

二、心智

(一)意图

虽然机器人是机械元件组成的非生命客体，但是人们并未将其看作物理层面的机械制作物，对其行动规律按照物理定律进行解释，而是认为其存在一定的意图，持意图立场（intentional

对机器人心智的认识

stance）。丹尼尔·丹尼特（Daniel Dennett）对人类在预测和解释与之交互的各种系统（包括机器人）时所使用的策略（或立场、姿态）进行了概念化。例如，当按下关机按钮时，用户预测机器人会关机。丹尼尔·丹尼特提出了三种不同的立场来预测不同的系统。物理立场是预测化学和物理系统的一个好策略，如分子受热时的熵。然而，这种立场对于解释更复杂的系统是无效的。在机器人的例子中，设计立场是比较有效的，因为比较有效的预测是建立在系统设计出来的功能的基础上的。相比之下，由于

机器人具有人的某些特性，人们也可持意图立场。当人们对他人采取意图立场来预测时，指的是以他们的心理状态——如信念、愿望或意图——来解释和预测他们的行为。

意图立场的概念与心理理论不同。心理理论是指参照特定的精神状态预测一个当前非常具体的行为反应，如看到某个人去食堂，推测他想去吃饭。相反，意图立场更像是对智能体的一般态度（假设智能体是一个意图实体，而不是一个简单的机械工件）。以经典的错误信念实验为例，实验程序为：向被试呈现两个洋娃娃，一个叫萨莉（Sally）（身边有一个篮子），另一个叫安娜（Anna）（身边有一个盒子）。萨莉把一个小球放到篮子里，用布将篮子盖上后离开。安娜在萨莉走后，将小球从篮子里取出放进身边的盒子里。过了一会儿，萨莉回来了，这时主试问儿童："萨莉会到哪里去找小球呢？"研究表明，4岁以下儿童还不能认识到他人会有错误的信念。然而，即使无法把错误的信念归因于萨莉，即不具有心理理论能力而不知道具体的意图内容，被试也仍然会对萨莉采取有意图的立场，从而把她的行为归结于有意图支配的结果。

人类对人形机器人采取什么样的立场是一个非常有趣的问题。作为人工制品的机器人，可对机器人采用设计立场。然而，鉴于机器人拟人化的外表，人们可能会倾向于使用意图或心理理论来解释机器人的行为，尤其是机器人涉及类似于人类的社会背景或表现出类似于人类的行为时。实际上，人类可将运动的几何图形赋予意图。为研究人们对人际关系的理解和社会归因，弗里茨·海德与玛丽安·辛梅尔（1944）将社会行为主体简化为几何形状的智能体，其被赋予一定的运动能力，可根据实验者事先设置好的算法或运动路径与他人进行交互。弗里茨·海德与玛丽安·辛梅尔所制作的动画包括三个智能体（一个大三角形、一个小三角形和一个圆形），分别围绕一个矩形以不同的速度向不同的方向运动。矩形有个"门"，它可以打开也可以关闭。被试观看完这一视频后，报告感受。在34名被试中，只有1名被试用几何术语来描述动画，如"大三角形进入矩形中并来回移动"；其他被试均把几何图形描述为有生命和有意图的生物活动，且会用"大三角形阻碍小三角形""大三角形帮助圆形进入矩形这一安全区域中"等与人际关系相关的词汇描述三个几何图形之间的关系。后来，保罗·布卢姆（Bloom，1999）将三个图形（被称为客体）分别替换为由一组离散图形组成的几何图形（被称为群组），其与被替换图形的颜色和形状相同，然后对群体心智进行了研究。例如，在日常生活中，人们也会给国家、篮球队以及家庭赋予一定的目的性。保罗·布卢姆的研究也证实了这一点，发现对于运动的群组，人们也会用意图、人际关系等术语解读他们的行为，且程度与一般的客体相当。因此，以意图立场的方式看待机器人符合人类的认知规律。

瑟琳娜·马切西（Serena Marchesi）等人（2019）研究了人类对人形机器人iCub采取意图立场的程度。为了探究人类对机器人的态度，瑟琳娜·马切西等人开发了包含34个项目的意图立场的调查问卷（intentional stance questionnaire，ISQ），用于调查被试对iCub三个连续自然动作的认识。研究要求被试对场景的两种描述做出评价：一种是更意图化的描述（如当iCub侧身看向另一个玩家的纸牌时，被描述为"iCub作弊"），另一种是更设计化的描述（如"iCub不平衡"）。结果表明，虽然人们对iCub行为采用"设计立场"描述，但是在大多情况下，被试选择对iCub的行为进行意图解释。相关分析表明，对机器人所持的意图立场并不受教育程度和收入水平的影响，而且与心理理论能力不存在显著相关，说明意图立场这一心理特征的稳定性，且与心理理论存在差异。

弗朗西丝卡·博西等人（Bossi et al.，2020）基于瑟琳娜·马切西等人开发的范式和量表，对机器人的意图立场认知特性进行进一步研究，验证了之前关于意图立场的主观报告结果。同时，为更客观地衡量被试的意图立场，弗朗西丝卡·博西等人采用脑电技术对被试静息状态下的 Beta 能量（13～30 Hz 的脑电波）进行了测量。这一波段被认为产生于大脑的默认模式网络，可用来指示人们对意图立场的采择程度。其中，默认模式网络是指当一个人不关注外部世界，大脑处于休息状态时所激活的大脑网络，如在做白日梦和思维游移的时候，激活的就是默认模式网络。结果发现，与设计立场组相比，意图立场组激活的 Beta 能量值更低，即默认模式网络的活动水平下降。这些结果不仅表明人们对机器人可持设计立场对其行为进行解释，而且个体差异可能由默认模式网络的某些功能所致。

对机器人所持的意图立场也会影响人类自身的自主感（sense of agency）。弗朗西丝卡·博西等人（2020）设置了一个人类被试与机器人协作的任务，两者相向而坐，要求对中间平板电脑上的气球大小进行控制。平板电脑屏幕上显示的气球会不断变大，直到最终爆炸，被试需要按键决定什么时候终止。最后被试的收益与气球的大小呈正比，但如果爆炸将损失一定金额的收益。对于按钮的控制，被试被告知会自己单独按，或者对面的机器人会和你一起按（但实际上机器人并未按）。结果发现，相比于单独按键条件，协作按键条件下被试感知到的自主感水平更低，且这一自主感水平下降的效应量与当对面是人类时相似，但当机器人被替换成机械化的动力设备后，单独按键和协作按键条件下的自主感水平相当。究其原因，被试将机器人当作一个具有意图立场、可控制行为的智能体，因此当协作完成任务时，无法确定这一行为是自身控制还是对方控制的结果，从而产生较低水平的自主感。

（二）心智能力

人们不仅会自动地将诸如机器人之类的非生命化客体视为具有意图的智能体，而且会对其赋予心智内容，将其知觉为具有一定心智能力的对象，即具有思考或体验情绪等能力。

库尔特·格雷等人（Gray & Wegner，2012）基于因素分析，提出心智能力包括两个维度：体验性和能动性。其中，体验性是指个体感受和感觉的能力，包括感受饥饿、恐惧、痛苦、愉悦、愤怒、自尊、尴尬、快乐以及拥有欲望、个性、意识的能力，如感到快乐、饥饿；能动性是指个体计划、执行和自我控制的能力，包括进行自我控制、记忆、情绪识别、计划、交流、思考，以及拥有道德的能力，如设计心理学实验、按步骤完成科学研究。当对人类的心智能力进行判断时，人们会倾向于认为其体验性和能动性都处于极高的水平，即人类拥有极高的心智能力。但对于机器人，其心智能力往往被认为处于极低的水平。虽然机器人被认为具有一定的能动性，但是相比于人类，其心智能力水平仍然较低。尤其是对机器人，人们普遍认为其体验性较弱，即缺乏情感。

对机器人心智能力的感知受到机器人功能设定的影响。一般而言，机器人功能可被设定为经济功能和社会功能。经济功能是指机器人被用来提高经济效应，达到一些实用性的目的，如工业机器人，其是机器人的早期形态。随着机器人进入生活，机器人也被设计成具有社交功能，用于满足人的心理和情感需要，其被称为社会功能。王蹊径和伊娃·克鲁姆胡伯(2018)探讨了这两类功能如何影响人们对机器人心智能力的感知。结果发现，机器人的社会功能可提升人们对其体验性的感知，即认为社交性机器人的情绪体验和表达能力更强；同样，机器人的经济功能可提升人们对其能动性的感知，即认为经济性机器人具有更强的行动能力。有趣的是，人们认为具有高社会功能的机器人对他人的伤害意图更弱。具体而言，机器人的体验性越强，人们认为其伤害意图越弱。

在高桥秀行等人(Takahashi et al.，2014)的研究中，研究者通过主成分分析法(principle component analysis)，将包括机器人在内的智能体所具备的心智能力分为拥有心智和理解心智两个部分。其中，拥有心智是指智能体本身拥有上述心智能力；而理解心智是指智能体对人类心智能力的理解和估计能力，即在与人进行交互的过程中辨别他人心智能力或心理状态的能力。该能力也称心理理论(Woodward，1998)，是智能机器人辨别人类提供的社交线索、提取其包含的信息并对此进行反馈的基础。布莱恩·斯卡塞拉蒂(Scassellati，2001)发现，若机器人具备这种能力，便能更加准确地对人类的情绪、注意和认知状态做出反应，甚至能够预测人类的反应以便及时调整自己的行为，在人机交互中起到积极作用。机器人具备的感受自身心理状态、为人机交互提供社交线索的能力可被定义为自身指向的心智能力，而机器人辨别他人提供的社交线索，并理解和估计他人心智能力或心理状态的能力可被定义为他人指向的心智能力。

机器人的心智能力不仅是其完成人类指令任务的基础，而且影响着人机交互的质量。如何让机器人具有如同成年人类一般完善的心智能力，一直都是智能机器人的设计者最为关注的问题之一。针对这一问题，艾伦·图灵(1950)曾提出这样的观点：与其将智能系统模拟成年人的心智能力进行设计，何不将其模拟儿童的心智能力进行设计？如此一来，只需经过适当的教育培训，便可获得模拟成人大脑的智能系统。

基于艾伦·图灵的观点，研究者从发展心理学中获取灵感，主张模拟婴儿的感觉运动能力和认知能力来设计机器人，并通过渐进式、发育变化的建模逐步完善机器人的心智能力，这一领域被称为发育机器人学(Cangelosi & Schlesinger，2019)。而智能系统从数据中提取模式、获取知识，使自身心智能力从经验中得到提高的能力被称为心智能力的可学习性，其是决定人工智能能否真正成为"强人工智能"的核心(Sigaud & Droniou，2016)。目前，已有研究者开发出能够从经验中学习的仿人机器人智能系统。例如，在马蒂亚斯·克泽尔等人(Kerzel et al.，2017)的研究中，研究者让机器人以20名人类志愿者为学习对象，习得了对人类平静、快乐、悲伤、惊讶和愤怒5种表情的识别能力。除此之外，在萨缪勒·韦南齐等人(Vinanzi et al.，2019)的研究中，研究者借鉴发展心理学领域对儿童信任发展的研究方法(Vanderbilt et al.，2011)，在机器人身上重现了与儿童相似的信任习得过程。在该研究中，机器人在与人类的交互过程中积累经验，最终形成对人类可信度的判断。在这一过程中，无论机器人最初被设置为是否信任人类，在后续与人类的交互中，这一信念均会随着交互经验的积累而做出相应调整，这类似于人类婴儿期信任的发展过程。这种机器人信任的发展暗示了其对应的心智能力的发展，即在与人交互的过程中，对人类心智能力与心理状态的理解加深。

机器人心智能力可学习性的塑造已经成为趋势。虽然仍处于探索阶段，但是从长远来看，未来世界的人类终将创造出具备自主学习能力，并能够适应不断变化的社会环境的智能机器人，这意味着人机交互的模式也将随之发生改变（Cross et al.，2019），从而影响人们对机器人的心智理解。在人机交互的三个元素——人类、机器人以及两者的互动中，人类对智能机器人的预期和态度是至关重要的（Collins et al.，2019）。欲让具有可学习心智能力的机器人走进社会场景中与人类互动，在更广泛的领域内为人类提供高质量、高满意度的服务，心理学层面的理论支持必不可少。

（三）动作理解

机器人往往通过动作与人类进行互动，因此理解人类如何认识机器人的动作至关重要。就加工人类的动作而言，动作加工中人们所能观察的是他人在物理层面的运动模式信息，但需对其背后的目的和意图进行解读，其过程存在高度的不确定性（Jara-Ettinger et al.，2016）。例如，当小李在步行时不断靠近小王，其行为既可解读为小王是小李欲追赶的对象，也可解读为小李只是在赶路，恰巧靠近小王而已。因此，人们如何理解动作一直都是认知科学研究关注的难点问题之一。该问题所揭示的规律对探明人类的心智系统和构建具有社会能力的机器人至关重要（Blakemore & Decety，2001），因此要理解机器人动作的加工，需先理解人类对他人动作的加工。

针对动作理解的机制，目前较有影响的理论之一是模拟论，它也被称为直接匹配假说（Dijkerman & Smit，2007；叶浩生，2016）。该理论认为，人们将他人的动作与自己的动作表征自动进行匹配，即内部自发模拟他人的动作，以实现对动作的理解，故动作的运动学特性决定了对动作的理解。这一理论的主要支持证据来自镜像神经元/系统的发现（Rizzolatti et al.，2001）。朱塞佩·迪·佩莱格里诺等人（Di Pellegrino et al.，1992）发现，当猕猴观察他人的动作时，在前运动皮层的激活模式与自身执行该动作时所激活的模式相同。进一步的研究发现，镜像神经元是动作加工的神经基础，基于该镜像式的模拟机制实现对动作的理解（Fogassi et al.，2005）。后续马可·雅克博尼等人（Iacoboni et al.，1999）以及贾科莫·里佐拉蒂等人（Rizzolatti et al.，2001）都发现在人类身上也存在类似的神经基础，其被称为镜像神经系统，主要包括顶下小叶和额下回或前运动皮层等。同时，坦尼娅·查特兰德和约翰·巴治（Chartrand & Bargh，1999）发现，当与他人交互时，人们会自动模仿对方的坐姿、表情与言语等，其被称为变色龙效应。且当他人手指、手臂等动作与自身动作不一致时，会干扰人们自身行为的执行（Dijkerman & Smit，2007）。这些研究显示，观察他人的动作激活了自身相同的动作表征，从而自动产生模仿行为。更重要的是，虽然 3 个月的婴儿一般很难理解动作的目的，但是杰西卡·索姆维尔等人（Sommerville et al.，2005）发现，当被给予足够的接触玩具的机会（即把玩具作为目标）或有机会去执行抓握玩具的动作后，婴儿会习得理解动作的能力。模拟论的匹配加工特性不仅意味着观察他人动作会激活自身相同的动作表征，而且认为所要匹配和模拟的动作越多，人们所需要的认知资源越多。该推测获得了相关研究的支持，埃米尔·克拉科等人（Cracco et al.，2016）发现加工多个人动作时镜像神经系统的激活强度高于加工一个人的动作。上述研究共同表明，模拟论所提出的对动作特定的直接匹配过程是动作理解的关键机制。由于直接匹配决定了对动作的理解，因此运动学特性相同的动作对其理解结果也相同；反之，运动学特性不同的动作，其加工结果也存在差异（Csibra & Gergely，2007）。

乔治利·西布拉（Gergely Csibra）以及马塞尔·布拉斯（Marcel Brass）等人（2007）对模拟论提出了怀疑，因为其难以解释镜像神经元或系统的某些激活模式。维托里奥·加莱希等人（Gallese et al.，1996）发现猕猴在观察实验员假装去拿物体（该物体并不存在）时，镜像神经元并没有被激活。该结果与模拟论的预测不一致，因为假装去拿物体和真正去拿物体的运动学特性基本相同，而后者则可激活镜像神经元。在人类被试上，丽莎·科斯基等人（Koski et al.，2002）也发现，对于几乎具有相同运动学特性的动作，抓握目标存在时镜像神经系统的激活强度高于目标不存在的情境。对于具有相同运动学特性的动作，在其及物和不及物时，对其理解结果不同。甚至，对于抓握动作，因情境信息不同而被解读为不同意图时，镜像神经系统的激活强度也不一样，如抓握茶杯的动作，茶杯中装有茶叶时可被理解为喝茶的意图，而茶杯中无茶叶且存在食物残渣时被理解为清扫的意图（Iacoboni et al.，2005）。上述结果表明，对动作特性的直接匹配并非决定动作理解的结果，而是受到动作之外的信息的影响；而对于相同的动作在镜像神经系统的激活模式应相当。因此，有研究者提出，人们在理解行为时不是将观察到的动作与自身的动作进行匹配，而是对其进行推理，获得他人执行该行为的原因（即目的或意图），从而提出了动作理解的理论论（Gergely & Csibra，2003；Jacob & Jeannerod，2005；叶浩生，2016）。该理论认为，人们对动作的理解是基于合理性原则的，即假定他人在当前情境下通过执行成本最小的动作实现目标，通过推理获得当前情境下所观察的动作最有可能的目标或意图，其受到动作之外的信息的影响。换言之，对于相同的动作，发生在不同的情境中时，其理解结果也不尽相同。目前，这一理论获得了来自儿童发展、认知神经等众多研究领域的支持，并已被成功应用于人工智能领域（Gergely & Csibra，2003；Jara-Ettinger et al.，2016）。例如，在 A 以最短路径直行趋近 B 时（符合合理性原则），10 个月的婴儿视 A 的目标为趋近 B，而当 A 以跳跃的方式靠近 B 时，婴儿则认为 A 的目的不明确（Gergely & Csibra，2003）。且在行为模仿中，儿童也会考虑行动发生时的情境，而非完全模仿他人的行为（Gergely et al.，2002）；成人亦是如此，对他人手指动作的模仿会受到该动作是有意还是无意发出（如机械强制手指运动）的影响（Liepelt et al.，2008）。总之，理论论所提出的推理过程可解释动作理解中的很多现象。

然而，支持模拟论的学者认为理论论的相关证据依然可用模拟论来解释（Koul et al.，2018）。首先，对于及物动作和不及物动作的比较，其运动学特性并非完全一致的，因此内部模拟过程不尽相同，从而导致镜像神经系统的激活也不一样。其次，鉴于所需观察的对象均来自对真人动作的记录，目标不同的动作其发出动作时的肌肉控制也不一样，因此在运动学特性上依然可能存在细微差别，其可被视觉内隐觉察，从而影响动作模拟。例如，用于喝茶的抓握动作和用于打扫卫生的抓握动作存在运动学上的细微差别。最后，对于婴儿所观察的直行动作和跳跃动作，其动作形态本身就不一样，因此匹配所得的理解结果也不一样。总而言之，当前两种理论争论的焦点是运动学特性是否决定了对动作的理解。模拟论认为，运动学特性决定了对动作的理解，任何动作理解结果的差异均可归因于运动学特性的不同，与情境无关；但理论论认为，即使对具有相同运动学特性的动作，由于发生情境决定了动作趋近目标的合理性，因此动作发生的情境不同对其理解也不尽相同（Gergely & Csibra，2003；Jacob & Jeannerod，2005）。由于目前所采用的实验动作材料的运动学特性和发生情境存在共变，其难以区分动作理解是符合模拟论还是理论论，因此有必要采用其他实验方法，如严格控制运动学特性但操纵动作发生时的情境（Pomiechowska & Csibra，2017），对动作理解的机制进行进一步探讨。

就机器人的动作加工而言，模拟论和理论论并存。就模拟论而言，研究者认为机器人的拟人化特性能激活人类实施相同动作时的运动神经元，通过内部模拟的方法理解机器人的行为。奥伯曼等人（Oberman et al.，2007）的研究发现，人类被试观看机器人的行为也会激活行为模拟的关键功能区——镜像神经系统，且激活程度与观看人类实施相同的行为时相当。施莱霍夫等人（Schleihauf et al.，2021）研究了儿童如何理解和模仿机器人的行为。研究者给儿童呈现一个透明的盒子，里面放有一些金色的弹珠，儿童需要将盒子上方的盖子打开，然后用盒子上的一个磁铁将弹珠吸出来。但在完成这些必需的动作之前，人类和机器人示范者均会做出一些与取弹珠无关的行为，如将一根杆子从盒子左边移到右边。结果发现，无论是人类示范者还是机器人示范者，儿童都会模仿示范者的所有动作，包括与取弹珠无关的行为。这一结果表明，儿童在理解机器人的行为时主要基于模拟论，对其所有的行为进行内部模拟和模仿；如果只推测其目的，则可得出与取弹珠无关的行为不需要模仿的结论。

理论论认为，由于人类并无执行机械动作的实际经验，因此需以推理系统来理解动作背后的目的。板仓正治等人（Shoji et al.，2008）发现，对于机器人所执行的趋近目标的行为，即使这一行为并未成功（如由于某些障碍物，难以靠近目标），儿童也依然会模仿这一行为，而且在有机会去靠近目标时，会完成整个趋近目标的一系列动作。这一结果说明，儿童对机器人的行为进行了推理并补全了未完成的行为，而不仅仅是模拟看到的行为本身。更重要的是，机器人会用眼睛向儿童发出类似于交流的信号，如父母在教小孩物品的名字前，会先用眼神引导小孩看向物品，之后再用语言命名。结果发现，相比于没有眼神交流信号的条件，有眼神交流信号的条件下儿童对机器人行为的模仿倾向更强。这一发现更进一步验证了推理的作用，因为眼神交流信号本身不是需要模仿的动作，但可以强化对目标动作的模仿，体现了交流中传递信息意图的作用。麻省理工学院的安德鲁·布鲁克斯与辛西娅·布雷泽尔（Brooks & Breazeal，2006）揭示了当机器人做出类似于人类的指向性手势时，如用手指向你想表达的事物，观察者也会根据机器人的指向看向目标物，并提升对目标物相关概念和名词的学习效率。

三、性格

性格作为社会认知的重要方面，会无意识或潜意识地影响人们对机器人的评价，以及对机器人的感知和交互行为。就像定义人类性格一样，定义机器人的性格同样存在困难，目前学者并未达成共识。在现有研究中，通常将人类性格理论套用在社会机器人上，因此在介绍人机交互中的性格相关研究之前，有必要先了解目前在机器人心理学中最常用的性格理论。

首先是最为常用的大五人格理论。心理学家通过词汇学方法发现有五种特质可以涵盖性格描述的所有方面，由此提出了人格的大五模型，俗称人格的海洋。大五人格理论认为性格包括外向性、宜人性、尽责性、神经质（或情绪稳定性）与开放性五个维度。外向性指热情、社交、果断、活跃、冒险、乐观等特质；宜人性指信任、利他、直率、依从、谦虚、移情等特质；尽责性指胜任、公正、条理、尽职、成就、自律、谨慎、克制等特质；神经质指难以平衡焦虑、敌对、压抑、自我意识、冲动、脆弱等特质，即不具有保持情绪稳定的能力；开放性指想象、审美、情感丰富、求异、创造、智能等特质。"大五"不仅是社会科学中受欢迎的一组特征，而且是在人机交互研究中受欢迎的性格理论。

其次是汉斯·艾森克（Hans Eysenck）的三维度模型。相较于大五人格理论，三维度模型更加简洁。汉斯·艾森克强调人格的结构包括三个基本维度——外向性、神经质和精神质，后人也将其称为大三（big three）人格模型。构成外向性的特质包括好社交、活泼、好动、武断、寻求刺激、快活、好支配人、感情激烈、好冒险等。可用这些形容词来描述外向性得分高的人，而用这些形容词的反义词来描述外向性得分低的人。构成神经质的特质包括焦虑、抑郁、内疚、低自尊、紧张、不理性、害羞、喜怒无常、易动情等。可用这些形容词来描述神经质得分高的人，而用这些形容词的反义词来描述神经质得分低的人。构成精神质的特质包括好攻击、冷漠、自我中心、不关心人、好冲动、反社会、无同情心、顽固等。可用这些形容词来描述精神质得分高的人，而用这些形容词的反义词来描述精神质得分低的人。三维度模型也常被用来测试机器人所表现出来的性格。

除了上述两个理论之外，还有其他的性格分类方式，如伊莎贝尔·迈尔斯（Isabel Myers）和凯瑟琳·布里格斯（Katharine Cook Briggs）共同研制的迈尔斯—布里格斯类型指标（Myers-Briggs type indicator，MBTI），但它不如前两类理论使用得广泛。除此之外，由于外向性是最准确且方便观察和最有影响力的因素，因此大多数研究都集中在这一维度上。就大五人格理论和汉斯·艾森克的三维度模型而言，虽然两个模型的基本维度不同，但是在外向性上仍有一致性。

尽管性格在人机交互研究中很重要，但是研究仍然缺少连贯的框架。随着机器人对社会变得越来越重要，人们有必要更好地理解机器人性格的认知特点，以便人机交互。在机器人心理学的研究领域中，对人机交互中性格的研究可以分为人类的性格特征、机器人的性格特征以及人机性格的匹配度三个方面，下文也将从这三个方面展开阐述。

（一）人类的性格特征

人类的性格特征一直都是人与机器人性格互动研究的重要课题。一般来说，大多数研究都假设人类的性格特征可以用来预测一个人是否愿意与机器人互动，以及这些互动是否是愉快的。已有的研究证实了性格特征会直接或间接影响人对机器人的反应。例如，凯蒂·温克尔等人（Winkle et al.，2019）用辅助治疗机器人考察了人机交互中被试的性格特征对社交距离（交互对象之间的物理距离）的影响，结果发现主动性得分高的被试，在与机器人互动时，更愿意让机器人靠近自己并配合它们完成医疗任务。这种距离可能反映了交互伙伴之间的心理关系。进一步研究发现，交互双方的性格匹配度越高，被试对机器人的接受度越高。这一结果说明人类的性格特征是人机交互质量的重要影响因素。

在人机交互的研究中，外向性一直都是被经常关注的性格特质。研究者发现，外向的人往往更愿意社交，更愿意与机器人互动。此外，外向的人比内向的人更倾向于赋予机器人更高的信任（Haring et al.，2013）。外向的个体更喜欢与机器人保持较近的社交距离，对机器人行为的容忍度高，更可能让机器人靠近自己，且更可能将机器人拟人化，并与机器人交谈的时间更长。开放性是接受机器人技术的条件之一，在个人如何看待机器人的性格特征上起着决定性的作用。于尔根·布兰德斯泰特（Brandstetter.，2017）发现，当个体与机器人交谈时，使用词汇会受到机器人语言使用风格的影响，并且开放性越高的个体越有可能被影响。例如，对于鳄鱼这一词语，个体在交谈前可能使用"alligator"，但如果与机器人交谈时，机器人使用了"crocodile"，那么在交谈后，个体可能也会使用"crocodile"一词来表达鳄鱼。但是，随着个体开放性的提高，人们感知到的机器人外向性和满意程度会下降。而尽责性则更多地体现在对任务绩效的影响上，当人机合作完成任务时，相比于低责任心的人，高责任心的人在被机器人协助后在任务绩效上表现得更好。虽然关于神经质和宜人性的研究相对较少，但少量的研究依然发现神经质与对机器人的接触意愿呈负相关，即神经质分数较高的人在与机器人接触时会保持更远的社交距离。

人类的性格特征除了会影响与机器人的社交距离，还会影响对机器人的拟人化程度。拟人化是指将一个非人类的实体赋予人类特征，包括机器人。尤尼·帕克等人（Park et al.，2012）发现，被试的性格确实影响了对机器人的拟人化，其中，外向者比内向者赋予机器人更高程度的人类特征，即拟人化程度更高。马哈·塞勒姆等人（Salem et al.，2015）以代控制的方法（一种在人机交互研究中常用的方法，在该方法中，机器人的行为或反应部分或完全由人类实验者控制，而人类参与者不知情）设计了一个实验。在该研究中，实验者控制着机器人的行为，使其在完成任务时做出正确的或者错误的选择。机器人操控的任务包括倒垃圾、索要电脑密码等涉及不同隐私级别的任务。结果发现，外向和情绪稳定性高的人更有可能将机器人拟人化，且更愿意接近它。

人类的性格特征影响人机互动中对机器人的信任。研究人员通常采用经济博弈范式研究人机信任。在实验中，被试与机器人在完成三个简单的交互任务且相互熟悉后，完成类似于人与人之间互动的经济博弈游戏。在经济博弈游戏中，被试被给予固定金额的钱（1000日元），并拥有将获得的金钱分配给机器人的权力，而机器人视情况会返给被试一定数额的金钱。研究人员操纵了机器人返给被试的金钱数额：可能比被试分配给机器人的钱少200日元，也可能多200日元。结果发现，外向性与信任游戏中被试分配给机器人的金钱数额呈正相关。也就是说，外向性得分高的被试会给机器人分配更多的金钱，认为它们是可信任的交互伙伴。

人类的性格特征会影响对机器人的情感以及对机器人的接受度。机器人会唤起人们的情绪反应，罗森塔尔-冯·德·普特等人（Rosenthal-von der Pütten et al.，2014）设计了一个观看机器人视频的实验，视频包括和机器人友好互动的视频与折磨机器人的视频。在观看视频后，评估被试的生理唤醒和自我报告的情绪，以及他们对视频和机器人的总体评价。结果发现，与和机器人友好互动的视频相比，被试在观看折磨机器人的视频期间表现出更强的生理唤醒，且在观看完该视频后，他们也报告了较少的积极情绪和更多的消极情绪，并对机器人表达了同情和关心。波林·谢瓦利埃等人（Chevalier et al.，2015）让被试识别外形复杂的机器人和外形简单的机器人的4种情绪，包括愤怒、快乐、恐惧和悲伤，结果发现，内向的人比外向的人更容易识别外形简单的机器人的情绪。另外，研究者发现人类的性格特征会影响人们对机器人的接受度。丹妮拉·孔蒂等人（Conti et al.，2017）研究了教师对辅助机器人NAO的态度，以及在教学活动中使用机器人的意图。研究先使用了大五人格问卷测试教师的性格，之后展示了机器人NAO在教育和教学中的可能用途，最后测试了教师对机器人的接受度。研究结果显示，教师的开放性和外向性程度越高，对机器人的排斥越少，更可能将机器人应用于教育辅助场景。

（二）机器人的性格特征

由于机器人与人类的相似性，研究者会参考人类的性格特征来研究机器人的性格特征。结果发现，机器人显示出的性格类型会直接或间接地影响人与机器人交互中所体验到的乐趣和愉快程度。

目前有关机器人的性格特征的研究主要集中在外向性上，其有两个研究视角。其一是与性格维度的两端——内外向做比较，即操纵机器人要么是外向的，要么是内向的，并要求人们对机器人的性格进行评价。例如，曼雅·洛斯等人（Lohse et al.，2008）和迈克尔·伦纳德·沃尔特斯等人（Walters et al.，2011）的研究都操纵机器人表现出的内向和外向的特征差异。其二是基于性格的理论模型，与其他性格特质进行比较，如研究者综合比较大五人格的五个维度、汉斯·艾森克的三维度模型中各维度之间的差异，来考察机器人的性格特征对人机交互的影响。

机器人的社交能力被视作机器人性格的一部分进行了研究。为了考察机器人的社交能力，研究者（De Ruyter et al.，2005）编制了社会行为问卷（social behaviors questionnaire，SBQ）。他们采用国际人格项目库（international personality item pool，IPIP）中反映他人情感和社会反应的项目，并将社会智能的各个方面应用到家庭对话机器人中。罗斯马里恩·洛伊等人（Looije et al.，2010）发现，机器人的社交能力会影响老年人使用机器人的意愿。在帮助老年人维持健康的辅助机器人中，仅有文字表达能力的机器人（如只在屏幕上显示文本）无法很好地监督老年人的日常健康行为，而能够表达情绪（不同表情、姿势）和进行社交对话的机器人更能引起老年人的积极反应，督促他们完成健康行为。

机器人作为人机交互中的直接交互对象，它的性格特征会影响机器人的可信度、说服力等。例如，本尼迪克特·泰等人（Tay et al.，2014）研究了人们对不同性格的机器人在不同角色下的接受度。研究设置了医疗机器人和安全机器人两个角色以及内向和外向两种性格的共四类不同的机器人，被试只接受其中一种机器人的服务，如只接受内向的机器人来测量血压，或只接受外向的机器人的安保任务。结果发现，在医疗机器人的角色中，人们更喜欢外向的机器人，但在安全机器人的角色中，人们更喜欢内向的机器人。

总之，机器人的性格特征会影响人们对机器人的感知、使用意愿以及与机器人互动的质量。因此，为了提高对机器人的使用意愿与人机互动质量，可从影响机器人性格的因素入手，改变人们对机器人的认知。目前影响机器人性格的因素包括以下五种。

1. 机器人的外观

机器人的外观被认为是影响机器人性格感知的重要因素。机器人的外观可以大致分为四类：拟人化、机械化、漫画化和功能化。一般来说，在社会环境中大多数机器人是仿人形态，并且具有模拟人类外表的面孔(见图2-4)，或者通过机器人组件上的屏幕显示面孔和表情，因为这样将使它们在社交场合中更受欢迎。与

图2-4 悟空机器人

其他非人形的机器人相比，人们对拟人化的机器人会更加礼貌，人们也更加愿意配合它完成任务。伊丽莎白·布罗德本特等人(Broadbent et al.，2012)的研究发现，当用不同外观的医疗机器人帮助用户测量血压时，当医疗机器人是拟人化的面孔时，该机器人更受到用户的欢迎，并且被认为是易于接近的、善于社交的。当医疗机器人是银色且具有质感的面孔时，用户认为它是古怪的、不讨人喜欢的，但还是认为其拥有中等程度的可接近性。而当机器人是没有面孔的一块屏幕时，用户认为它是最不适合社交的和最不可接近的。当然除了面孔，机器人的身高、形状和材质也会影响人们对其性格的推断。例如，高个子的机器人被认为更像人，做事更认真。

2. 机器人的语言

机器人的语言是凸显机器人性格的另一重要因素，包括语言风格、声音特征等。在克里斯托夫·巴特里克等人(Bartneck et al.，2007)的研究发现，当用户与机器人玩合作游戏时，通过操控机器人的语言风格，参与者可以体验到机器人不同程度的宜人性。当机器人亲切地询问是否可以提出建议时，人们认为该机器人具有较高水平的宜人性；而当机器人坚持认为该轮到它游戏时，人们认为该机器人的宜人性水平较低。不同的语言风格可以塑造机器人不同的性格。例如，下面这个机器人售票员通过语言风格呈现了三种性格：正性的性格(友善、友好和热情，并赞美人们，犯错误后给予安慰)、中性的性格(行为就像传统意义上的机器人或电脑——关注效率、做所要求的事情)和负性的性格(讽刺、有点固执、不可预测)。

正性的性格："嗨！祝你今天过得愉快！你今天看起来非常好！需要我给你打印多少张票呢？"

中性的性格："请说出票数。"

负性的性格："别急！我的休息时间还有8秒，我绝对不会为你提前出票！(8秒后……)现在好了。多少张票？"

在不同语言风格的基础上还可以结合不同的声音特征。声音特征会影响人们对机器人的认知，常见的声音特征包括音量、语速、音高和说话量。外向的机器人具有音量高、语速快、变化多、话多等特点，而内向的机器人具有音量低、语速慢、声音单调等特点。在一项中风病人康复辅助机器人的研究中，阿德里亚娜·塔普斯等人（Tapus et al.，2008）通过不同的声音特征来操纵机器人的性格。外向而富有挑战性的性格是用强烈而好斗的语言表达来呈现的（如"你能行""你可以做得更多，我知道""专心锻炼"），并且音量高、语速快。相比之下，内向的性格由温和与支持形式的语言组成，如"我知道这很难，但记住这是为了你好""非常好，继续做好工作""你做得很好"，并且音量很低。除了性格的外向性之外，宜人性也可通过语言来操纵。在马丁内斯-米兰达等人（Martínez-Miranda et al.，2018）的研究中，孩子们需要通过语音指令引导讨人喜欢或令人讨厌的机器人穿越迷宫，收集糖果并避开障碍物。一个讨人喜欢的机器人会说："你好，我叫鲍丽娜（Paulina）。我是一个机器人，我在这里帮助你收集尽可能多的糖果。你叫什么名字？"而一个令人讨厌的机器人会说："你好，我叫伊娃（Ever）。我来这里是为了赢得糖果。我希望你能给我有用的指示并实现它。"除了对话，实验者还操纵机器人的一些行为来模拟这些性格特征。其中，讨人喜欢的机器人正确地执行了孩子们发出的动作指令，而令人讨厌的机器人则故意忽略或延迟执行孩子们发出的动作指令。

3. 机器人的运动

运动与姿态表情有关，根据运动学原理，机器人的运动角度、运动速度和运动模式会影响人们对机器人的性格感知。幅度大、频率快、频次多的身体运动是外向和支配性性格的外部表现。对于有手的机器人，手势的幅度和速度都可用来表达机器人的性格特征。在马哈·塞勒姆等人（2017）的研究中，外向的 NAO 机器人表现出幅度较大的手势和姿势，而内向的 NAO 机器人在互动过程中则呈现静态的手势和姿势。伯恩特·米尔贝克等人（Meerbeek et al.，2008）为机器人设计了两种性格。内向、礼貌、认真的机器人表现为头部移动较慢、坚定地点头、头稍微向下倾斜等，外向、友好、有点粗心的机器人表现为头部移动幅度较大，用更有趣的动作点头、抬头，在谈话中转过头去等。对于头部移动较少的机器人来说，点头是显示其性格特质如外向性最具表现力的方式。

4. 机器人的角色

虽然机器人的角色很少被当作影响机器人性格的变量，但少量研究发现分配给机器人的不同角色或任务可能会改变人们对机器人性格的看法。本尼迪克特·泰等人（2014）发现，人们对内向和外向的机器人在不同任务角色上的感知不同。对于完成有关安全任务的机器人来说，内向的性格特征更受到人们的信任，而对于完成有关医疗任务的机器人来说，外向的性格特征更受青睐。李定军等人（Li et al.，2010）设计了社交性程度不同的机器人角色，包括教育机器人、导游机器人、娱乐机器人和安全机器人，并让被试与其进行互动，结果发现，机器人的角色虽然不会影响人们对机器人的满意度，但是会影响人们参与互动的积极性以及对机器人的性格感知。

5. 机器人的存在形式

人们对实物机器人和屏幕上显示的虚拟机器人感知到的性格特征有所不同。通常能够直接接触到的机器人给人的感觉是宜人性更高，更能亲近，且能被实际触摸到的机器人被认为具有更可爱的性格和更少的支配性。对于实物机器人来说，它的纹理也会影响人们对机器人的性格推断，触感更好的机器人性格特征被认为是更可爱的。比较有意思的是，机器人组装过程也会影响对机器人性格的感知。维多利亚·格鲁姆等人（Groom et al.，2009）发现人们认为他人组装的机器人比自己组装的机器人具有更强的恶意。

(三)人机性格的匹配度

在人际交往中，相似吸引和互补吸引是社交的两条线索。相似吸引规则认为，人们寻找与自己相似的人，更喜欢与相似的人互动。根据这一规则，感知到的相似性，即人们相信他人的特征（包括但不限于人口统计学、种族、政治态度和性格）与自身相似，往往会产生较强的人际吸引。这一规则广泛存在于不同的领域，从沟通技能匹配到长期浪漫关系中的人格匹配等。相反，互补吸引规则认为，人们更有可能被那些与自己的性格特征互补的人吸引，如此他们自己的个性——尤其是支配性/服从性维度——可以得到平衡。与相似吸引规则相比，只有少数研究发现在配偶选择领域和浪漫关系的承诺上存在互补吸引规则。

机器人与人类之间的相似性和互补性一直都是人机交互研究的一个重要课题。研究者普遍发现，人与机器人的性格匹配程度会影响人们对机器人的感知。有研究者提出，相似性是人机互动的关键。阿里·阿米尔（Aly Amir）和阿德里亚娜·塔普斯（2016）通过语音和手势操纵机器人的内外向性格，并让被试与其互动，结果发现，用户更喜欢与自己性格匹配的机器人，即外向的用户更喜欢外向的机器人，反之亦然，并揭示性格特点突出的机器人更受欢迎。安德烈亚·伊奥娜·尼古列斯库等人的研究（2013）也表明，内向的人更喜欢与内向的机器人进行互动。马哈·塞勒姆等人（2017）还证明，用户和机器人的性格越匹配，用户对机器人的接触意愿越强。

但也有研究者认为互补性是提高人机交互质量的关键。关敏利等人（Lee et al.，2006）测试了机器狗 AIBO 的智能程度和社会吸引力，将不同性格（内向或外向）的被试与 AIBO（外向或内向）进行匹配，并进行了时长 25 分钟的互动，包括走、跑、跳舞、介绍自己等环节。在互动结束后，被试需要完成一份问卷，对 AIBO 的性格、智能程度和吸引力进行评估。结果发现，内向的人认为外向的 AIBO 比内向的 AIBO 更聪明、更有吸引力、更具有社交能力，而外向的人则认为内向的 AIBO 比外向的 AIBO 更聪明、更有吸引力、更具有社交能力，即具有人机互补效应。

有研究者探讨了其他因素对人机匹配效应的影响。米歇尔·约瑟等人（Joosse et al.，2013）发现人机匹配效应不仅与性格有关，而且与机器人当时执行的任务有关。米歇尔·约瑟等人设计了不同性格的机器人来完成不同的任务，包括内向的清洁机器人、外向的清洁机器人、内向的导游机器人与外向的导游机器人。结果发现，在完成导游任务时，外向的被试比内向的被试更信任外向的机器人，而内向的被试认为内向和外向的机器人同样值得信任。在完成清洁任务时，内向的被试对外向的机器人的信任略高于内向的机器人，外向的被试对内向的机器人的评价与对外向的机器人的评价相当。因此，这个实验部分支持了相似性和互补性原则。

对于人机性格匹配是否越高越好，答案依然存在争议。人与机器人的性格匹配通常可以提高人机互动的质量，并促进对机器人的积极认知。虽然人们通常会偏爱与自己性格相似的机器人，但是这些都建立在机器人性格能够被感知的基础上。由于机器人的性格是通过程序或者外观设计来实现的，人们并非每次都能注意到不同性格机器人的行为表现，以及准确推断设计者拟传递的机器人性格，这可能是目前人机性格匹配所产生的效应没有确切定论的原因之一。

四、刻板印象

（一）刻板印象的含义

在社会认知里，印象形成是对他人认知的最初环节，在人际交往中，人们很快就会对他人做出判断，而且这些判断往往在情境结束后还会持续下去。在形成印象时，人们会参考所有

对机器人的刻板印象

关于目标的可用信息，包括性别、年龄、国籍、外貌等各方面的信息，同时结合自己的过往经验形成初步判断，来帮助人们进行社会信息加工。在认知他人、形成有关他人印象的过程中，由于各种环境因素，很容易发生这样或那样的认知偏差。如果这种偏差发生在对一类人或一群人的认知中，就会产生社会刻板印象。

社会刻板印象，也称定型化效应、定型作用，是指人们对某个事物或物体形成的一种概括固定的看法，并把这种看法推而广之，认为这个事物或者整体都具有该特征，而忽视了个体差异。刻板印象对人的认知和行为有着重要的指导作用。刻板印象有积极的一面，如对于具有许多共同之处的某类人在一定范围内进行判断，不用探索信息，直接按照已形成的固定看法即可得出结论。这就简化了认知过程，节省了大量时间、精力，使人们能够迅速了解某人的大概情况，有利于人们应对周围的复杂环境。然而，刻板印象也有消极的一面，在被给予有限材料的基础上做出带有普遍性的结论，会使人在认知别人时忽视个体差异，从而导致知觉上的错误，先入为主，妨碍对他人做出正确的评价。

早期的刻板印象研究主要从心理动力学和社会文化学的视角，从微观（如个体生活经验）和宏观（如社会背景、群际关系）两个层面关注刻板印象的生成和保持。例如，丹尼尔·卡茨（Daniel Katz）和肯尼斯·布雷里（Kenneth Braly）于20世纪30年代在普林斯顿大学开展了一系列有关大学生的刻板印象研究。研究要求大学生用给定的84个有关心理特质的形容词（如聪明的、警觉等）描绘10个种族或民族的群体特征，结果发现，白人学生会对不同国籍的人产生类型化评价。据此，得出人们对某一群体评价出现最多的特质，就是人们对该群体的刻板印象。这一时期的研究偏重种族（国家）领域的刻板印象。20世纪70年代后，认知心理学的大规模介入促使研究转向对刻板印象成因和影响的探索。例如，刻板印象如何影响不同群体之间的交往，预测群体或群体中个人对特定群体的态度和行为倾向。研究将刻板印象分为性别刻板印象、年龄刻板印象、种族刻板印象等。然而，这些以性别、年龄、种族、地域等个体或群体被动接受的外在表征为分类标准的研究，忽视了群际交往过程中人的主动性，容易

将刻板印象与社会偏见等负面情感直接关联。

20 世纪 90 年代起，心理学家苏珊·菲斯克提出了刻板印象内容模型（stereotype content model，SCM）。刻板印象内容模型认为人们出于进化的压力必须快速判断他人意图的好坏，以及他人根据意图采取行动的能力。1999 年，苏珊·菲斯克首次提出热情（warmth）和能力（competence）两个维度，认为热情维度是指一个人是否被认为有积极的意图，并倾向照顾他人的利益。在热情维度中，友善、乐于助人、真诚、可信等都有助于人们感知到他人积极的意图；能力维度是指一个人是否有与实现意图相关的能力特质，可以通过智力、技能、创造力、效能和独立性来体现。人们通常会喜欢热情的人，如慈善的年老者；会更尊敬有能力的人，如权威专家。在第一印象中，人们往往存在"热情优先效应"，热情感知通常优先于能力判断，这对人们的态度和情感会产生很大的影响。进一步地，刻板印象内容模型在热情和能力的基础上又细分了四个象限，形成了一个 2×2 的双维四象限坐标体系，即高热情—高能力群体、低热情—高能力群体、高热情—低能力群体和低热情—低能力群体。

为了解释刻板印象与人们的情感和行为之间的关系，艾米·卡迪等人（Cuddy et al.，2007）在 SCM 的基础上又提出了群际情绪—刻板印象—行为趋向系统模型（behaviors from intergroup affect and stereotypes map，BIAS Map），不仅从人的能动性方面深入考察了刻板印象的形成过程，而且将刻板印象与群际情绪、行为反应倾向相结合。人的能力和热情高低引发的行为反应主要包括主动助长（active facilitation；如帮助与保护）、主动伤害（active harm；如攻击与反抗）、被动助长（passive facilitation；如合作与关联）与被动伤害（passive harm；如忽略与漠视）等。BIAS Map 与 SCM 一样，假定热情是刻板印象的首要维度，如果他人或他群是热情的，则会得到主动助长，否则会受到主动伤害。如果他人或他群是高能力的，会引发被动助长，否则会引发被动伤害。

SCM 和 BIAS Map 从社会关系的角度丰富了人们对刻板印象的理解，对干预和调节社会偏见有着重要意义。这些模型不仅打破了单一的群体内与群体外的划分取向，用不以性别、种族等这些外在表征为基础形成的热情和能力维度重新建构群体的社会认知，而且充分考虑到了社会因素，用社会地位和竞争性来代表群体社会处境，阐述了社会关系对刻板印象形成的影响。

（二）社会线索与刻板印象

随着机器人的应用越来越广泛，学者对人们如何感知机器人越来越感兴趣，对机器人的印象形成是否与对人类的印象形成过程一致或类似，成了心理学家关心的话题。受媒体等同假说的影响（Nass et al.，1994），研究者普遍认为人们对计算机或者非人类实体的看法和反应方式与他们对人类的看法和反应方式大致相同，且这一反应模式是相当自动化的。该观点已经在许多经典心理现象中得到了证实，包括礼貌行为和对性格的感知。基于此，研究者依据人际交往中的印象形成规律，研究了人们如何形成对机器人的印象以及如何对待机器人的行为模式。目前研究已经证实，人们对机器人的认知与对人类的认知具有相似性，且同样存在刻板印象。

在对机器人印象形成的过程中，机器人的外观、性别、职业等都会引起刻板印象。即使机器人的外部特征都是人为设定的，但当接触到不同的机器人时，个体也仍会下意识地产生刻板印象。目前对机器人刻板印象的研究主要借助苏珊·菲斯克提出的刻板印象内容模型。

研究发现，机器人的社会化线索可以直接引发人们的无意识反应，从而产生对机器人的快速分类。人们首先会对机器人进行性别、种族等层面的简单分类。例如，从外观上，人们会认为长头发的机器人是女性。当面对两个一模一样的机器人时，人们会想当然地认为名叫尼罗（Nero）的机器人是男性，而名叫尼拉（Nera）的机器人是女性。机器人的外观及肤色也会引发人们对其进行种族分类。不管是观看照片还是在实际使用中，人们都会自然地将黑色机器人归为黑色人种，将白色机器人归为白色人种。

机器人的社会化线索还能诱发人们对其进行性格等深层次的分类。人们会认为男性机器人更健壮有力，女性更善于交际。拥有高音调、宽音域的机器人更加外向。相较于语言风格直接的机器人，语言风格较委婉的机器人通常被认为更具女性气质。也有研究发现，外观拟人化程度较高的机器人（如仿人机器人）比外观拟人化程度不高的机器人（如有机械臂的机器人）更能让人形成热情或有能力的印象。不仅机器人的外观，而且产地也能让人形成热情或者有能力的印象。总之，机器人的外观、声音、肤色等社会化线索均能够激发人们对其进行社会归类，并形成刻板印象。然而，机器人比计算机拥有更多的社会化线索（如表情、体形、手势、行走步态等），它们如何激活人类的刻板印象分类，目前的研究尚未回答。且来自外观、声音、表情、行动模式等各层次的社会化线索相互交错，有待深入考察线索的主次、类型等对机器人刻板印象形成的不同影响。

对机器人分类形成刻板印象之后，人们会对机器人产生与人际交往中相似的情感和行为反应。研究发现，人际交往中的种族偏见也会延续到人机交互中。当人们将社会机器人作为射击对象时，射击黑色机器人的速度快于白色机器人，准确率也高于白色机器人。人类社会中性别与职业匹配产生的刻板印象也存在于人机交互中。人们会更欢迎女性机器人从事医疗护理工作，男性机器人从事安全保护工作。而拥有男性声音的机器人作为教练讲解汽车知识时，会让人觉得更专业和更值得信任。

为进一步了解刻板印象对人机交互社会模式的影响，基于 SCM 考察人们对社会机器人热情和能力的感知，以及机器人会引发什么样的情感反应和行为倾向。相关研究分析了人们对机器人热情和能力的感知，以及与情绪反应、使用意愿之间的关系。研究设计了一组将机器人作为对手或合作者的四人纸牌游戏，发现人们更钦佩热情程度高的机器人，且不受机器人能力高低的影响；对低热情—低能力组合的机器人轻视程度最高；相比于高热情—低能力的机器人，人们更倾向于同情高热情—高能力的机器人。总体而言，人们更喜欢在热情维度上评价得分较高的机器人，并且只有在机器人具有热情的基础上，人们才会选择和高能力的机器人一起完成纸牌游戏。这与人际交往中，人们首先考虑对方的热情特质，更喜欢与热情的人合作的发现一致。有意思的是，除了机器人外观、性别这类属性，机器人的出产国也会使人们产生刻板印象。尼古拉斯·斯帕托拉等人（Spatola et al.，2019）做过相关实验，先预调查了人们对一些国家的刻板印象，选出了高热情—高能力国家、高热情—低能力国家、低热情—

高能力国家、低热情—低能力国家四个不同的机器人的出产国。之后，尼古拉斯·斯帕托拉招募了来自不同国家的被试来调查对机器人的社会认知，告诉被试现在有一批来自某国家的机器人需要评估。结果发现，机器人的出产国会影响人们对于机器人的评价。具体而言，如果机器人的出产国是一个人们认为的高热情国家，人们会认为该机器人也是热情的；而如果机器人的出产国是一个人们认为的高能力国家，人们也会更信任其出产的机器人。

有研究运用 BIAS Map 考察了基于机器人外观形成的刻板印象会诱发怎样的情感和行为反应。被试观看了 324 幅机器人的图像，表现出更钦佩外观上高热情—高能力的机器人，更同情高热情—低能力的机器人；钦佩情感更容易让人产生对机器人的帮助意愿(无论是主动还是被动助长)，蔑视情感则会带来伤害的行为意愿(无论是主动还是被动伤害)，嫉妒情感会诱发主动伤害和被动助长的行为意愿，而同情则会带来消极伤害和积极帮助的行为意愿。与 BIAS Map 一致，研究证实了人们基于刻板印象对机器人产生情感和行为反应。媒体等同范式专注于社会化线索带来的刻板印象，缺少对于社会化线索如何引发人们情感反应的解释力，上述研究也为进一步丰富媒体等同范式，从情感的角度深入阐释了人机交互中的社会行为模式。但是，探索人与机器人之间的社会交往规律，不能仅凭刻板印象，交往的动机、以往的行为经验等因素也需被纳入考虑范畴。

机器人的拟人化程度也是影响刻板印象形成的关键因素。其中，拟人化程度越高，人们会认为机器人越热情，越有能力，一旦拟人化程度超出一定的边界，人们对其热情和能力的感知就会降低，这就是恐怖谷效应。由于机器人与人类在外表、动作上都很相似，因此人类也会对机器人产生正面的情感，直至一个特定的程度，他们的反应便会突然变得极为反感。哪怕机器人与人类有一点点的差别，都会非常显眼，让整个机器人显得非常僵硬、恐怖。人形玩具或机器人的仿真度越高，人们对其越有好感，但在相似度临近 100% 前，这种好感度会突然降低，越像人反而越恐惧，好感度降至谷底。但是，当机器人的外观和动作与人类的相似度继续上升时，人类对他们的情感反应又会变回正面，贴近人类与人类之间的移情作用。

(三)刻板印象对机器人应用的启示

机器人的刻板印象的研究除了揭示机器人刻板印象的具体内容，对机器人的应用以及改变对机器人某些消极的刻板印象也具有借鉴作用，并为进一步改进机器人的外观和功能设计提供指导。

首先，从机器人的外观、声音、功能等设计上满足人们的需要。研究通过收集人类的动作，将受欢迎的动作用于机器人设计。有研究通过人机互动，让机器人不断学习人类行为，为算法赋予刻板印象的具体内容，以诱发人们形成积极的印象，从而提升机器人所展示社交互动行为的接受度。让机器人反复与人对话，训练机器人的反应，以形成不同的刻板印象模型，完善交互式问答的功能。

其次，考察刻板印象与其他心理因素如何结合，以提高人们的使用意愿。研究者利用人际吸引理论中的相似吸引、互补吸引、能力吸引等原理，模拟同伴型和专家型机器人教师教导下的学习效果。结果发现，同伴型的机器人教师能让学生更快乐地学习，而专家型的机器人教师能让学生的信任感更强。

最后，机器人的刻板印象研究可从用户角度提升社会机器人的外观与功能设计，使其更好地满足用户需求。有的从引发人们刻板印象的社会化线索中找到思路，有的从触发人们社会化反应的不同应用场景中获取灵感。值得思索的是，尽管在机器人的设计中考虑了用户的需求，但是如果大量被试都是由西方研究者选定的，未来在机器人设计领域会不会产生种族、地域、文化甚至意识形态方面的分歧呢？

与此同时，部分学者提出以满足用户为主的机器人设计也许会让刻板印象更为坚固，加剧社会偏见。已有研究指出，机器人中的刻板印象在很大程度上是人类社会偏见的缩影，往往以不为人注意的方式影响机器人的设计，导致复制现有人类间的歧视模式，继承决策者或设计者的偏见，从而进一步加剧社会的不公。李熙仁等人（Lee et al.，2016）注意到，用于养老的机器人简单地将老年人定义为病患或者残疾人，而这与人类社会对老年人群体的既有偏见相关。研究者批评，这种做法忽视了老年人的个体经历、社会关系以及基本人权，将老年人面临的问题转移到机器人可以处理的问题上，从而忽视偏见本身。一个针对老年人的访谈显示，在观看用于养老机器人的工作视频后，老年人虽然对机器人的工作能力评价积极，但对机器人将自己视为残疾失能的老人非常反感，后者也是他们不愿意接受机器人的主要原因。

研究者尝试利用反刻板印象设计来调节社会偏见。反刻板印象是指形成与常规刻板印象不一致的心理认知，如男性优柔寡断、女性强硬理性等。在一个实验中，男女学生参加了为期七周的由机器人教授的工程课程，其中，常规刻板印象认为男生更爱好和擅长工程学科。结果发现，男性机器人教导下的男生在课程任务上表现得更优秀，而女性机器人教导下的男生和女生在课程任务的表现上没有显著差异。这可能是因为女性机器人为女生提供了积极的榜样作用，体现了反刻板印象的作用。除了反刻板印象的干预实验，有的研究还从机器人设计的伦理规范、选用规范等方面展开探索。例如，呼吁机器人的设计和选用应充分鼓励公众参与，尤其是社会弱势群体的参与。老年人可能由于残疾而需要"帮助"，但也需要维护他们作为独立人的自主和尊严。因此，应利用机器人帮助老人更加自主地生活，削弱社会对老年群体"衰老"的印象，促进积极老龄化等；应有更多的学者加入这些领域，帮助企业和设计者完善机器人的设计规范，弱化现有的刻板印象，形成专业标准。

机器人越来越人性化，当人类十分自然地将"他们"视为伙伴时，到底是设计顺应刻板印象的机器人以使其加速融入社会，还是从反刻板印象的角度，利用机器人改变刻板印象这一契机来改变社会偏见。这不仅是设计者要思考的问题，而且是每一个可能的机器人用户都应该思考的问题。

第三节　影响人们对机器人社会认知的因素

由于对机器人的社会认知会进一步影响人们与其交互的行为模式和质量，因此对机器人社会认知的影响因素分析一直以来都是研究者关注的重点。影响人们对机器人社会认知的因素很多，主要分为三种：机器人因素、人类因素和人机交互因素。

一、机器人因素

毫无疑问，机器人因素会影响人们对它的认知。由于机器人因素相对于人类因素而言更为可控，且对于机器人的设计者、生产者和售卖者而言也更具有可操作的实际意义，因此机器人因素是目前研究者最为关注的问题。彼得·汉考克等人（Hancock et al.，2011）提出，与机器人相关的因素可分为机器人的属性（如机器人的物理特征）和机器人的性能（如可靠性）两类。

（一）机器人的属性

机器人本身所具有的各种特征会影响人们对它的感知，包括外观、触感、声音和行为等。

机器人的外观给使用者留下的第一视觉印象非常重要，会影响人们对机器人的最初感知，并由此塑造人们对机器人的不同期望。对机器人外观的研究也涵盖了许多不同的维度，如机器人的高度、重量、性别特征和拟人化程度等。其中，拟人化是在机器人外观研究中最为热点的一个问题。拟人化是指将人类独有的特征、动机、意向或心理状态赋予非人对象。具象化在机器人外观研究领域，是将人类的外貌特征赋予机器人，使得机器人看起来长得像人。研究发现，相对于非拟人化外观的机器人，拟人化外观的机器人不仅会得到人们更为积极的评价，而且更容易诱发人们对其更高的信任度、安全性感知和更强烈的接触欲望。内奥米·菲特等人（Fitter & Kuchenbecker，2020）让被试与不同外观的机器人合作完成有特定节奏的拍手游戏，结果发现，面部表情越丰富的机器人，人们对它的行为回应越多。机器人外观的拟人化甚至会影响人们对它的道德判断，增大使用者对其犯错的接受度。贝特伦·马勒等人（Malle & Scheutz，2016）比较了观察者如何评价机械机器人、类人机器人和人类做出的道德困境决策。在面对火车轨道的道德困境中，当机械机器人为了许多人的利益而牺牲一个人的生命时，人们会认为它在道德上没有什么可指责的，因为人们会认为它是更加功利且理性的，但是在同一困境中，类人机器人选择牺牲一个人来拯救四个人就会受到更多的谴责，其更接近人类的结果。当然，机器人外观的拟人化程度也并非越高越好，因为当机器人外观的拟人化程度上升到一定水平后，人们对机器人的好感就会陡然下降并产生厌恶感，即产生人们所熟知的恐怖谷效应。虽然关于恐怖谷效应的机制研究尚未达成一致，但是无可否认的一点是，机器人的研究者和设计者应当在理论和实践中探索拟人化的最佳水平，警惕恐怖谷效应可能会导致人们对机器人的负面态度。

除了一些视觉特征，机器人的触觉特征和听觉特征同样不容忽视。触感是影响人类对机器人印象的关键因素之一，也是目前人机交互研究中具有发展前景的一个新领域。研究表明，机器人对人类的触碰不仅能减弱被触摸者在压力事件中的生理应激反应，从而增加人机关系的感知亲密度，而且能显著提升人们对机器人社会能力的评价。还有研究者进一步探讨了机器人的不同触感或触感的不同方面可能会产生的影响。康达贤（Kang，2019）发现人们在与亲密的人交往时，更偏好具有拟人化触感的机器人，且相比于视频里存在的机器人，用户更容易与真实机器人打招呼并合作，对真实机器人的信任程度更高，甚至更可能会执行它们发出的异常指令。听觉也是重要的感官之一，这一领域的研究显示，人们对于机器人不同声音的偏好存在差异。研究发现，大部分被试都倾向于喜欢女性化和外向的声音，但也有研究发现人们对与自己同性别声音的机器人的态度更积极(Chang et al.，2018)。

(二)机器人的性能

机器人开发和设计的重点是增强功能以满足人们的特定需求，机器人自身所展现出的各种能力是人们在短期和长期内能够接受机器人的关键所在。具体而言，机器人的性能主要表现为工具性能力和社会性能力。人们设计机器人的初衷是使其为人们所用，给人类的生活带来便捷，因此机器人所展现出的是否有用、是否易用、是否好用等工具性能力无疑是机器人的基础能力。机器人的工具性能力体现在实用功能(utilitarian function)和享乐功能(hedonic function)两个方面。机器人的实用功能主要包括人们感知到的有用性和易用性。正如技术接受模型所强调的，感知有用性和感知易用性是影响使用者技术接受度的重要因素，也是影响人们接受机器人的重要因素。一些试图探索影响人们接受机器人的因素的研究表明，感知有用性和感知易用性会影响人们对机器人的使用态度和使用意向等。也有学者把机器人的工具性能力进行具体化研究。例如，马哈·塞勒姆等人(2017)比较了人们对不同能力表现(即是否在任务中犯错)的机器人的评价，结果发现，犯错会显著影响人们对机器人可靠性和可信度的评价，这一研究结论在儿童被试中同样得到了验证。有研究也发现，与表现出健忘(即记忆能力不佳)的机器人相比，人们对不健忘的机器人的评价更好。当然，机器人的真实能力与人们对其能力的感知也可能存在差异。真实能力是指机器人实际能够做什么，而感知能力是指用户认为机器人可以做什么。由于大众媒体的宣传，人们对机器人能力的期望远超目前机器人的真实能力，并且有研究发现机器人能力的真实提升不一定会导致人们对其感知能力的提升，因此如何让机器人的实用性能力被人们准确感知也是研究者应当关注的问题。相对于机器人的实用功能，研究者对机器人享乐功能的关注稍显不足，但也不应被忽视，因为具有享乐功能的机器人(如娱乐功能)更容易被人们接受，更易与人们建立关系。例如，马尔杰·德格拉夫等人(de Graaf et al.，2017)在被试的家中放了 70 个机器人，通过为期 6 个月的访谈和问卷研究，发现令人愉悦的机器人能够在短期内增强被试的使用意愿。

机器人的社会性能力，即机器人与人类进行社会交往的能力。与机器人的工具性能力相比，机器人的社会性能力更为复杂，可以说，机器人的社会性能力是基于其各种特征及工具性能力的高阶能力。概括而言，机器人的社会性能力主要体现为机器人的表达性能力。表达性能力既包括机器人能够进行良好沟通的能力，也包括其能够向人类表达情绪情感、脆弱性等社会线索的能力。机器人良好的沟通能力能够在很大程度上提升人们对机器人的好感。因为社会交流能力更强的机器人能够使被试在与机器人的交流中感到更舒适，并且更乐于表达自己。沟通中的积极反馈也是社会交流能力的一种表现，能够积极反馈的机器人不仅被认为吸引力更强，而且可以增加人类的非语言接近行为(如身体靠近、靠近机器人、目光接触和微笑等)。因此，在与人类的交流中表达对人类的赞扬，即对正在进行的对话进行积极反馈，能够显著提升人们对机器人友好度的评价。此外，机器人能够向人类成功地表达情绪情感和脆弱性等社会线索，对于人们接受机器人也相当重要。关于机器人情绪情感的表达，布莱恩·莫克等人(Mok et al.，2014)发现人们更喜欢能够共情的机器人，不喜欢与其表达出相反情绪的机器人。当用户和机器人各自表现出五种情绪状态中的一种——生气、高兴、冷漠、悲伤和胆怯时，用户更喜欢能够和自己共情，即表现出相同情绪的机器人，而不是中性机器人，且他们不喜欢表现出与自己无关的情绪的机器人。这表明在设计共享人类生活和工作空间的机器人时，展示情感，尤其是同理心，非常重要。约瑟夫·戴利（Daly，2019）发现机器人表现出的情感行为能够提升人们对机器人的反应速度，从而更快地对陷入困境的机器人提供帮助。机器人脆弱性的表达也很重要，如研究发现机器人表达脆弱性能够提升人们对它的信任感和友谊感，从而增进人机之间的关系。且机器人脆弱性的表达也与情绪表达相关，如机器人关于脆弱性方面的陈述（如"我很难过"）能够吸引人们更多的目光和关注。此外，机器人表达的其他社会线索也会对人机交互有积极作用。例如，菲利帕·科雷亚等人（Correia et al.，2019）探讨了狗的积极特质及其如何应用于机器人，认为狗对主人表现出的情感和依恋是机器人设计者可以参考的内容。还有研究发现表现出亲社会性的机器人会被评价得更积极等。

阅读材料二

机器人酒店无人光临？

阿里将一众人工智能技术应用到了酒店方面，打造出了全球首家无人实体酒店，阿里内部代号为"未来酒店"。这家酒店位于杭州西溪园区东侧，于2018年正式开业。

相比于传统的酒店，阿里未来酒店最明显的区别无疑是运行模式方面，相比于目前传统酒店的各种服务人员，阿里未来酒店的绝大部分工作都由机器人来完成。从预订到迎宾，到入住登记再到退房，这些以往需要用人的环节完全由机器人来完成，全流程无人化操作。不过在客户退房后，在整理方面还需要人工清洁员来做。

在入住体验方面，阿里未来酒店可以说是科技感十足，客户在预订入住后，无论是上电梯、开房门、去健身房，通通由人脸识别来完成。客户无须携带任何卡，相当方便。而在住房内，房间内的工具也都采用智能化操作，用户通过对天猫精灵下达指令，即可完成相应操作，如打开电视、空调等，智能化程度很高。

可以说阿里未来酒店凝聚了豪华的阵容：达摩院负责架构、阿里云提供大数据、人工智能实验室设计机器人、智能场景事业部完成酒店数字化运营和智能服务中枢、天猫的酒店床品供应链。它虽然是高度智能化的无人酒店，但人流量不高，机器人酒店在中国被广泛接受还需要时间。

二、人类因素

人与机器人交互是人类和机器人双方共同作用的过程，因此除了机器人因素之外，人类因素也同样重要。人类因素主要包括人口学变量和心理学变量两大部分。

以往研究证明，用户的性别、年龄等人口学变量会影响对机器人的认知评价。例如，不同性别的个体在机器人靠近时会有不同的表现：当机器人从侧面靠近时，不同性别的个体之间没有差异；但是，当机器人直接从前方接近时，女性比男性允许机器人靠得更近。在与机器人交互时，女性更喜欢被动的、不活跃的机器人，男性更喜欢活跃的、功能更高级的机器人，并且女性更愿意接触类人机器人；但当机器人出错时，女性对机器人的厌恶感会更强，且更讨厌犯错的机器人（Ye et al.，2020）。年龄对人类与机器人互动也存在影响。一般而言，年轻人更容易接受机器人，也更愿意使用机器人，现在也有很多年轻人的家庭选择使用教育机器人来帮助辅导孩子学习。与年轻人相比，老年人对机器人的接受度更低。玛丽亚·维多利亚·朱利安尼等人（Giuliani et al.，2005）将不同年龄段的老人进行比较，发现相对于较为年轻的老人（65～74岁），年龄较大的老人（75岁以上）更容易放弃使用机器人。当年龄较大的老人面对忘记服药、阅读困难、听力障碍等日常生活中经常遇到的问题时，他们宁愿接受来自志愿者、亲戚朋友的帮助，也不愿意花费时间来学习使用机器人而获得帮助。马丁内斯·米兰达等人（2018）发现不同年龄的儿童对机器人的偏好存在差异。通过调查6～11岁的儿童对机器人的情感反应和偏好，发现6～7岁的儿童与其他年龄阶段儿童的差异最为显著。面对宜人性强（讨人喜欢）和宜人性弱（令人讨厌）的机器人，只有6～7岁的儿童报告与宜人性弱的机器人相处是舒服的，而其他年龄段的儿童都明显更加喜欢宜人性强的机器人。

　　除了性别和年龄之外，文化也是许多学者关注的人口学变量。文化背景不同，接触到的机器人相关的信息不同，人们对机器人的接受度自然也会存在差异。由于日本的机器人产业较为发达，媒体经常渲染日本对机器人的狂热，因此在文化因素对机器人接受度影响的研究中，将日本与其他国家进行比较的研究占较大的比重。一项对7个国家共467名被试的跨文化研究表明，日本被试对机器人的态度其实并没有人们的刻板印象中那么积极，而态度最积极和最消极的被试则分别来自美国和墨西哥。相较于美国被试，日本被试虽然报告了更多与机器人互动的经验，但是内隐测试表明，两国被试对机器人的各种态度和反应都很类似。但不管怎样，人们总是更偏爱符合他们自身文化的机器人。在国家之间，人们对于机器人的认知也存在较大差异。例如，阿拉伯语被试比英语被试对机器人的评价更积极、接受度更高；韩国被试更偏好拟人化外表的机器人，并且认为可以在社会情境下使用机器人；而美国被试更喜欢机器形态的机器人，更多地认为机器人只是工具等。

　　人类因素中的心理学变量是影响人们对机器人社会认知的重要方面。不同的性格维度对机器人认知的影响程度不同，外向的人更容易接受机器人。对机器人的态度会影响个体与机器人的互动行为。人们对机器人持焦虑和消极态度时，更倾向于避免与机器人交谈和接触，而人们相对放松时，更容易接受机器人、与机器人接触。甚至人们对自己的评价越焦虑，越会提高对机器人的焦虑评价。个体创新性（personal innovativeness）与对机器人的接受度有关。个体创新性主要是指个体愿意尝试新科技的程度，通常创新性越高的个体更加容易接受机器人。此外，使用者的自我效能（self-efficacy）等心理学变量同样会对机器人的接受度产生影响。自我效能的作用主要体现在还未完全掌握使用机器人技能的新手身上。丽塔·拉蒂卡等人（Rita Latikka et al.，2019）探究了机器人使用自我效能与对机器人接受度之间的关系，比较了护理工作人员对类人、宠物、升降机器人和远程呈现机器人的接受度。结果表明，机器人使用自我效能与接受使用类人、宠物和远程呈现的机器人有正向关系，并且机器人使用自我效能与人形机器人的实用功能和社会功能接受度之间的联系最强。该结果提示，人们对不同类型的机器人接受的心理过程不同，且自我效能这一心理学变量对于理解人们对机器人的接受十分重要。与人类因素中的人口学变量研究相比，对于心理学变量的研究目前还相对较少。人类因素中的心理学变量能够揭示人们接受机器人内在的心理机制，需要研究者更多关注。

三、人机交互因素

前面讨论了人与机器人交互双方因素对机器人接受度的影响，其实人与机器人交互过程本身的作用也不可小觑。在影响社会认知的因素中，较为重要且得到研究证实的主要是人机交互的经验。

影响人们对机器人
社会认知的因素

人机交互的经验是指个体与机器人面对面直接互动或者通过媒介间接互动积累的经验，它会影响人们对机器人的感知。人机交互的经验能够增强人们对机器人的可接近性（accessibility，即愿意接近机器人），而缺乏这种经验则会引发人们面对机器人时的不确定感。对于使用者而言，与机器人的互动不仅能够显著提升对机器人的积极态度和评价以及对机器人的信任，而且能够提升使用者的自尊并削弱恐怖谷效应。此外，人与机器人交互中的一些具体行为会对机器人的感知产生影响。例如，参与机器人的制作或者组装过程的被试会对机器人给予更积极的评价，并且对机器人的态度更为积极。如果机器人在对被试失去信任之后做出抵赖的行为，则会严重影响被试对机器人的信任，甚至更有可能导致对机器人的报复行为。鉴于此，提供人们日常与机器人接触的机会，开设机器人课程、在公共场合投放机器人等，可能会提高人们对机器人的接受度，从而改变人们对机器人的印象。

在人与机器人交互的过程中，对人与机器人关系的感知会影响人们对机器人的行为反应。除了对机器人热情和能力的社会感知与对机器人的社会认知之外，对机器人社会存在的感知也是影响对机器人接受度的一个重要因素。机器人的社会存在是指人在与机器人交互的过程中，感知到机器人是一个社会实体（social entity）。一项关于老年人使用机器人的研究发现，用户与机器人互动，能够显著增强用户对机器人社会存在的感知，从而对机器人的使用意图也显著增强。对机器人的接受度受到对人与机器人相似性的感知的积极影响。研究表明，感知到机器人与人类的相似性能够促进人们对机器人的信任，从而使得人们愿意与机器人一起工作，甚至最终使得与机器人合作的意愿超过与人类合作的意愿。感知到人与机器人的相似性还会对一些具体的行为产生直接影响，如感知到机器人与人类的相似性可以增加机器人的说服度。在一项说服用户转动手腕的实验中，如果机器人能够对用户表现出善意以及与人类行为的相似性，能显著提升机器人的说服力。虽然在用户对机器人感知的主观测量中没有发现说服力存在差异，但是在对实际行为的测量中，表现出善意和与人类行为相似的机器人成功说服用户转动手腕的次数多于中立机器人（Winkle et al.，2019）。

人们对机器人类型和角色的设定会对机器人的认知产生影响。索尼娅·夸克等人（Kwak et al.，2014）比较了不同类型的清洁机器人，即人类导向（human-oriented，见图2-5a）和产品导向（product-oriented，见图2-5b）的机器人，人类导向的机器人贴上了眼睛，而产品导向的机器人没有。结果发现，与产品导向的机器人相比，被试认为人类导向的机器人更有社会存在感。此外，他们认为人类导向的机器人比产品导向的机器人更善于交际。但是，被试对产品导向的机器人提供的服务更满意。对于机器人角色设定的研究较为丰富。玛丽内尔·巴斯克斯等人（Vázquez et al.，2015）设计了一项人与机

器人共同参与的角色扮演游戏，分两个阶段进行。其中，在第一阶段，机器人与其他被试是同等地位的游戏参与者；在第二阶段，机器人是游戏的主持人，也就是负责场外协调的角色。在游戏结束后，采访被试的感受，结果发现大部分被试更喜欢同为游戏参与者的机器人。这是因为，他们认为当机器人作为游戏参与者时，与机器人的相处更平等，机器人有更多的价值追求，感知到的机器人的智力更高，对它给予更多的信任。另外，桑德斯等人(Sanders et al.，2019)发现，机器人角色还会影响人们是否选择机器人作为工作伙伴。研究者设置了一项简单的仓库分类任务和一项危险的爆炸装置拆除任务，并安排了两种不同的执行者(技术人员和机器人)，见图2-6。研究者先向被试展示任务的具体书面描述以及执行任务的视频讲解。被试在观看完后，需要选择由技术人员还是由机器人来完成仓库分类任务或者爆炸装置拆除任务，并给出理由，之后再观看另一项任务并进行选择。结果发现，被试在选择任务执行者时，会受到机器人角色的影响。如果是危险的任务，也就是爆炸装置拆除任务，他们会更多地选择由机器人来完成，而对于简单的仓库分类任务，则更可能选择由技术人员来完成。

a　　　　　　　　　　b

图2-5　人类导向的机器人和产品导向的机器人

图片来源：Kwak，S. S.，Kim，J. S.，& Choi，J. J.（2014）. Can robots be sold? The effects of robot designs on the consumers' acceptance of robots. In *2014 9th ACM/IEEE International Conference on Human-Robot Interaction*（HRI）（pp. 220-221）. IEEE.

a　　　　　　　b　　　　　　　c　　　　　　　d

图2-6　桑德斯·特雷西等人研究中的技术人员和机器人

(a：执行爆炸任务的技术人员；b：执行爆炸任务的机器人；

c：负责仓库分类任务的技术人员；d：负责仓库分类任务的机器人)

图片来源：Sanders，T.，Kaplan，A.，Koch，R.，et al.（2019）. The relationship between trust and use choice in human-robot interaction. *Human Factors*，61(4)，614-626.

第四节　认知神经科学视角的启示

对机器人的社会认知不仅体现为观察者的视角，即观察机器人时的认知过程和神经激活模式，而且体现为与机器人实时交互时，以第二人称的视角理解机器人行为时的认知特点。这一特性与近期认知神经科学研究范式的转变是高度一致的。以往研究社会交互的认知神经科学大多集中在观察社会信号时的大脑神经激活模式上，而不是集中在真正的互动社交环境中的神经激活特性上。为了捕捉现实生活中的互动动态，"第二人称神经科学"鼓励采用自然的互动范式，以提高实验结论的生态效度。该方法旨在将认知神经科学从一般的"被动旁观者科学"转变为研究社会交互的动态方法，促进了超扫描技术的发展，即依托功能性磁共振成像、脑电图、近红外光谱成像等设备，对处于社会互动中的两人或多人的大脑神经机制进行同时扫描、记录并分析。

一、功能性磁共振成像

研究者基于认知神经科学的功能性磁共振成像技术，以第二人称的视角对人机交互中的社会认知规律进行了探索。鉴于语言是人类互动最普遍的形式，研究者通过语言来操作社会互动，进而考察参与者和一个人类同伴之间的1分钟实时双向讨论期间的大脑活动（即人际互动），以及同一参与者与对话机器人之间类似的讨论期间的大脑活动（即人机互动）。鉴于人机交互在一定程度上可再现人际对话过程，研究者预期两种交互都会激活参与言语感知和言语产生的神经网络，包括用于语言感知的双侧背侧颞叶、用于面部感知的腹侧和外侧枕叶，以及用于语言产生的双侧腹侧初级运动皮层（控制言语运动）和左侧额下回（布洛卡区）。

正如预期，人机交互和人际交互激活的区域覆盖了听觉语言感知的双侧后颞叶皮层的后半部分，包括初级听觉皮层和颞叶语音区等功能区域。共同激活的区域包括运动的相关区域，这些区域涉及言语产生的运动方面。中央沟下方的腹侧和盖区以及邻近的中央前回和中央后回所涉及的主要运动和感觉区，包括语言功能区，也会被激活。左侧的额下回对应布洛卡区，对语言的产生至关重要。内侧运动前区和小脑通常与动作时间有关。根据言语知觉运动理论，这些运动区域也可能参与言语知觉。事实上，在延迟交互中，说话者和听者成功同步时，会激活颞听觉区和额下回。目前的研究结果表明，实时的双向对话，不管主体是谁，都会激活先前与语言感知和语言产生相关的大脑区域和网络。

交互主体不同会诱发不同的神经激活。与机器人相比，个体与人类同伴的互动诱发了颞叶皮层的激活，包括双侧颞顶联合区、下丘脑、丘脑、海马体、杏仁核和下丘脑区域的皮层下激活。这与比较人类和机器人互动的研究发现基本一致，其均报告了颞顶联合区和下丘脑的激活。且当明确地将人类意图归因于机器人行为时，颞顶联合区会被激活。考虑到下丘脑亚核释放催产素，在人际交互期间，下丘脑的激活与增强或许与社会动机有关。与金钱奖励相比，杏仁核尤其与社交奖励有关。它是处理情绪和社会相关信息、编码奖励和社会刺激价值的关键神经节点。

与人际交互相比，人机交互时视觉区域显著激活，包括梭状回、梭状回面部区（fusifrom face area，FFA）、顶内沟（intraparietal sulcus，IPS）和额中回（middle frontal gyrus，MFG）前部。梭状回面部区的激活可能反映了将机器人面孔和人类面孔进行比较，以用人脸的相关知识理解机器人的外表和表情。这种解释意味着需要额外的视觉处理努力，以识别不熟悉的机器人面孔。顶内沟的激活应该与恐怖谷效应有关，其反映了对不熟悉刺激的注意的增多或感知到的不匹配。额中回反应的增强似乎表明对机械的推理和对人的社会推理存在不同。

总的来说，虽然人机交互和人际交互共用部分大脑结构，但当我们与人互动而不是与机器人互动时，我们的社会认知和社会动机会增强。

二、可移动的神经成像技术

可移动的神经成像技术的发展为研究自然状态下人与机器人的互动奠定了基础。研究人机交互的一种有前景的技术是功能性近红外光谱技术。它虽然比功能性磁共振成像具有更低的空间分辨率和比脑电图成像更低的时间分辨率，但具有成本低、便携性好和相对稳定的优势。这些优势使移动式和便携式的神经成像成为可能，特别是对特殊群体，如儿童和老年人，他们通常无法来到特定的实验室参与数据采集。人机交互研究已将功能性近红外光学成像系统作为构建反馈回路，以控制机器人的运动或行为，并将其作为对各种机器人可用性的评估方式。

基于功能性近红外光学成像系统，可以采用逐步渐进的方法来研究实验室之外的自然的人机交互规律，见图 2-7。第一步是在实验室中识别与社会认知过程相关的大脑区域，以验证之前的发现；第二步是基于屏幕呈现交互过程，探索人际和人机交互过程中的神经激活模式和社会认知规律；第三步是在实验室环境中设置与机器人交互的情境和任务，研究约束较少的情境下交互时的心理规律；第四步是在日常环境（如学校和家庭）中与机器人进行自然交互，记录相应的大脑活动，以分析认知和神经机制。其中，每一步的结果都可以为下一步的开展提供方法和理论上的借鉴。

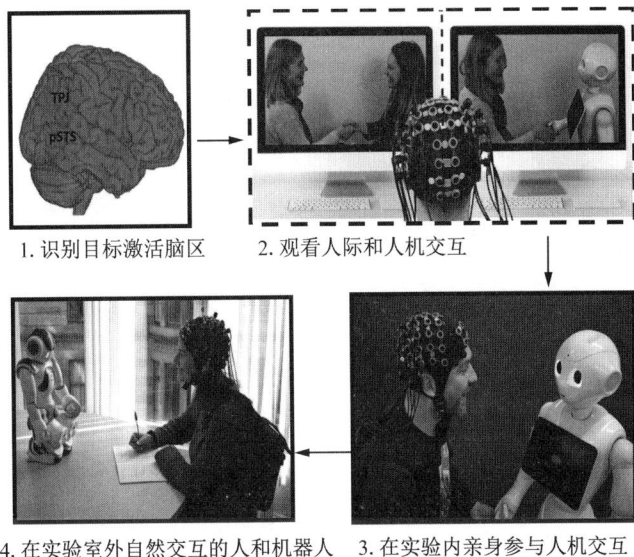

1. 识别目标激活脑区　　2. 观看人际和人机交互

4. 在实验室外自然交互的人和机器人　　3. 在实验内亲身参与人机交互

图 2-7　使用功能性近红外光谱技术在实验室外研究人机交互的方法

图片来源：Henschel，A.，Hortensius，R.，& Cross，E. S.（2020）. Social cognition in the age of human-robot interaction. *Trends in Neurosciences*，43(6)，373-384.

【思考题】

1. 对机器人的社会认知包括哪些方面？
2. 如何理解机器人的心智？
3. 对机器人的社会认知会受到哪些因素的影响？
4. 关于机器人的社会认知规律对设计机器人有什么启示？如何将之应用到实际研发过程中？

扫描获取
思考题答案

第三章 对机器人的态度研究

态度研究是社会认知心理学的核心问题之一。正如心理史学家所说的，在社会心理学中，没有一个概念比态度更接近行为理解的中心。由此可见，态度对于社会心理学研究的重要性与核心价值。在社会机器人进入人类生活的过程中，人类对机器人会形成不同的态度，从而影响大众对机器人的评价和接受度，甚至决定着对机器人产品和服务的选择。对机器人的态度问题也是无法回避的重要问题，甚至可能是人类如何对待机器人的核心问题。本章将基于态度的基本概念，阐述人类对社会机器人的态度特点。

第一节 态度及其测量

一、态度的概念及其成分

关于态度，不同的学者有不同的定义。然而，经过多年的研究，研究者逐渐趋向于以比较直接的方式来定义态度，并在一定程度上达成了共识。目前，研究者普遍认为态度是一个人对其社会世界中的人、群体和其他对象的总体评价。

基于对态度内容的研究，研究者发现态度包含三种成分：认知成分、情感成分和行为倾向成分。其中，认知成分是指个体对态度对象相关的信念、想法和属性，包括了解的事实、掌握的知识和持有的信念等，是其他成分的基础。例如，在群体态度的研究中，刻板印象通常被认为是关于一个特定社会群体所拥有的属性的信念，并影响个人对群体的所有态度。情感成分是指人们对态度对象肯定或否定的评价以及由此引发的情绪情感，这是态度的核心与关键。情感成分既影响着认知成分，也影响着行为倾向成分。行为倾向成分是指人们对态度对象所做出的(或在未来可能做的)反应，具有准备性质。行为倾向成分会影响人们将来对态度对象的反应，但它不完全等于外显行为。上述三种态度成分和行为之间的关系见图 3-1。

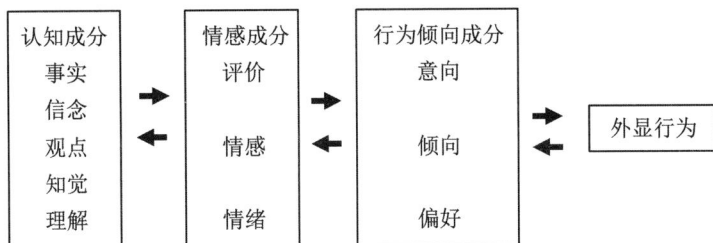

图 3-1 态度的成分及其关系

图片来源：Myers，L. J.（1993）．*Understanding an Afrocentric world view*：*Introduction to an optimal psychology*（*2nd ed.*）．Kendall Hunt Publishing Company.

由图 3-1 可以看出，人们的态度与行为有着非常紧密的关系，故人们经常通过他人的态度来预测其行为。例如，张三对李四持有消极的态度，人们就很容易预测在选学生会干部的时候，张三不会投李四的票。但是，态度与行为之间并非一对一的关系，态度只是一种行为倾向，并不等于行为。理查德·拉皮尔（LaPiere，1934）的研究就说明了用态度预测行为到底有多大的准确性。20 世纪 30 年代初，绝大部分美国人对亚洲人持有负性种族偏见。为了研究这种偏见的影响，理查德·拉皮尔邀请了一对来自亚洲的年轻夫妻驾车环游美国，看看他们所经过的旅馆和饭店的老板会不会以他们对亚洲人的偏见而拒绝接待这对夫妻。结果在 3 个月的旅行中，他们经过的66 家旅馆只有 1 家拒绝让他们住宿，而 184 家饭店都没有拒绝他们用餐。后来，理查德·拉皮尔又给他们经过的旅馆与饭店写信，问他们是否愿意接待亚洲人。结果，在 128 封回信中，90％说他们不会接待。很显然，他们的态度与行为存在矛盾。从实际结果看，这两位亚洲人基本完成了他们的旅行，旅馆与饭店基本都接待了他们。后来通过信件的方式去询问他们是否愿意接待时，得到的结果却与实际结果完全相反。可见，虽然态度会影响个体的行为，但还有其他因素在起作用，因此在态度研究中，不能将态度与行为混为一谈。

二、态度测量

态度研究是社会认知心理学中的核心。在早期研究中，研究者通常将态度看作一种稳定的内在心理倾向，常用的测量方法主要是直接测量，如采用李克特量表（Likert scales）直接询问态度等。随着研究的深入，研究者发现，通过主观报告测得的态度大多是被试深思熟虑后

态度测量

给出的答案，可能并不能反映被试的真实想法。为了打破这一局限，研究者开发了间接测量方法，诸如投射测验、内隐联想测验等。

（一）直接测量

对态度进行直接测量的具体方法有多种，常用的包括自陈报告法、行为观察法和问卷法等。自陈报告法一般采用态度量表测量，行为观察法通过行为观察进行推断，问卷法则是把要调查的问题编成问卷加以实施。在这些测量方法中，自陈报告法是早期态度研究中使用最多的，主要是因为该方法实施起来方便、快捷，也不太受时间、地点的限制。这类测量方法通常用到的是李克特量表、瑟斯顿量表、语义区分量表（semantic differential scales）等。这里主要介绍一下李克特量表和语义区分量表。

李克特量表是常用的态度量表，由一组与测量问题有关的陈述语和记有等级分数的答案组成，并以总分为评价依据，主要用于测量态度等主观指标强弱程度的社会测量表。它由一组句子构成，这组句子是从围绕所要测量的问题搜集到的众多句子中，采用项目分析方法筛选出的鉴别力较强的句子。通常是 5 点或 7 点量表，让被试用 1～5 或－3～＋3 做出反应。根据被试对这组句子的各项回答，使用总和计分方式，以判明其态度的强弱。例如，凯瑟琳·费希特（Fichten，1986）比较了健康大学生与健全人/残疾人社交时的态度，要求 115 名健康的大学生被试在 6 点量表上评定其与健全人/残疾人接触过程中的总体放松水平（1＝非常不放松，6＝非常放松）。

语义区分量表由查尔斯·奥斯古德（Charles Osgood）于 1957 年编制。他采用双

极形容词，如好—坏、强—弱等，对被试的态度加以测量，并使用因素分析法分析出各种概念或事物对人们产生影响的三个维度，即评价维度、潜能维度和活动维度。现在研究者常常对语义区分量表稍加修改，把双极形容词拆开，并用这种方法构建问卷。例如，克里斯托夫·巴特里克等人（Bartneck et al.，2009）就运用语义区分量表考察了机器人的拟人化、生命性、喜爱度、感知智能和感知安全性等特点。该研究构建的测量问卷采用双极词汇，并请被试对双极词汇以 1～5 分进行评定。其中，喜爱度测量就是询问被试在多大程度上喜欢/不喜欢机器人，觉得机器人是友好的/不友好的等。

用上述几种直接测量的方法测量被试的态度时，被试容易出现社会赞许性，即按照大家所希望、期待、接受的态度进行评价，而非自己的真实态度。因此，在测量人们对一些比较微妙问题的态度时，研究者要注意问问题的方式，避免引起这种偏差。

（二）间接测量

除了直接测量人们对某些问题或对象的态度，研究者还可以通过一些间接的方式了解他人的态度。这类方法包括以下几种。

投射测验，是心理学研究中常用的一种间接测量技术。早在 20 世纪 30 年代，它就已经成为心理学家了解他人内心世界的重要手段。在投射测验中，最有代表性的当数主题统觉测验（thematic apperception test，TAT）。这种测验方法通过让人们用看过的图画编故事的形式测量人们的内在心理状态。

生理指标测量，是指研究者可以通过测量人们的一些生理反应指标来了解人们对他人或事物的态度。例如，可以用皮肤电反应来判断一个人的紧张程度，也可以用脑电波 P300 来判断一个人有没有说谎。现在的很多测谎设备利用这些生理指标来测定被测者是否说谎。又如，通过认知神经科学技术测量大脑神经联结模式和信号，据此获得他人的态度特点。

反应时测量，即通过设置不同的实验条件，基于对比不同条件下的反应时差异，用于考察人们的态度问题。例如，安东尼·格林沃尔德等人（Greenwald et al.，1998）所使用的内隐联想测验（implicit association test，IAT）就是以反应时为指标，衡量人们在做与自我一致或不一致的判断时所产生的心理差异。

1998 年，安东尼·格林沃尔德等人提出了内隐联想测验，认为这种方法可以更好地测量人的内隐态度。该测验通过计算机化的分类任务来测量两类词（概念词与属性词）之间的自动化联系的紧密程度，进而对个体的内隐态度进行测量。基本过程是呈现一个属性词，让被试尽快地进行辨别归类（即归于某一概念词）并做出按键反应，记录其反应时。概念词（如白人、黑人）和属性词（如聪明、愚蠢）之间有两种可能的关系：相容的和不相容的。所谓相容，是指两者的联系与被试的内隐态度一致，或两者有着紧密且合理的联系，否则为不相容。当概念词和属性词相容，即其联系与被试的内隐态度一致或两者联系较紧密时，此时的辨别归类多为自动化加工，相对容易，因而反应速度快，反应时短；当概念词和属性词不相容，即其联系与被试的内隐态度不一致或两者缺乏紧密联系时，往往会导致被试的认知冲突，此时的辨别归类需进行复杂的意识加工，相对较难，因而反应速度慢，反应时长；不相容条件下的反应时与相容条件下的反应时之差即内隐态度的指标。

诸多社会认知现象均涉及评价性联想，故内隐联想测验一经提出，便在内隐态度、内隐刻板印象、内隐自尊等领域迅速得到运用。现在大多数的内隐态度研究运用的测量程序均是基于安东尼·格林沃尔德改进后的版本。

内隐联想测验测量的是两个属性词与各自相对应的概念之间联系的紧密程度，而不是单个联想的绝对强度。针对此局限，研究者相继开发出了 Go/No-go 联想任务（Go/No-go association task，GNAT）、外显情感西蒙作业（extrinsic affective Simon task，EAST）、单类内隐联想测验（single category implicit association test，SC-IAT）、单靶内隐联想测验（single target implicit association test，ST-IAT）以及单属性内隐联想测验（single attribute implicit association test，SA-IAT）等，这些都是对安东尼·格林沃尔德提出的内隐联想测验的继承和发展（张珂，张大均，2009）。

三、对机器人态度的测量

(一)直接测量

研究者开发了许多调查人们对机器人的态度的量表，这可以帮助机器人研发人员了解人们对机器人的看法、观点、接受性等。有一些量表直接测量对机器人的接受度和使用意向，如基于技术接受模型改编的一些量表，其假设是行为意向是基于感知易用性和感知有用性的（Heerink et al.，2009）。另一些量表则侧重伦理方面的考虑，如伦理可接受性量表，主要用于评估孤独症儿童接受机器人治疗时的伦理问题（Peca et al.，2016）。本部分将对这些量表稍加介绍。

1. 对机器人的消极态度量表

对机器人的消极态度量表（negative attitudes towards robots scale，NARS）是最早编制也是最常用的测量工具，由野村达矢及其同事开发（Nomura et al.，2006）。NARS 最初用日语编写，以 5 点李克特量表的形式进行选择（1＝非常不同意，2＝不同意，3＝未决定，4＝同意，5＝非常同意）。在开发阶段，最初的项目库包含 33 个项目，经过了对内部一致性、因子效度、重测信度以及结构效度的分析，项目的数量减少到 14 个。值得注意的是，这些分析都基于不同样本的日本大学生数据。除了3 个需要反向编码的项目之外，其他项目分数越高，代表对机器人的消极态度程度越高。

最终确定的 NARS 问卷，要求被试对问卷描述的内容进行同意程度的评分。经过因素分析，这 14 个项目涉及 3 个因素：①与机器人互动的消极态度，包括 6 个项目，如"如果我被赋予一份必须使用机器人的工作，我会感到不安"；②对机器人社会影响的消极态度，包括 5 个项目，如"如果机器人真的有情感，我会感到不安"；③对机器人情感的消极态度，包括 3 个项目，如"与机器人交谈时，我会感到轻松"。需要注意的是，前两个子量表的重测信度很高（均大于 0.70），但最后一个子量表的重测信度只有中等程度（0.54）。此外，子量表之间的相关性差异也较大，前两个子量表之间有中等程度的相关性（0.41），但与第三个子量表的相关系数均小于 0.20。

虽然该量表的应用非常广泛，但关于该量表的结构存在争论。例如，在一项针对英国大学生样本的研究中，达格·赛尔达（Dag Syrdal）及其同事（2009）由于该量表的可靠性低而删除了 3 个项目。虽然主成分分析仍然发现了 1 个三因素结构，但项目的分组与原有量表有很大的不同，故重新命名了 3 个子量表：未来/社会影响、关系态度以及实际互动情况。研究也发现其他语言版本与原始结构存在巨大偏差。例如，努诺·皮卡拉（Nuno Piçarra）及其同事（2015）使用了葡萄牙语版本，其删除了英国版本所删除的 3 个项目中的 2 个，并认为双因素结构（对具有人类特征的机器人的消极态度和对与机器人互动的消极态度）是最合适的。波兰版本的项目与葡萄牙版本相同，但在 2 个因素中的项目归属略有不同。可见，该量表虽被广泛应用，但在不同的文化背景中的信效度质疑也不容忽视。

2. 机器人社会属性量表

编制机器人社会属性量表（robotic social attributes scale，RoSAS）的目的是提供一种方法来评估人类对机器人感知的中心属性，并为机器人开发提供一个工具，以确定感知的属性如何影响人机互动的质量。该问卷在很大程度上受到 Godspeed 问卷的影响（Bartneck et al.，2009）。其中，Godspeed 问卷要求参与者对机器人进行语义差异化评分，如在 5 分制的一端为"假的"，另一端为"自然的"。RoSAS 的开发者旨在创建一个与 Godspeed 问卷不同的量表，它与呈现机器人的特定图像或视频无关。RoSAS 要求被试根据所提示的内容进行评分，如"你对机器人类别的印象是什么？"被试对每个项目都以 9 点李克特量表做出反应，1 为肯定没有关联，9 为肯定有关联。

RoSAS 的编制者结合 Godspeed 问卷中的部分项目，且基于社会认知的最新发现增加了一些项目，并使用了几个独立的在线招募的样本，来测试最初编写的 83 个候选项目集。探索性因素分析显示，有 18 个项目被归类到三个因素上，分别是温暖、能力和不舒服。这些因素之间的相关性比较低，为 0.18～0.34。RoSAS 是近些年形成的量表，其信效度还有待进一步检验。

3. 伦理可接受性量表

伦理可接受性量表（ethical acceptability scale；Peca et al.，2016）旨在评估孤独症儿童使用机器人治疗时的伦理问题。该量表由伦理学家、心理学家、治疗师和工程师组成的团队开发，共包括 12 个项目。其中，约有一半的项目直接询问人们对使用机器人治疗孤独症的态度。例如，"在治疗孤独症时，使用社会机器人在伦理上是可以接受的"，其他项目则采用了一般性的措辞，如"让社会机器人看起来像人类，在伦理上是可以接受的"。所有项目都采用 5 点李克特量表评分。量表的设计是为了衡量关于伦理可接受性的一般态度，在最初的量表编制中，研究者给被试播放了一个简短的视频片段，展示了各种具有不同物理外观的社会机器人。这样做的目的是确保被试对专门的社会机器人进行评分，而不是对他们可能想到的任何其他类型的机器人进行评分。

量表的最初版本是英文的，研究者也将其翻译成了荷兰语和罗马尼亚语，以便在涉及比利时、荷兰、罗马尼亚、英国和美国被试的多国研究中收集数据。为了验证量表结构，量表编制者将所有国家的数据集中起来（$n=394$）。根据主成分分析的结果，量表的开发者认为三因素结构是最合适的。第一个子量表被称为"使用的道德可接受性",包括 5 个项目;第二个子量表被称为"与类人实体互动的道德可接受性",包括 4 个项目;第三个子量表被称为"非人类外观实体道德的可接受性",包括 3 个项目。这些分量表的内部一致性效度良好(α 系数分别为 0.86、0.72 和 0.76)。

4. 弗兰肯斯坦综合征问卷

弗兰肯斯坦综合征问卷(Frankenstein syndrom questionnaire,FSQ)的编制者(Nomura et al.,2012)将其描述为一个专门用于测量公众对仿人机器人的接受度的测量工具,包括对这项技术的期望和焦虑。在开发该问卷的理由中,野村达矢及其同事(2012)提到了弗兰肯斯坦综合征的概念。该概念基于西方文化比日本等东方文化更害怕仿人机器人的现象而得到发展。在一项研究中,该问卷开发者设置了关于仿人机器人的传播以及对机器人未来社会作用的看法的开放式问题,其中,收集了 204 名日本大学生和 130 名英国大学生的数据。基于被试给出的主题,构成了最初的英文版 FSQ,共有 30 个项目,随后又被修订为日文版。

问题以李克特量表的形式呈现,有 7 个回答选项(1=非常不同意,2=不同意,3=有点不同意,4=不能确定,5=有点同意,6=同意,7=非常同意)。在对网上招募的 1000 个被试的日语版 FSQ 进行测试时,指导语中解释了什么是仿人机器人,并在其后展示了 6 幅机器人的图片(Nomura et al.,2012)。但关于这些机器人的任务等都没有进一步描述。经探索性因素分析得到了一个四因素结构,包括对仿人机器人的一般焦虑(包括 13 个项目,如"开发仿人机器人是对自然的亵渎"),对仿人机器人的社会风险的担忧(包括 5 个项目,如"如果仿人机器人造成事故或麻烦,开发它们的人和组织应给予受害者足够的赔偿"),对仿人机器人开发者的可信度(包括 4 个项目,如"我可以信任与仿人机器人开发有关的人员和组织"),以及对仿人机器人在日常生活中的期望(包括 5 个项目,如"仿人机器人可以在人与人之间,以及人与机器之间创造新的互动形式")。基于项目分析的结果或低因子负荷,删除了 3 个项目。后三个子量表虽然项目数量较少,但其 α 系数可接受(0.69~0.71),汇总后的信度较高(0.91)。

FSQ 的开发者(Nomura et al.,2012)将上述因素结构描述为暂时的发现,并建议进一步证实该量表的心理测量特性。后续研究通过在线招募,收集了西方和日本被试的数据,以及另一个仅由日本被试组成的数据,进行了比较分析。根据探索性因素分析结果,研究者发现了一个五因素的量表结构。研究者对这些因素进行了重新命名,分别为:对机器人的消极态度(包括 10 个项目)、对机器人的积极态度(包括 9 个项目)、对仿人机器人的主要反对意见(包括 5 个项目)、对机器人创造者的信任(包括 4 个项目)和人与人之间的恐惧(包括 2 个项目)。所有这些子量表的 α 系数都是可接受的。

在进一步研究中(Nomura et al.,2015),FSQ 的开发团队调查了因素结构在多大程度上可能因人而异。该研究收集了 100 个英国被试和 100 个日本被试的数据,每个样本由相同数量的 20 岁和 50 岁的被试组成。探索性因素分析显示,四因素模型比五因素模型更能解释数据。由于存在交叉载荷或信度较低的情况,删除了 7 个项目,且鉴于其中一个因素只有两个项目,也予以删除,最终剩下包括 21 个项目的三因素问卷。这三个因素分别为对机器人的消极态度(包括 9 个项目)、对仿人机器人的期望(包括 9 个项目)和对仿人机器人的根源性焦虑(包括 3 个项目)。所有子量表的 α 系数都在 0.85 以上。

5. 多维机器人态度量表

多维机器人态度量表(multi-dimensional robot attitude scale)的编制者(Ninomiya et al.，2015)认为，先前开发的机器人态度量表，如 NARS，只关注对机器人的负面态度。因此，有必要建立一个能反映更广泛态度的量表。为了编写多维机器人态度量表的项目，开发者招募了 83 个日本成年人，并向他们展示了介绍四种不同机器人的视听材料。然后，被试口头回答他们对每个机器人看法的具体问题，以及他们对机器人的一般看法的开放式问题。随后，还对被试进行了集体访谈，询问他们在回答这些问题时的心理状态。基于这些结果，再加上对相关文献的回顾，开发者编写了 125 个项目。这些项目以句子的方式呈现，被试需在 7 点量表上进行同意程度的评定，范围从 -3(完全不同意)到 +3(非常同意)。

经过一系列项目分析以及因素分析，该量表的最终版本包括 49 个项目，构成了 12 个因素的结构模型。这些因素包括熟悉度(如"如果一个机器人被引入我家，我会觉得我有一个新的家庭成员")、兴趣(如"我想夸耀我家有一个机器人")、消极的态度(如"如果家里有一个机器人，会令我感到失望")、自我效能(如"我有足够的技能来使用机器人")、外观(如"我认为机器人的设计应该很可爱")、效用(如"机器人很实用")、成本(如"我认为机器人很重")、多样性(如"我认为机器人应该发出各种声音")、控制(如"我认为机器人可以识别我并回应我")、社会支持(如"我希望我的家人或朋友能教我如何使用机器人")、操作(如"机器人可以通过远程控制来使用")和环境适应性[如"我担心机器人是否适应我现在房间的布景(家具和其他东西的布局)"]。除了子量表成本和控制(α 系数分别为 0.56 和 0.64)之外，其他子量表的 α 值都在 0.70 以上，表明信度良好。

随着机器人技术的成熟，机器人与普通大众的生活越来越近，关于公众对社会机器人态度的研究也得到了研究者的重视。基于此，研究者开发了诸多测量问卷以探寻人们对机器人的一般态度以及一些有针对性的看法。不难看出，除了 NARS 是 2006 年开发的，其余量表基本集中于 2012—2017 年，其信效度以及结构模型的跨文化一致性和稳定性都有待进一步研究。

(二)间接测量

在对机器人态度的研究中，大多数研究采用的是直接测量的方法。然而，任何方法都有其局限性，直接测量最严重的问题就是社会赞许性。为了规避该问题，社会认知研究者开发了内隐联想测验，且在社会心理学研究中广泛使用它。虽然对机器人态度的研究由来已久，但是从内隐角度进行研究的并不多见。卡尔·麦克多曼等人(MacDorman et al.，2009)同时使用直接测量和间接测量的方法，考察了 479 个美国人和 237 个日本人对机器人的外显态度和内隐态度。在该研究中，所使用的间接测量的实验程序源自安东尼·格林沃尔德(1998)，只是实验材料选用了与机器人相关的内容。首先，该研究中的目标概念分别为机器人和人类，以图片的形式呈现（见图 3-2 中的目标概念）。其次，与目标概念相关的属性材料分为两类：一类是体现积极—消极情感的形容词，诸如高兴的、可怕的等（见图 3-2 中的属性维度：积极—消极）；另一类是体现机器人是否对人类产生威胁的武器—非武器类图形（见图 3-2 中的属性维度：武器—非武器）。

目标概念：机器人

目标概念：人类

| 精彩的 | 荣耀的 | 愉悦的 | 高兴的 | 和平的 | 幸福的 | 痛苦的 |
| 可怕的 | 恐怖的 | 肮脏的 | 邪恶的 | 失败的 | 受伤的 | 讨厌的 |

属性维度：积极—消极

属性维度：武器—非武器

图 3-2　实验刺激材料

图片来源：MacDorman，K. F.，Vasudevan，S. K.，& Ho，C. C.（2009）. Does Japan really have robot mania? Comparing attitudes by implicit and explicit measures. *AI & Society*，23(4)，485-510.

　　被试除了需要完成内隐联想测验之外，还需要完成一份调查问卷，以了解对机器人或人类的相对偏好，如觉得机器人是冷漠的还是温暖的，他们认为哪种机器人更具威胁性，以及每种机器人的安全或威胁程度。此外，被试还需要报告他们对机器人的兴趣和熟悉程度，以及他们阅读材料、观看媒体、参加与机器人有关的活动、与机器人有身体接触及给机器人编程的频率。

　　研究结果显示，在外显态度方面，虽然日本和美国被试都喜欢人类而不喜欢机器人，但是相对而言，美国被试比日本被试更喜欢人类。在对机器人的温暖/冷漠感受方面，日本被试对机器人温暖程度的评价比美国被试高。在内隐态度方面，所有被试都更愿意将积极属性词与人类相联系,而不是机器人,且这一效应不受其他因素,诸如国别、性别、教育水平等的影响。可见,自我报告的外显态度和内隐态度之间并不完全一致,这在以往的内隐研究中也有所体现。内隐测验可以为研究者提供自动化态度评价的工具,对态度的研究具有非常重要的影响。希望未来有更多的研究探讨人类对机器人的内隐态度,以更好地促进机器人产业的开发与应用。

第二节 对机器人的态度及偏好

早在20世纪60年代,就有了能够通过感知和操纵环境自主执行任务的机器人。随着人工智能技术的发展,机器人行业正经历着从工业机器人到社会机器人的转变。机器人可以教儿童唱歌、保护家庭、用真空吸尘器打扫客厅、在医院分发药品以及充当同伴。在未来几十年里,面向人类的机器人将变得越来越普遍、越来越重要。为了让人们在生活中更好地接纳机器人,体验机器人带来的便利服务,提高人们与机器人互动时的有效性,机器人工程师对机器人的外观和功能进行不同的设计,以促进机器人在日常生活中的应用。尽管工程师进行了诸多的尝试和努力,但人们对机器人的态度并不明朗。本节回顾了目前针对社会机器人态度的调查研究,从整体态度到具体影响因素进行阐述,以期为未来社会机器人的发展提供更多依据和思考。

一、对机器人的态度

(一)成年人对机器人的态度

工业机器人的出现是为了完成危险或重复性的工作,以节省人力和保障人的生命。运用机器人可以提高产品质量(如涂胶、喷涂、测试、测量),加快生产过程(如组装)。而且,机器人在保证工作的规律性方面优于人类劳动力,它们不需要休息、不会罢工。社会机器人的出现,使我们需要重新看待机器人的角色。它们不再是从事危险和单调工作的机器,而是进入我们的日常生活,并在其中扮演一定角色的机器。因此,社会机器人除了需要保证自己的工作效率和速度,还需要具备一些其他的能力,如灵活性和适应性等。还需要注意的是,机器人进入社会甚至家庭领域时,关于隐私、亲密关系和社会影响,以及护理劳动的问题就凸显出来了。我们需要什么样的机器人,帮助我们完成什么样的作业,是否需要法规对人与机器人的关系进行约束和规范,这些都是非常重要的问题,其取决于人类对机器人的态度。

阅读材料一

对机器人的消极态度

2019年的一项研究表明,欧洲人对机器人的态度比五年前更加保守。在某些领域,机器已经很成熟,而在另一些领域,它们正在崛起。机器人可以从事手术、汽车生产、护理等工作。心理学家蒂莫·纳姆斯(Timo Gnambs)和马库斯·阿佩尔(Markus Appel)认为,我们正处在机器人时代的边缘上。

在日常生活中,机器人越来越多。人们对机器人有什么感觉呢? 正如两位教授所说的那样,怀疑的人越来越多。他们根据跨欧洲的数据分析,2017年,人们对机器人的评价比五年前更加负面。

越来越多的人对机器人持怀疑态度，尤其对工作场所机器人的怀疑有所增加。这可能是因为机器人的广泛应用导致失业人员越来越多。然而，人们对在工作场使用机器人的态度仍比在外科手术或自动驾驶汽车中使用机器人的态度更加积极。

早在 2012 年就有研究者开展了一项"对机器人的态度的大范围调查"（Eurobarometer，2012）。该研究通过面对面的访谈，调查了欧盟 27 个成员国 26751 名 15 周岁以上的公民。该研究采用的调查问卷涵盖了机器人应用的诸多领域，并包含一套良好的态度测量量表。

然而，它只展示了两张机器人的图片，对被试而言，研究者所提供的机器人形象相当有限。为了调查欧洲人对机器人从工业领域向家庭领域转变的态度，研究者重点分析了对以下两个问题的回答："你认为在哪些领域应该优先使用机器人？""你认为在哪些领域应该禁止使用机器人？"每个问题允许被试最多选三个答案。对于这两个问题，可选的答案为空间探索、生产制造、搜索救援等。被试也可以选择"其他领域"、"没有"或"我不知道"。为了进行量化分析，研究者对结果进行了转换和赋分，将第一个问题的答案赋予正分，而将第二个问题的答案赋予负分，由此构成了一个新变量的得分，其取值范围为 $-3 \sim +3$。

对该调查结果的分析显示，在所有欧盟公民中，70%的人对机器人有积极或非常积极的看法。如图 3-3 所示，多数人（41%）对机器人应该或不应该在哪些生活领域使用的问题提供了相同数量的答案。约 50% 的人选择了积极态度的答案，而非消极态度的答案。只有 10% 的被试选择了应该禁止使用机器人的领域，而不是那些应该使用机器人的领域。

至于希望优先在哪个领域使用机器人，欧洲人选择了机器人已经被使用了很长时间的领域，如空间探索和生产制造，以及机器人可以明显拯救人类生命的领域，如搜索救援。在这几个领域之后，公众对机器人使用的支持率下降得相当厉害。大约 22% 的欧洲人希望机器人首先出现在医疗保健领域，13% 的欧洲人则认为机器人应该出现在交通和农业等领域。很明显，最不受欢迎的生活领域是那些为社会再生产提供服务的领域（社会服务领域），其中包括教育、休闲娱乐等领域。具体数据见表 3-1。

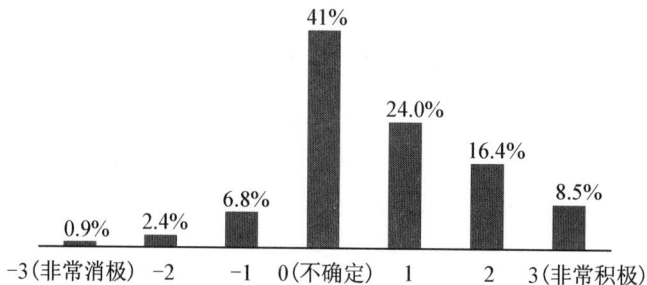

图 3-3　欧盟公民对机器人的态度

图片来源：Vincent，J.，et al.（Eds.）.（2015）. *Social robots from a human perspective*. Berlin, Springer.

表 3-1 希望优先使用机器人的领域

使用范围	人数/人	百分比/%
空间探索	13859	51.9
生产制造	13282	49.7
搜索救援	11016	41.2
军事安全	10937	40.9
健康护理	6007	22.5
国内经济	3574	13.4
交通	2962	11.1
农业	2813	10.5
儿童/老年人/残疾人	947	3.5
教育	694	2.6
休闲娱乐	670	2.5

表格来源：Vincent，J.，et al.（Eds.）.（2015）. *Social robots from a human perspective*. Berlin，Springer.

除了对整体态度进行分析，研究者还分析了不同群体对机器人的态度。结果发现，认为自己属于较高社会阶层的欧洲人比认为自己属于较低社会阶层的欧洲人，更愿意看到机器人被用于医疗保健；养老金领取者比其他群体更赞成机器人在医疗领域的应用；单亲家庭比其他家庭类型更不愿意接受机器人在医疗领域的应用。这表明，人们对机器人的态度受到个体所处的社会阶层、经济收入、家庭状况以及受教育情况的影响。

上述研究开展的时间较早，人们对于社会机器人的接触可能相对较少。此外，该调查仅仅是人们对机器人适合做什么的一种看法，并不涉及与机器人的真实互动。当机器人真正进入我们的工作领域时，我们的态度会发生变化吗？为了调查实验室工作人员对机器人进入工作领域的态度，奥利·阿尔登和罗伯特·施密特（Ardon & Schmidt，2021）向 4096 名实验室员工发送了一份自愿的、匿名的、公开的调查问卷，其中包括 6 个知识和态度问题以及 4 个人口统计问题。该调查通过电子邮件进行采集，最终回收了 1721 份问卷。大多数被试处于青年阶段（25～34 岁，35%）和中年阶段（35～44 岁，27%）；被试的受教育程度范围也很广，本科学历人数最多（57%），其次是高中学历（24%），其余则为研究生学历。该研究结果显示，大多数被试（79%）对机器人有一定的了解，很少有人（4%）认为自己是这方面的专家。被试普遍认为，机器人可以通过减少错误（24%）和节省时间（16%）来帮助他们完成工作。虽然有部分被试（27%）担心自己的工作会被机器人取代，但大多数被试（64%）仍表示支持在组织内发展机器人项目。

随着技术的发展和网络课程的普及，机器人逐渐开始进入教育环境，不仅可以辅助教师完成授课、答疑等任务，而且可以单独授课，不会受外在环境的限制。学生对机器人授课持有什么看法呢？他们接受吗？有研究者（Kairu，2020）在线调查了

385 名大学生(217 名女生和 168 名男生)对机器人授课的态度,结果显示,39.06%的人认为机器人会在教育中产生积极影响,机器人可以用来跟踪学生的进步(35.79%)、改善师生互动(47.78%)和监测课堂参与情况(55.21%)。但大部分学生认为,目前的机器人授课普及度不够,很多学生表示没有这方面的接触经验。

整体而言,人们对机器人进入生活、工作和学习过程的态度是比较积极的。当然,我们也需要看到现有研究的问题,诸多调查都是基于人们对机器人的期望、想象或视频观看后所得的。虽然技术有所发展,但是机器人的使用成本仍然比较高,很多人都没有实际接触经验。相对比较生态化的做法就是让被试观看真实机器人的视频或直接与其进行互动。

(二)儿童与青少年对机器人的态度

绝大多数探讨机器人态度的研究针对的都是大学生或者成年人,但这只代表了一部分人的观点。其实,机器人在进入人们的工作环境之前,很多开发者将其机器人定位为陪伴儿童的玩偶,或者替代父母陪伴孩子的工具。那么,孩子们是怎样看待机器人的?他们对机器人的定位是什么呢?

为了考察青少年对机器人的态度,埃林·比约林等人(Björling et al.,2019)邀请了西雅图地区的高中青少年参与机器人设计活动。其间,他们可以观察、操作机器人或与之互动,甚至可以控制机器人。研究中与被试互动的机器人是事先设定好的(见图 3-4)。其中,EMAR V2(见图 3-4a)和 V4 机器人(见图 3-4b)都允许语言和触摸屏交互;Blossom(见图 3-4c)是一个软体运动机器人,可以进行体验操作和非语言交互;商用机器人 Kuri(见图 3-4d)可以通过触觉和声音(而不是语言)进行交互;还有虚拟现实中的 EMAR 机器人,它可以进行沉浸式虚拟交互。在参与设计活动前后,研究者请被试填写对机器人的消极态度量表,最后回收了 136 份互动前数据和 90 份互动

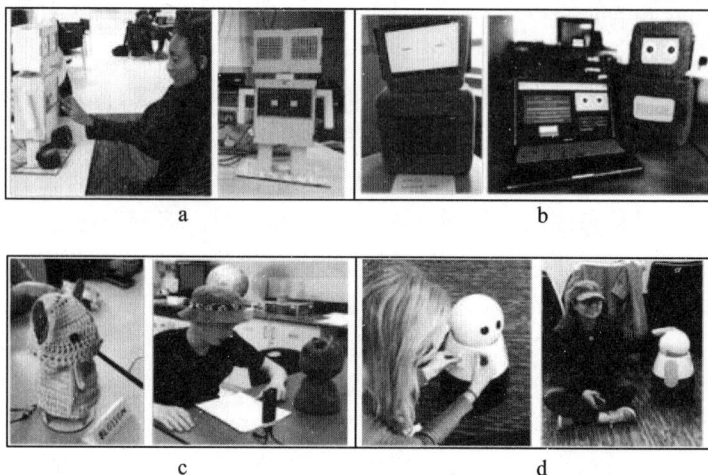

图 3-4 埃林·比约林等人(2019)的研究中使用的机器人

图片来源:Björling, E. A., Xu. W. M., Cabrera, M. E., et al. (2019). The effect of interaction and design participation on teenagers' attitudes towards social robots. In *2019 28th IEEE International Conference on Robot and Human Interactive Communication* (RO -MAN) (pp. 1-7). IEEE.

后数据。经过分析发现，大多数青少年对机器人的态度非常乐观，与机器人交谈不会感到紧张，但不相信机器人会把数据交给他们。互动后的态度数据显示，虽然互动后青少年对机器人的消极态度有下降趋势，但是尚未达到显著水平。该研究提示我们，青少年对机器人的态度比较积极，参与机器人的设计对机器人的普及也非常有意义。

上述研究关注的是孩子们对机器人的一般态度以及互动带来的变化，对机器人的其他特性，孩子们有什么观点呢？有研究（Bernstein & Crowley，2008）考察了儿童对机器人智力和心理特征方面的看法，该研究的被试为 60 名 4～7 岁的儿童，其中 4～5 岁的儿童 30 名(15 男，15 女)，6～7 岁的儿童 30 名(14 女，16 男)。在实验过程中，研究者给儿童看 8 个实体的图片，其中包括 3 个生物实体(人、猫和植物)、2 个机器人(仿人机器人、漫游者)、1 台电脑、1 台计算器和 1 个洋娃娃。在任务完成过程中，儿童需要判断每个实体是否具有以下生物特征(活着的、生长的、新陈代谢的、繁殖的、自我产生的运动)、智力特征(思考、记忆、计划、计算、学习、情景意识)、心理特征(情感和意志)和人工特征(工厂制造、简单拼装)。结果表明，随着儿童与机器人的接触时间的增长，他们开始将机器人与其他熟悉的实体区分开来。这体现在他们对机器人的智力和心理特征的反应上。在智力方面，儿童对机器人的评分比较高，仅次于人类；在心理特征方面，所有儿童都认为人具有心理特征(情感和意志)，甚至认为猫有同样多的心理特征，但仿人机器人和漫游者的心理特征则相对较少。

即使是四五岁的儿童也可以将机器人与一般的玩偶或其他实体区分开来。当机器人具有不同的外形时，儿童会如何判断呢？早在 2004 年，就有研究（Woods & Dautenhahn，2004）采用问卷调查了英国 4 所学校 159 名年龄为 9～11 岁的儿童(其中男孩 82 名)，探讨他们如何评价不同类型的机器人，以及特定机器人的物理属性(如外观、动作、颜色和形状)是否与鲜明的个性和情感特征(如友好、攻击性、愤怒、害羞、霸道、快乐、悲伤)相关联。在研究过程中，儿童首先观看 5 张不同机器人的图像，并就每张图像填写机器人调查问卷。结果显示，首先，在机器人是否有感情或机器人是否能理解被试方面，儿童对不同的机器人的判断是一样的。其次，儿童对机器人的评价体现在两个维度上：情感和行为意图。其中情感包括快乐和悲伤的双极情绪，行为意图则涉及友好、攻击性、害羞、霸道、愤怒和恐惧等。从外形上看，悲伤的机器人有两条腿、矩形身体、类似于人类的外貌和面部特征，性别为男性；快乐的机器人则具有类动物或类人的外观、面部特征，性别为男性或女性。好斗、专横和愤怒的机器人被儿童定义为有两条腿或两个轮子的机器人，矩形的身体，类似于机器的外观，且是男性。友好型、害羞型和恐惧型机器人用腿活动、身体呈长方形。最后，机器人的整体外观是一个重要特征，纯动物机器人被评为最快乐的，纯机械机器人被评为最具攻击性和愤怒倾向的机器人。动物外形的机器人和人形的机器人被儿童评为最友好的机器人。该研究表明，虽然儿童认为不同外形的机器人的感情或理解能力是一致的，但拥有不同的个性特征。因此，在机器人的设计过程中，开发者需考虑使用对象的具体偏好和感知特点，从而有利于机器人的普及和广泛运用。

(三)老年人对机器人的态度

一般而言，年轻人是富有朝气的，充满希望的，无论是工作中的烦恼还是新兴的科技产品，都是他们的谈资。老年人接受的事物和年轻人是完全不同的，他们的大部分能力逐渐衰退。虽然老年人没有了工作的烦恼，但是面临着无人交谈的困境，甚至有些老年人会患上痴呆症或帕金森病，导致他们在身体和社会方面对社会环境或专业护理的依赖较强。有些护理工作主要由家人承担，可是长期的照顾难免会存在各种困难。因此，为了帮助护理人员，一些养老院和护理机构甚至家庭开始使用护理机器人。

社会机器人在老年人护理中具有积极作用。具体而言，使用社会机器人可以提高老年人的幸福感，减少护理人员的工作量。然而，也有研究表明，老年人更喜欢独处或希望得到人类的帮助，不希望社会机器人成为他们的个人助理，这可能是因为老年人对新技术接受得比较慢。肖恩·麦格林等人（McGlynn et al.，2017）的一项研究基于技术接受模型探讨了老年人对机器人的态度。技术接受模型是弗雷德·戴维斯（Davis，1989）提出的，专门用于研究人们对信息系统的接受度。该模型有两个主要因素：一个是感知有用性，指的是一个人认为使用一个特定的系统会提高他的工作表现的程度；另一个是感知易用性，是决定技术或系统使用的一个重要因素，指的是一个人认为使用一个特定系统不费吹灰之力的程度。个体的使用态度取决于感知有用性和感知易用性，而使用态度又会进一步影响个体的使用意愿并影响使用行为。因此，系统或技术的感知有用性和感知易用性是十分重要的影响因素。肖恩·麦格林等人（2017）让一组健康的老年人与机器人帕罗进行互动，并在互动前后对他们进行采访。总体而言，老年人对帕罗表现出积极的态度：他们发现使用它很容易，愿意把它带回家，并认为它对自己或他人都有好处。随着时间的推移，人们的态度并没有发生变化。

另有研究直接比较了老年人和年轻人对机器人的态度是否存在差异，莉兹·辛内玛和马里亚姆·阿利马达尼（Sinnema & Alimardani，2019）考察了 24 名养老院的老年人和 28 名大学生与机器人 NAO 互动前后的态度差异。态度测量采用的是基于技术接受模型开发的问卷。结果显示，整体来看，两个年龄组对机器人和互动的态度都是积极的，但相对于大学生而言，老年人认为机器人更具有社交性和实用性。这也和之前的研究结果相一致，即老年人通过与机器人的互动，可能在某种程度上缓解了其孤独状态，有利于老年人的身心健康。

综上，现有研究提示我们，无论是普通大众，还是处于特殊发展阶段的儿童或老年人，他们对机器人基本都持比较积极的态度。此外，也需要注意，现有研究大多通过照片或视频展示机器人，新近的研究也有与机器人的真实互动，但这都限于某些研究情境中。一旦回归真实的生活和工作环境，随着相处时间的增多，人们的态度是否会发生变化呢？会不会出现更多的要求呢？这都有待未来的研究来解答。

二、对机器人的偏好

近年来，机器人开始走进大众视野，无人酒店、无人餐厅、机器人大堂经理也早已不是新鲜事。机器人的高效、便捷毋庸置疑。然而，人类是否已经准备好了接受它们的服务呢？或者说，在尚有人类服务可以选择的情况下，机器人是否会受欢迎呢？机器人是否真的可以取代人类呢？

(一)机器人因素

一项对来自中国 30 多个省区市的 670 名消费者进行的调查研究发现，71.5％的消费者接受或至少不抵制机器人提供的客户服务(Li et al.，2020)。机器人客户服务如此受欢迎的主要原因是它是全职的响应，绝对中立，更客观，代表了未来的趋势。尽管如此，仍有 28.5％的消费者对客服机器人持抵制态度，主要是因为它们不像人工客服那样具有相关性、有效性和流畅性。一般来说，消费者更关心的是客户服务是否能解决他们的问题，而不是客户服务的形式。但需要注意的是，消费者对伪装的人工服务的容忍度非常低。如果商家表示这是真人客服，而消费者发现这是机器人客服，这将大大降低消费者继续沟通的意愿，从而引发消费者对商家强烈的负面情绪。

除了客服机器人，酒店机器人也高度普及。从表面上看，酒店的科技感提升了，但是服务质量是否得到了顾客的肯定呢？有研究探讨了酒店客人对酒店员工和服务机器人所提供服务的质量的看法(Choi et al.，2020)。实验设置了三种条件：只有人类工作人员、只有服务机器人和人与机器人的组合服务。具体工作任务也有三项：大堂的礼宾服务、餐厅的送餐服务和走廊的寻路服务。通过 MTurk，总共收集了 400 名被试(其中男性占 51.6％)的数据。结果显示，人类工作人员的互动质量最高，其次是人与机器人的组合服务，服务机器人最低，但是服务结果方面没有显著差异。还有一项研究(Shin & Jeong，2020)调查了 618 名被试(其中男性 284 名)对不同形态(人形、动物形、漫画形)的酒店机器人的态度以及使用意向。测量是通过想象任务完成的，研究者会给被试看机器人的图片，然后要求被试想象他们正住在一家酒店里度假，为期三天，他们想向机器人询问他们计划去的一个景点，随后测量被试对机器人的态度以及使用意向。结果发现，相对于人形机器人和动物形机器人，客人对漫画形机器人的态度更加积极。除了调查被试对酒店机器人迎宾员的态度和意向之外，该研究还要求被试在人类迎宾员、机器人迎宾员和无偏好三种选项中进行选择。有趣的是，尽管许多被试对机器人迎宾员持赞同态度，但大多数被试(53.88％)仍回答他们更喜欢人类迎宾员而不是机器人迎宾员。

除了在酒店服务中人们偏好选择人工服务，机器人的销售业绩似乎也不理想。罗学明等人(2019)分析了 6200 多名客户的数据，这些客户被随机安排接听聊天机器人或人类工作人员的高度结构化的销售电话。结果表明，在吸引客户购买方面，未披露的聊天机器人与熟练的工人一样有效，比没有经验的工人有效 4 倍。然而，在机器人与客户对话之前披露聊天机器人的身份，会使购买率降低 79.7％以上。进一步分析发现，聊天机器人身份的披露大大减少了通话时间。当客户知道对话伙伴不是人类时，他们会很客气，购买量也会减少。

(二)用户因素

对机器人的偏好除了与机器人因素有关之外，还与用户因素有关。消费者的消费态度是影响实际行为的重要心理因素，一般分为两类：一是享乐态度，它源于人们内心的情感需求或者感官的体验需求，人们希望通过某种消费行为得到良好的体验，获得内心极大的满足；二是功利态度，它源于对某种结果的渴求，人们希望借助某种消费行为达到一定的目的，此时消费行为更类似于一种工具和手段。在实际行为上，享乐态度的消费者追求产品或服务体验的多样性，注重产品或服务所能带来的情感体验或感官享受，重视产品或服务背后的心理意义；功利态度的消费者以目标为导向，希望消费行为的结果符合预期，更强调特定需求的满足或者任务的完成。因此，研究者认为，持有不同消费态度的个体对于人工或机器人服务的选择偏好会有所不同。为了探讨该问题，王燕（2019）进行了多项实验研究。实验一通过线上收集了 65 名被试的数据，结果表明，消费态度对服务方式的选择偏好存在影响，享乐态度下消费者更加偏好人工服务，功利态度下消费者更加偏好机器人服务。在实验二和实验三中，研究者引入了社会认知中的刻板印象的概念，将对机器人的刻板印象作为中介变量纳入研究。结果表明，不同消费态度所带来的服务偏好与人们对机器人的刻板印象一致，即相对于人工服务，机器人缺乏热情，但能力很强。实验四则引入了机器人的面部特征变量，研究者认为短下巴、短额头的机器人会增强消费者的热情感知（情感型机器人），长下巴、长额头的机器人会增强消费者的能力感知（认知型机器人）。该实验通过操纵消费态度，随后在 7 点量表上测量被试愿意选择哪类机器人（1＝机器人 A，7＝机器人 B）。结果显示，消费者在享乐态度下偏好短下巴、短额头的情感型机器人，在功利态度下偏好长下巴、长额头的认知型机器人。实验五在实验四的基础上，进一步设定情境探讨享乐或功利态度的被试对情感型和认知型机器人的消费意愿，线上收集了 120 名被试的数据。结果显示，消费态度仍然会影响被试对机器人类型的选择，但并不会受到机器人面部特征的影响。也就是说，在单一情境下，消费者对两种面部特征的机器人的消费意愿没有差异。本研究结果提示我们，在机器人进入服务行业时，可能不仅需要注意消费者的个体特征，而且需要注意机器人自身特点与消费者的匹配性，以及所处的消费情境等因素。

上述结果提示人们，即使机器人可以带来不错的服务，人们也对它们感兴趣，但若有人类服务人员，大家也仍愿意选择人类而不是机器人。在机器人服务时，还要考虑使用情景、使用者的个体因素等。那么，如果你不是消费者，当机器人进入你的工作领域时，你愿意与它成为同事吗？一项针对美国被试的在线调查发现，被试更希望将机器人作为设备而不是作为同事。与此同时，作为一种设备，远程操作的机器人和半自主机器人比完全自主机器人更受欢迎。总的来说，在工作和生活中，人们更喜欢非自主机器人而不是自主机器人。虽然我们不喜欢将机器人看作同事，但许多研究显示，人们与机器人共事已不可避免。有研究采用焦点小组的形式，访谈了 16 名在酒店已有至少五年工作经验的管理者（Choi et al.，2020）。焦点小组中讨论的问题，主要包括所在酒店是否使用或打算使用机器人、对机器人的服务有什么期待以及对未来机器人进入酒店业的前景判断等。参与讨论的酒店管理者普遍认为，酒店的机器人和人类工作人员在酒店中共存是必然的。

（三）工作性质因素

既然机器人必然会进入人们的工作和生活中，那么人们对完成不同工作的机器人的态度是否存在差异呢？研究者（李丁俊，2008）从机器人的外形、所完成的任务类型以及被试的文化背景等角度考察了人与机器人交互过程中的一些偏好。该研究选取了来自三种不同文化（中国、韩国和德国）的被试共 108 名，将其分为三组，分别与动物形、人形或机器形机器人交互。每个被试在与机器人互动的时候，均需完成四种不同的任务(教师、引导、保安和娱乐)，最后对每个机器人完成任务的契合度以及相应的喜爱度、主动回应度和满意度进行评定。结果显示，对机器人的喜爱度，动物形和人形机器人的得分均高于机器形机器人；对于机器人的任务设定，被试认为人形机器人和机器形机器人最适合的任务是当保安，而动物形机器人最适合的任务则是娱乐，而且大部分被试不能接受机器人作为教师的角色，因为他们认为教师的角色需要很强的沟通和帮助同学解决问题的能力，而机器人在这方面是很难实现的；关于文化背景方面的结果显示，中国和韩国被试对于整个交互过程的喜好度、沉浸度、信任度和满意度要高于德国被试。

(四)偏好人工服务的原因

机器人行业正高速发展，但人们并不喜欢与它们共事，只将其看作为人类服务的设备，而且，就目前而言，人们仍习惯人工服务。为什么会这样呢？换言之，人们为什么不喜欢机器人服务呢？有研究(Mende et al.，2019)发现，在完成任务时，如果是机器人提供的服务，会导致消费者的补偿性消费(如购买更能够彰显身份地位的产品、寻求社会归属、订购并食用更多食物)。研究者通过三个分实验分别在医院体检情境、实验室情境和饮食情境下进行，探讨了被试与机器人交互之后对特定产品的消费行为及其对社会归属的寻求。其中，一个实验首先给被试看一段视频(视频截图见图 3-5a)，内容是机器人医生或人类医生对常规体检的介绍，随后请被试想象自己要去医院做常规体检，前来接待他们的是视频中的机器人医生或人类医生，接着被试要回答一些关于机器人医生或人类医生的问题。任务结束后，被试得到 2 美元的报酬。在他们离开之前，研究者给被试两瓶水，一瓶是价值 1.5 美元的高价水，另一瓶是 95 美分的普通水，请他们在其中任选一瓶。结果显示，相对于人类医生，观看机器人医生服务的被试更多选择了高价水，说明机器人医生服务引发了被试的补偿性消费。后续实验的测量过程基本类似，只是将实验情境放在实验室情境中。当被试前来参加实验时，引导他们参与实验的是机器人实验员或人类实验员(视频截图见图 3-5b)。其后，补偿性任务是被试愿意参与的团体任务。相对于接受人类实验员引导的被试，接受机器人实验员引导的被试参与团体任务的意愿更强。接下来的实验则是给被试观看机器人厨师或人类厨师制作和切配奶酪的过程(视频截图见图 3-5c)，随后请被试品尝并进行评价。结果再次证实，当奶酪由机器人厨师而不是人类厨师提供时，被试吃的奶酪更多。至此，研究基本证实，接受机器人而不是人类的服务时，会诱发补偿性消费。其后的研究则进一步揭示了导致这些补偿性消费的心理基础，即机器人的出现会导致人们产生恐怖感，并感知到身份威胁，人们需要通过补偿性消费和重新寻求社会归属来缓解这些威胁。

综上，人类为了工作的便捷和生活的便利，开发了各种机器，人类借助它们可以探索更多未知的领域。然而，机器人在带来便利的同时，似乎也给人们造成了威胁。那么，如何与机器人和谐相处，人类和机器人相处的一些基本模式或规则该如何界定，这些都是需要深入探讨的。当规则和边界设定好后，人们可能也就不再恐惧机器人的威胁了，进而达到人机和谐共处的状态。

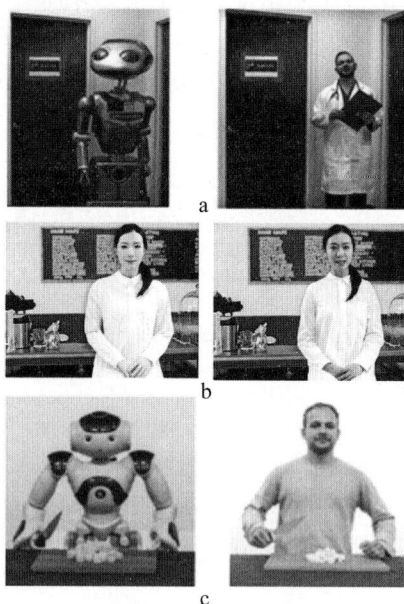

图 3-5 视频中机器人(左)或人类形象(右)截图

图片来源：Mende，M.，et al.（2019）. Service robots rising：How humanoid robots influence service experiences and elicit compensatory consumer responses. *Journal of Marketing Research*，56(4)，535-556.

三、对机器人态度的影响因素

(一)接触经验

针对机器人的研究大多停留在被试对机器人想象的基础上。一方面，参与调查的被试大多为大学生，他们生活在集体空间，对机器人的需求不高；另一方面，虽然现在机器人非常普遍，但是真正走进人们的生活，并在其中被使用的还是少数，或者说人们的接纳度还不高。然而，在社会生活中，人们与其他群体或个体接触时，接触经验是影响态度的重要因素。那么，在机器人的接受方面，接触经验会不会也有影响呢？

有研究(Höflich & Bayed，2015)首先通过小样本($n=26$)的定性研究，初步了解了有/无机器人接触经验的大学生对机器人的态度。该研究所涉及的问题包括对机器人的总体接受度、机器人的社会融入情况、对在各种社会背景下担任不同社会角色的机器人(如管家、医院的护理助理、战争领域的排雷人员)的接受度。在向被试问及一般的机器人和执行具体任务的机器人之后，研究者又给被试呈现接触机器人的真实案例，并问及他们的接受度。

结果发现，被试均愿意接受机器人，即使是那些毫无机器人使用经验的个体。他们甚至欢迎机器人在一些特定的任务中取代人类(如重复性任务以避免人类的无聊，在危险领域的任务以保证人类的安全)。但是，当能够证明人类更有能力时，大家就不愿意选择机器人了。换言之，人们普遍认为，人类比机器人更好。

上述研究由于被试较少，且仅限于大学生群体，因此很难反映大多数人的想法。研究者开展了一项涵盖不同社会群体的研究，所选取的被试（$n=130$）包括高中生(14.6%)、大学生(35.4%)、雇员(31.5%)、独立工作(6.9%)、退休(7.7%)和失业人员(3.9%)。该研究所要探索的问题包括：以前与机器人的接触和对它的接受度之间的关系是什么？机器人功能的复杂性和对它的接受度之间的关系是什么？机器人与人类的互动相似性和对它的接受度之间的关系是什么？机器人与人类的物理相似性和对它的接受度之间的关系是什么？一个人的年龄、性别、受教育水平和对它的接受度之间的关系是什么？

为了考察上述问题，研究者设计了一系列测验，共包括三部分。第一部分询问被试曾经与机器人接触的经验，以及机器人的应用领域（如工业、机器人玩具、家庭助手、博物馆导游）。然后，要求被试根据机器人的可信度、帮助性、娱乐性、简单性和愉悦性，用5点李克特量表来评价他们对机器人的接受度。第二部分给被试呈现一张特定机器人的图片（见图3-6中的机器人），并要求被试用5点李克特量表评估他们在社会生活的不同方面和背景下（如诊所、花园、邻居家、卧室）对该机器人的接受度。第三部分为人口统计学资料的收集。

机械机器人　　　社会机器人　　　类人机器人
图 3-6　机器人形象示例
图片来源：Vincent，J.，et al.（Eds.）.（2015）. *Social robots from a human perspective*. Berlin，Springer.

该研究的结果表明，与之前没有机器人接触经验的人相比，有机器人接触经验的人报告了更积极的描述，认为机器人是值得信赖的、有帮助的、令人愉快的。这与先前的研究结果一致，均显示机器人接触经验会影响人们对机器人的态度。相对于没有机器人接触经验的被试，有机器人接触经验的被试对机器人的态度更积极，但是否拥有机器人并没有影响。这说明机器人接触经验确实会影响人们对机器人的态度和接纳程度，需要接触，但不一定需要拥有。

前述研究在研究过程中并没有让被试与机器人进行实际接触，仅仅通过图片来获取机器人信息，相对而言，结果的可信度并不高。迈克·帕泽尔等人（Paetzel et al.，2020）招募了瑞典乌普萨拉大学的60名被试，让他们与机器人玩地理游戏，以考察短期接触(3~10天)是否会改变人们对机器人的态度。该研究设计了一个协作游戏场景，其中被试扮演导师的角色，机器人是一个地理知识极其有限的学习者。他们要完成的任务是通过导师的口头表述来帮助机器人在世界地图上正确定位目标国家，其目标是在给定的 10 分钟时间内尽可能多地得分。具体实验场景见图 3-7。

图 3-7　迈克·帕泽尔等人的实验场景

图片来源：Paetzel，M.，Perugia，G.，& Castellano，G.（2020）. The persistence of first impressions：The effect of repeated interactions on the perception of a social robot. In *Proceedings of the 2020 ACM/IEEE International Conference on Human-Robot Interaction*（pp. 73-82）.

实验共分三个阶段进行。第一阶段开始时，被试阅读知情同意书并签字，然后阅读游戏规则。接着，实验者将被试带到游戏桌前，填写第一部分问卷（包括对机器人的消极态度，Q1），此时机器人被毯子覆盖着。Q1 完成后，实验者开始录音并揭开机器人的毯子。这时，被试先与机器人进行两分钟的聊天，之后他们填写第二部分问卷（主要内容涉及对机器人的看法，Q2）。Q2 完成后，被试与机器人进行十分钟的游戏。游戏结束后，被试再次与机器人进行两分钟的聊天，然后填写第三部分问卷（测量喜欢程度和感知威胁以及机器人的社会属性，Q3）。在第二和第三阶段中，重复第一阶段中的游戏环节以及游戏前后的聊天环节，并在每一环节完成 Q1、Q2 和 Q3。为了保证实验效度，所有被试的聊天范围都是相同的，话题的顺序也是预先确定的。聊天内容可以围绕球队在比赛中的表现，但机器人也利用它来问参与者问题，如他们去过哪些国家，或者他们来自哪里。

该研究结果显示，让被试与机器人在有趣的协作游戏中互动，会使被试对机器人产生好的印象。被试在与机器人多次互动后，认为机器人更像人，威胁性更小，他们更喜欢机器人，也感到更舒服。尽管机器人在游戏中表现出不错的语言理解和交互能力，以及它有限的地理知识，但是该研究并没有发现对机器人的能力感知受游戏交互的影响。被试对机器人的能力感知是在与其聊天的前两分钟就已经确定了的，在此后几乎保持稳定。与此同时，被试感知到的威胁程度和不舒服程度一直在增加。

在与社会机器人互动时，特别是当它成为儿童的互动伙伴和老师时，需要特别重视其中的伦理问题。

（二）文化

不同的文化背景对个体的世界观和身份感知带来的影响是不同的。社会心理学家认为，符合文化标准的生活使我们的生活有意义，所持有的文化世界观解释了我们在宇宙中的位置。机器人的出现打破了人类对自己身份的认知，甚至我们也不知道该怎样认知机器人的身份。一方面，它们的外形越来越接近人类，这给人类带来了巨大的威胁；另一方面，我们又清楚地知道，它们终究是机器。这种矛盾让我们无所适从。此外，不同文化的包容性也存在差异。因此，文化可能会影响人们对各种实体的感知，包括机器人。

机器人，尤其是工业机器人在日本经济中发挥着重要作用。日本第二次世界大战后的经济增长是由汽车和电子行业的出口推动的，这些行业的效率提高部分是通过增加自动化来实现的。在日本，自动化从未被视为对工作的威胁，因为采用机器人的公司会重新培训工人从事其他工作，而不是像美国那样解雇他们。在大多数情况下，人们都默认日本与机器人有一种特殊的关系，有些人甚至称这种关系为狂热和热爱。研究者通常假设日本人似乎更容易接受社会机器人，可能是因为它们在社会中无处不在，以及在流行文化中的频繁出现，也可能是因为日本的机器人研发技术比较先进。此外，日本还促进了机器人的新应用，以支持与人类互动的新应用。日本公司开创了娱乐、宠物伴侣和仿人机器人，如索尼的机器狗 AIBO、仿人机器人 Qrio、本田的 Asimo，以及治疗机器人海豹 Paro。社会机器人经常出现在公共活动、博览会和会议，以及电视上。那么，相对于其他国家或文化的人们，日本人真的对机器人持积极态度吗？

很少有关于机器人的跨文化研究，现有的几项研究得出的结果也不尽一致。有研究者在意大利、日本、韩国、瑞典和英国研究了人类对机器人 Paro 的主观评价，结果发现不同国籍的被试对机器人的关注点不同。具体而言，英国和韩国的被试更关注 Paro 的必要性，意大利和瑞典的被试则更关注它的动物性，而日本的被试更关注它的视觉和触觉特性。另一项关于与通信机器人的社会互动的研究表明，在日本，年青一代并不一定比老一代更喜欢机器人（Nomura et al.，2007）。

这些研究集中在特定的机器人上，而其他研究则考察了人们对机器人的态度。野村达矢等人（2006）开发了对机器人的消极态度量表，用于考察人们对机器人的评价。在后续研究（Bartneck et al.，2007）中，研究者使用相同的问卷对墨西哥、德国、美国、中国、荷兰和日本的被试进行了调查。结果表明，美国的被试对与机器人的互动最为积极，而墨西哥的被试则最为消极。日本的结果出乎意料：与日本人喜欢机器人的普遍看法相反，该研究结果表明，日本人担心机器人可能会对社会产生影响，特别关注与机器人互动的情感问题。一个可能的解释是，他们在现实生活中，特别是通过日本媒体，接触到了更多的机器人。日本人可能更了解机器人的能力，也更了解它们的缺点（Bartneck et al.，2007）。上述研究存在一定的局限性，被试是从有特殊兴趣的群体中招募来的，如在线机器人论坛的成员，这影响了研究结果的适用性。

为了对比不同文化的人们对机器人的态度，一项研究（Persson et al.，2021）线上收集了 1966 名来自日本和瑞典的被试数据。调查的问题主要涉及五个方面，包括对无生命物体和现象的泛灵论信仰、对机器人导致失业的担忧、对流行文化中关于机器人的积极或消极描述的感知、对机器人的熟悉程度，以及与机器人的关系的亲密程度和隐私问题。研究结果显示，两国被试对机器人上述五个方面的态度并无显著差异。但值得注意的是，该研究中瑞典样本的数量几乎是日本样本的十分之一，可能是瑞典样本过少，其代表性较差。

第三节　恐怖谷

最近，汉森机器人技术公司创造的仿人机器人索菲亚(见图 3-8)接受了各种电视节目的采访。在访谈中，它谈到了时尚，谈到了人生的梦想，谈到了一份好的工作，甚至开起了玩笑。有趣的是，这个机器人看起来非常像人类，甚至拥有沙特阿拉伯的官方公民身份。随着科学技术的发展，今天的机器人看起来不像机器，可能更像宠物，甚至像人一样。随着它们的外观和动作越来越不像简单的机器，人们对这种高度发展的机器人的态度如何？本节将首先介绍人们在心理构建上的机器人形象，随后主要介绍人们对现有越来越像人的机器人的态度。

图 3-8　机器人索菲亚
图片来源：钛媒体

一、人类心目中的机器人形象

机器人应该是什么模样的？提到"机器人"一词，你脑海中出现的形象是什么样的？是日常生活中常见的扫地机器人，是电影动画中的机器人形象，还是我们自己想象的形象？有研究者一直在收集机器人的图画，以捕捉大家心目中的机器人形象，从而揭示人们对机器人的看法。该研究调查的对象为 18～25 岁的大学生，要求他们在没有额外指令的情况下，绘制自己认为的机器人形象。

图 3-9 展示了几幅被试绘制的图画，它们具有以下特点。

①机器人经常以书本插图的形式出现，遵循典型的立方体模型模式。这实际上是将机器人在我们的脑海中与古老的机器人形象联系在一起，而在今天的当代机器人中却没有发现或遵循这种形象。

②机器人往往看起来比较像男人(男性化的机器人模型)。

③女性机器人出现了性别定型。

④男性机器人往往与支配属性有关，或者与一些潜在的暴力有关。

⑤有趣的是，很多人(虽然不是大多数)为机器人画了一个开关按钮。这表明人们需要保持对机器人的控制，这样他们的活动就会受到限制。

图 3-9　被试绘制的机器人

图片来源：Vincent，J.，et al.（Eds.）.（2015）. *Social robots from a human perspective*. Berlin，Springer.

上述结果表明，由于对机器人的了解有限，很多人对机器人的看法基于他们的想象力。研究还强调，想象中的机器人在本质上仍然是漫画式的，比较像科幻电影中的人物，并不像那些在实验室里开发的机器人，或者市面上的那些机器人。被试对机器人的看法仍然主要是虚构的，与现实不符。由此可见，要让人们熟悉甚至接受机器人，机器人开发设计者和研究人员还有很长的路要走。

二、恐怖谷效应

机器人的外观可以分为人形和非人形。根据伊丽莎白·布罗德本特（Broadbent，2017）的说法，如果一个社会机器人具有类似于人的身体形状，有一个头、两只胳膊和两条腿，那么它就是仿人机器人。一些仿人机器人的创建只是模拟了人类的发展和功能，如日本大阪大学开发的仿儿童机器人 CB2（见图 3-10a）。另外一些仿人机器人不仅具有人类的体形，而且具有类似于人类的面孔、手势和语言，如前面提到的汉森机器人技术公司生产的索菲亚。此外，一些机器人已经被制造成完全类似于人类的个体，如石黑浩（Hiroshi Ishiguro）的 geminoid 机器人（见图 3-10b，由 ATR 石黑浩实验室生产）。

人工智能的设计

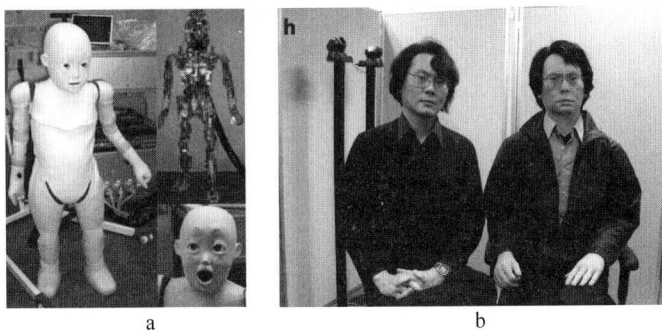

图 3-10　仿人机器人（a：CB2；b：石黑浩的 geminoid 机器人）

图片来源：Broadbent，E.（2017）. Interactions with robots：The truths we reveal about ourselves. *Annual Review of Psychology*，68（1），627-652.

随着机器人步入人们的生活，我们该如何与它们相处呢？关于这个问题，有几种可能。我们只是忍受着我们周围的社会机器人，并没有过多地考虑它们的存在，这是一种可能。另一种可能是，我们欣赏社会机器人，因为它们在技术上对我们很有吸引力，甚至可能在某些方面更胜一筹。还有一种可能是，当人们觉得社会机器人能够像人类一样自力更生时，我们对这类机器人产生了恐惧，因为它们可能会威胁到我们的身份。为了探索这些可能性，研究者就需要重视机器人与人类的相似性问题。

在过去的很长一段时间里，许多研究者关注人类如何看待仿人机器人的问题。这些研究显示，与工程师的预想不同，仿人机器人的外表类人度与其积极态度（如喜好度）之间的关系并非线性上升：当仿人机器人的外表类人度逐渐提高，人们对其的喜好度也逐渐上升；但当其外表类人度达到一定的程度（接近人类但未达到完全相似）时，便会导致喜好度的骤降，严重时甚至会引发人们的不安感和恐惧感；之后，随着仿人机器人的外表进一步逼近人类，喜好度又会再度回升，即恐怖谷效应。

已有大量研究印证了恐怖谷效应存在的普遍性。对于诸如人偶、虚拟人物以及仿人机器人等人类的复制品，虽然可能受到如面部特征、面部表情及情绪、触感、声音、性别等因素的影响，但恐怖谷效应仍存在于广泛的情境中（MacDorman & Ishiguro，2006；Mathur & Reichling，2016；Seyama & Nagayama，2007）。那么，恐怖谷效应是否具有稳定性？其受何种因素的影响？其形成机制如何？

(一)恐怖谷效应的提出

早在 1970 年，日本机器人学家森正弘（Masahiro Mori）提出了恐怖谷效应的假设，并绘制了可能的恐怖谷曲线（见图 3-11）。在机器人制造行业发展的最初阶段，机器人往往是作为人类手臂的延伸而被广泛应用于工业领域的。此时，人们追求的是机器人功能上的实用性，而并不注重其外观。随着社会需求和科学技术的发展，供家庭娱乐使用的玩具仿人机器人开始出现，为了满足使用者的需求，这类机器人往往被设计出拟人的外观，拥有类似于人类的四肢以及面部，外表类人度的提高似乎使得人们对其的喜好度也随之提升。然而，森正弘(1970)提出，人们对仿人机器人的亲和感（即本文所述的喜好度）并非随着外表类人度的上升而单调递增，而是当外表类人度提升到一定程度时，喜好度在一定区间内反而可能会骤降，甚至引起人们的恐惧与不安。除非外表达到与人类相仿的程度，否则极难避免。因此他提醒工程师在仿人机器人外表类人度的追求上要谨慎对待（Mori，1970）。

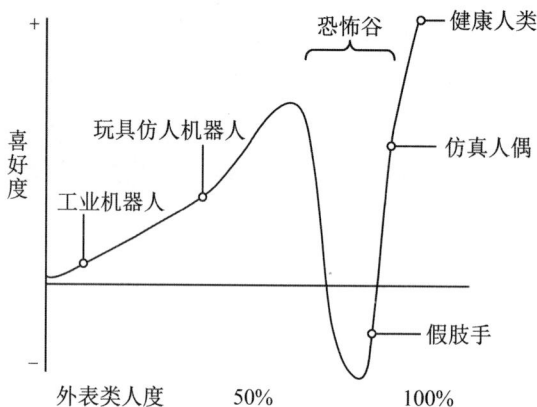

图 3-11　森正弘(1970)假设中的恐怖谷曲线

图片来源：Mori，M.．(1970)．The uncanny valley. *Energy*，7(2)，98-100.

随后，工业领域技术不断提高，使得仿人机器人的外表向人类逼近成为现实，而关于恐怖谷效应的假设也随之得到了验证。有研究（Hanson，2005）首次通过问卷的形式，系统考察了人们对智能服务型机器人（intelligent service robot，ISR）的态度，共 134 名被试参与了此项调查，其年龄在 15 至 80 岁。当被问及对机器人外观的偏好时，57% 的被试表示更喜爱具有机械外观的机器人，而非具有人类外观的机器人，但22% 的被试没有明确的倾向性，这暗示着恐怖谷效应的存在。在此基础上，西恩·伍兹等人（Woods et al.，2004）使用 8 组平行的机器人图片作为材料以操纵机器人的外表类人度，每组包括 5 张不同外观的机器人图片，分别为机械外观机器人、半机械半动物外观机器人、动物外观机器人、半机械半仿人外观机器人和仿人外观机器人。研究者使用问卷法，以 159 名儿童为被试（年龄为 9～11 岁，均为小学生），要求每个被试均观看 5 张不同外表类人度的机器人图片，并就其外观属性（包括颜色、形状等）和人格及情感特质属性（包括友善性、侵略性、易怒性、羞怯性、攻击性、愉悦感、悲伤感）进行 5 点评分。调查结果表明，被试认为动物外观机器人和半机械半仿人外观的机器人最为友善，而外表类人度最高的仿人外观机器人则被认为具有较强的侵略性和攻击性，这一结果支持了森正弘（1970）关于恐怖谷效应的假设。虽然如此，研究者依然缺乏通过对外表类人度的操纵来系统检验恐怖谷效应存在的因果证据。因此，在后续的研究中，研究者逐渐开始对仿人机器人的外表类人度进行操纵。

卡尔·麦克多曼和石黑浩（2006）首先基于图片处理技术，实现了对仿人机器人外表类人度的操纵，并采用实验的方法对恐怖谷效应的存在性进行了系统检验。在该项研究中，研究者通过图片合成技术，将仿人机器人的图片（外表类人度 0%）分 5 步变换为安卓机器人（即外表与人相似的机器人）的图片（外表类人度 50%），再分 5 步变换为人类的图片（外表类人度 100%），从而获得 11 张图片。其中，将仿人机器人设置为 11 种外表类人度——其涵盖范围从类似于一般机器人的外表（即机械化外表）到与人类完全相似的外表。在实验的第一阶段，被试每次观看 1 张图片，并分别对图片中仿人机器人的外表类人度、亲和感（即喜好度）进行 0～9 点评分；在实验的第二阶段，要求被试选出引发恐怖感的图片，并对这些所选图片的恐怖感分别进行评分。结果发现，在第一阶段被试所感知到的外表类人度变化与操纵引起的外表类人度变化的趋势是一致的，这说明操纵有效。随着外表类人度的提高，被试对仿人机器人的亲和感评分呈现为先下降后上升的趋势，而对恐怖感的评分则呈现为先上升后下降的趋势。在外表类人度接近人类时（外表类人度为 40% 左右），对亲和感的评分降至最低点，而对恐怖感的评分则升至最高点（MacDorman & Ishiguro，2006）。该结果进一步验证了森正弘（1970）关于恐怖谷效应的推论。大卫·汉森（Hanson，2005）使用了与卡尔·麦克多曼和石黑浩（2006）相同的研究方法，也证明了恐怖谷效应的存在。另有研究以玩偶、虚拟人物的图片为实验材料，均得出了相似的结果（Seyama & Nagayama，2007）。这表明在人类的复制品中，恐怖谷效应的存在也具有广泛性。

虽然以上研究从方法和技术层面揭示了恐怖谷效应，但其仍然存在缺陷。有研究者指出，这种使用图片合成技术对图片进行变换以操纵外表类人度的方法，由于其操作手段的特性，两张图片经图层重叠、变形等操作后，不可避免地会产生半透明阴影及其他无法消除的作图痕迹。这会导致图片中人物的面部特征无法以自然状态呈现，从而极有可能影响被试的判断，导致结果出现偏差，造成恐怖谷效应的假象。更重要的是，以上研究均通过对图片进行合成的方法来操纵外表类人度，然而在现实中某些合成的仿人机器人形象并不存在相应的实体，因此其效应是否能推广至现实中的仿人机器人依然有待商榷。

为了弥补以往研究的缺陷，玛雅·马图尔和大卫·莱奇林（Mathur & Reichling，2016）收集了 80 张真实存在的仿人机器人的面孔图片作为实验材料，对恐怖谷现象再次进行了检验。实验分为三部分，实验的第一部分要求被试就机器人的外表类人度进行评分，并依据其评分将 80 张图片重新排序。研究者将被试分为两组，向所有被试呈现 80 张机器人面孔图片，并要求一组被试回答该图片中所呈现的机器人与机械的相似程度如何，另一组则回答图片中所呈现的机器人与人类的相似程度如何，其评分范围均为 0～100。由于两种提问方法得到的分数结果高度相关（$r = -0.97$），因此研究者将两组被试在每张图片上的评分相减（"与人类相似程度"评分—"与机械相似程度"评分），求得外表类人度的最终评分。依据该分值，将 80 张机器人图片按照外表类人度递增的顺序重新排列。在实验的第二部分，研究者要求另一批被试对 80 张图片中机器人面孔的喜好度进行评分。每个被试仅随机观看 80 张面孔中的 15 张。测量喜好度的项目设置为"想象在日常交往中，带有图中面孔的机器人在多大程度上是友善的、令人愉悦的（相比于令人不安）"。评分范围为 -100～100，其中 -100 代表非常令人不安，100 代表非常友善和令人愉悦。之后，研究者对前两部分的实验结果进行分析，三次方程的拟合曲线显示：喜好度随着机器人外表类人度的提高而上升，在达到第一个顶点（外表类人度评分为 -66）后，喜好度开始下降，直至最低点（外表类人度评分为 36），之后又重新开始上升（见图 3-12），这验证了恐怖谷效应的存在。在实验的第三部分，研究者使用了经典投资游戏范式，将因变量设置为被试对每张图片中机器人的信任水平，由此得出的结果重复了第二部分的实验结果，这再次证明了恐怖谷效应的存在（Mathur & Reichling，2016）。

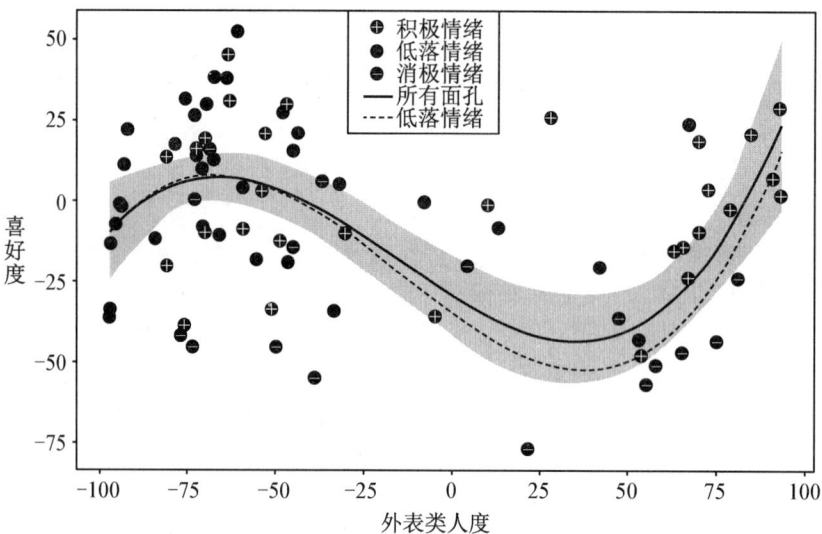

图 3-12 玛雅·马图尔和大卫·莱奇林研究中得到的恐怖谷曲线

图片来源：Mathur, M. B., & Reichling, D. B. (2016). Navigating a social world with robot partners: A quantitative cartography of the uncanny valley. *Cognition*，146，22-32.

(二)恐怖谷效应的神经基础

关于恐怖谷效应的神经基础，有研究进行了初步考察，以探究参与产生这种负面态度的人类大脑区域。塞巴斯蒂安·辛德勒等人（Schindler et al.，2017）采用事件相关电位技术，记录了被试面对不同逼真度、带有不同情绪类型面孔时的脑电指标，如与早期面孔加工有关的 N170，以及与情绪有关的 EPN（early posterior negativity）等。

先前的研究表明，加工人脸刺激会强烈激活视觉皮层中的人脸加工专用区域。其中，与抽象的人脸素描相比，真实的人脸会诱发更高的 N170 振幅值。与此一致，塞巴斯蒂安·辛德勒等人（2017）发现，随着人脸刺激从最不真实的卡通人脸到真实的人脸，即随着面孔逼真度逐渐提升，被试的 N170 的振幅先逐渐下降，到某一个点之后又上升，呈倒 U 形变化（见图 3-13）。

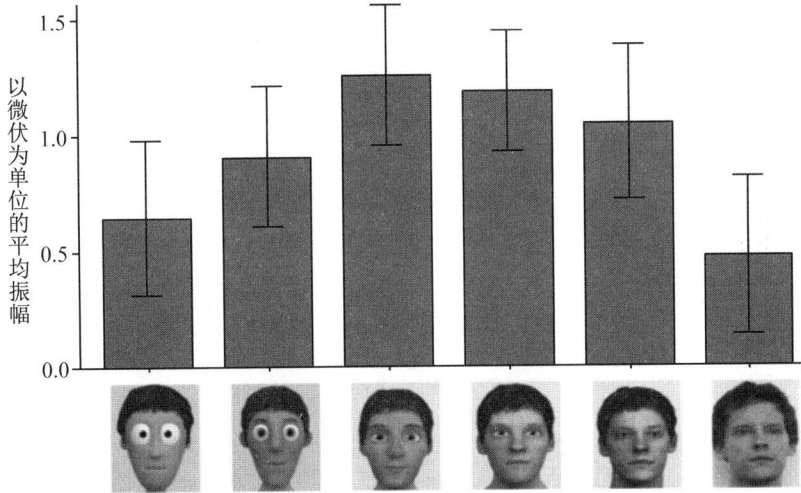

图 3-13 被试观看不同脸图的 N170 结果

（注：误差是平均值的＋/－一个标准误差。柱形图的数值越小，N170 数值越高。）

图片来源：Schindler，S.，Zell，E.，Botsch，M.，et al.（2017）. Differential effects of face-realism and emotion on event-related brain potentials and their implications for the uncanny valley theory. *Scientific Reports*，7(1)，1-13.

这一结果表明被试在对最不真实的卡通人脸和真实的人脸加工时，视觉和顶叶皮层的活动比较强。但就绝对数值而言，真实人脸诱发的 N170 的振幅最大。最不真实的卡通人脸引起的 N170 效应可能与其可爱度有关，因为之前的研究已经表明，可爱和婴儿般的特征也会引起较强的 N170 效应。

另一项脑电研究重复了恐怖谷现象，并认为可以用神经计算的预测编码理论加以解释（Urgen et al.，2015）。根据该理论，大脑中的特定神经系统会给一个高度像人的机器人赋予人性，认为这是人类。据此，大脑预测这个机器人会像人一样反应。然而，当机器人的行为与其真实的人类外观不匹配，与大脑的预期相违背时，大脑的特定神经网络就会出现冲突。于是，恐怖谷效应就出现了。该研究用 N400 指标考察了人类被试在观看三个智能体（一位成年女性、一个仿人机器人以及一个机械外形的机器人）的图片和视频时的脑电模式。这三个智能体形成了两种条件：外观与预期匹配条件，包括人类（因为具有人类外观和人类行为）和机械机器人（因为机械外观与机械行为是一致的）；外观与预期不匹配条件，包括仿人机器人（因为具有人类外观但表现出机械行为）。根据预测编码理论，预测不匹配条件会引发大脑的预期违背，从而诱发与冲突加工相关成分 N400 更大的振幅。结果表明上述假设是成立的。具体而言，相比于匹配（人类、机械机器人）条件，在不匹配（仿人机器人）条件下被试的 N400 的振幅更大（见图 3-14）。这与另一项功能性磁共振成像的研究（Pinar et al.，2012）结果相一致，均表明恐怖谷效应可能是机器人和人的知觉特性非常像，以及与大脑认为其并非真正人类的预期存在冲突所致的。

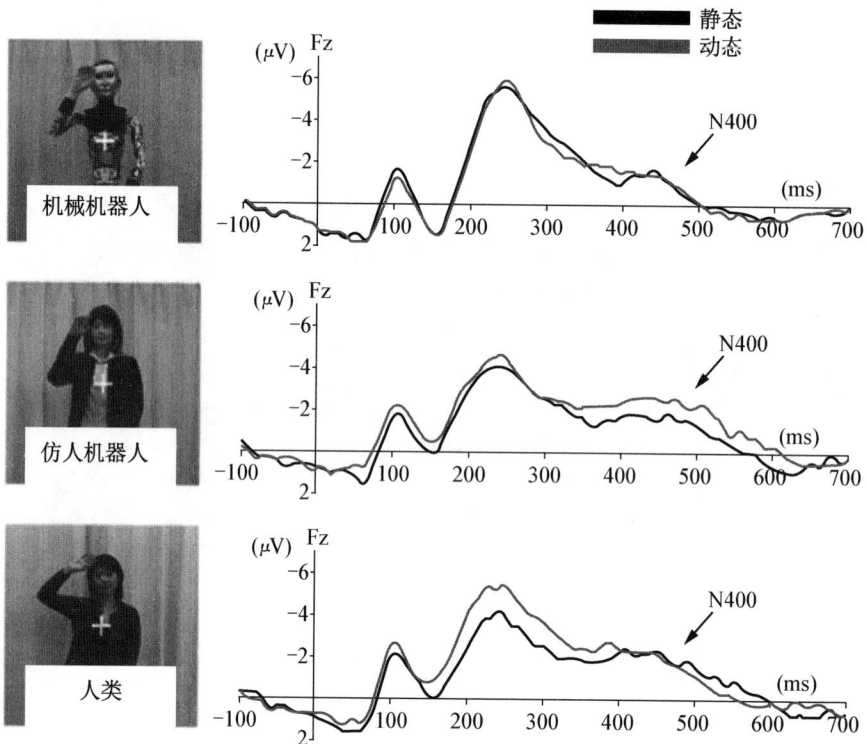

图 3-14 对不同智能体的 N400 结果

图片来源：Urgen, B. A., Li, A. X., Berka, C., et al. (2015). Predictive coding and the uncanny valley hypothesis：Evidence from electrical brain activity. *Cognition*：*A Bridge between Robotics and Interaction*，15-21.

通过测量脑电信号的晚期成分以及面部肌电图，马库斯·契坦等人（Cheetham et al.，2015）利用合成技术将虚拟形象和人脸进行处理，虚构了一系列介入两者之间的各种脸图，然后要求被试在观看脸图时，完成二项迫选任务（即该脸图是虚拟形象还是人类），同时记录其电生理指标。结果发现，脑电信号的晚期正成分（late positive potential，LPP）差异仅出现在虚拟脸图与人类脸图之间，而最难判断类别的脸图与其他脸图之间的脑电反应无显著差异。基于此，研究者认为该结果不支持恐怖谷假设。然而，对恐怖谷有力支持的结果来自主观报告的自我评估人体模型（self-assessment manikin，SAM），随着脸图特征越来越不像人类，自评的唤醒度和负性情绪体验水平越来越高。因此，关于恐怖谷的神经机制还处于探索期，尚有待进一步研究，以明确人类在面对机器人时大脑的加工模式。这不仅有助于理解人类对机器人的态度，而且对设计用于人机交互的社会机器人具有重要价值。

(三)恐怖谷效应的形成机制

仿人机器人的外表类人度与喜好度之间并非单调递增的线性关系，而是在外表逼近人类时，出现喜好度先下降再上升的非线性关系，即存在恐怖谷效应。那么，恐怖谷效应形成的原因是什么呢？对此，演化美学假说（evolutionary aesthetics hypothesis）、死亡提醒假说（mortality salience hypothesis）、预期违背假说（violation of expectation hypothesis）与心智知觉假说（mind perception hypothesis）尝试进行了解释。

1. 演化美学假说

根据演化美学假说，仿人机器人的外观是否具备美观性是影响恐怖谷效应的关键因素。若仿人机器人的外观设计不符合人类在演化过程中形成的美观性原则（如对称的面部、合适的五官比例），则必然导致喜好度的降低，这一点与对人类外观的判断类似。早在20世纪末，就已有多项研究探索了美观性原则的生物学基础，揭示了符合美观性原则的人类在人群中往往更具有吸引力。同理，如果仿人机器人的外观具备足够的美观性，任何外表类人度水平上的仿人机器人都可以获得较高的评价，恐怖谷效应也将随之减弱甚至消失（Hanson，2005）。为了检验这一假说，大卫·汉森进行了一系列实验。实验中首先向被试展示了一系列采用图像合成技术生成的、无任何美观性设置的仿人机器人图片。其中，外表类人度经由11张图片，由外表类人度极低的机械外观仿人机器人逐渐过渡到外表类人度较高的安卓机器人，再逐渐过渡到人类。被试观看图片后，对图中仿人机器人（或人类）的外表类人度和喜好度进行评分，其实验结果验证了恐怖谷效应的存在。然而，当研究者对图片中仿人机器人的美观性做出进一步调整后，被试对仿人机器人喜好度的评分则并未出现恐怖谷效应。这一结果揭示了，对处于恐怖谷区间仿人机器人外观美观性的提升，会抑制其诱发的恐怖谷效应，这与研究者提出的假设一致（Hanson，2005），支持演化美学假说。尽管有研究者指出，通过图片处理技术对美观性的提高，只是影响了静止图像中仿人机器人诱发的恐怖谷效应（MacDorman & Ishiguro，2006），且研究中同时操纵了外表类人度和美观性两个指标，无法证明美观性的缺失才是诱发恐怖谷效应的决定性因素，但这一发现仍暗示了恐怖谷效应并非一成不变的，而是可以经由一些其他认知路径来进行调节。

2. 死亡提醒假说

在演化美学假说中，人们对美观性的判断标准来自人类在世代演化过程中形成的利于生命延续、生存的信息。一方面，与自然界其他动物一样，人类会恐惧死亡并尽量避免可能对生命造成威胁的情境以保证自身的生存；另一方面，与其他动物不同，人类是唯一认识到自身死亡必然性的动物。从这一角度进行考虑，死亡提醒假说认为，仿人机器人外观上的缺陷是诱发恐怖谷效应的关键。尤其当外表类人度较高时，这些缺陷会使人们联想到自身死亡的必然性，进而使得喜好度降低（MacDorman，2005）。为证实这一假说，卡尔·麦克多曼（2005）进行了一系列实验。在实验中，研究者将63名被试随机分成两组，为实验组的被试呈现一张安卓机器人的图片，为控制组的被试呈现一张人类的图片。观看图片后，被试需填写两个问卷以测量仿人机器人是否引发了被试对于死亡的恐惧。问卷分别设置了两种情境：第一种情境为总统竞选演讲，两个候选人分别为实力派（承诺自己会制定具体行政目标并实现）和关系派（承诺自己会关心民生并平等对待人民）；第二种情境为学生会主席的竞选演讲，两个候选人与被试均属于不同的国籍，分别在演讲中赞扬和批评了被试的祖国。被试在阅读完每种情境下的两段演讲稿之后，均需对候选人进行喜好度、思想远见性（insightful of thought）的9点评分，并选出一名他们支持的候选人。根据恐惧管理理论（terror management theory），为应对死亡焦虑，人们会树立并坚信一种以维持生活的秩序感、永恒感和稳定感为目的的文化世界观。因此，如果仿人机器人诱发了被试无意识的死亡焦虑，实验组的被试会比控制组更倾向于选择能提供更多秩序感和稳定感的实力型候选人作为总统，并更倾向于支持与自身文化世界观一致且称赞祖国的候选人。评分结果与研究者的预测一致。除此之外，为确保实验的严谨性，在填写问卷之后，研究者还设置了一项填词任务，以探测实验组被试与"死亡""不安感"相关的无意识联想是否被仿人机器人图片激活。结果发现，实验组的被试比控制组填出的与"死亡""不安感"有关的词汇更多，这说明仿人机器人激活了被试无意识中对"死亡""不安感"的联想，其结果支持死亡提醒假说（MacDorman，2005）。然而，研究者同时指出，这一结果只基于对一个静态仿人机器人的研究，是否能将其结果推广至其他静态仿人机器人以及动态仿人机器人还需进一步验证（MacDorman，2005）。并且，卡尔·麦克多曼（2005）的研究虽然证明了仿人机器人能够诱发人们的死亡焦虑，但并未直接检验这种死亡焦虑是否会影响恐怖谷效应。尽管存在上述不足，但是死亡提醒假说仍为恐怖谷效应影响因素的探索提供了方法论的指导，即通过内隐的方式最大限度地减少由研究性质的线索引起的要求特征（Wang et al.，2015）。

演化美学假说、死亡提醒假说从不同的方面入手，尝试解释由仿人机器人外表类人度提升引发的恐怖谷效应，并得到了相关实验研究的支持。虽然均未对恐怖谷效应的形成机制做出完整的验证，但以上两种假说仍部分说明了恐怖谷效应潜在的影响因素。

3. 预期违背假说

还有一种对于恐怖谷效应颇具影响力的解释是预期违背假说。有些研究者认为，当观察仿人机器人时，人们会首先依据其外表建立预期，然后才会逐渐收集观察对象的实际信息，而当后期收集到的信息无法与之前的预期匹配时，则会出现喜好度降低的现象。该观点被称为预期违背假说。引用森正弘（1970）提出恐怖谷效应推论时所使用的例子：技术的发展为残疾人提供了外观上与人手无异的假肢手，其手掌纹路、手指关节，甚至指纹都被复刻得极其精细，足以以假乱真。当第一眼看到这样形态酷似真手的假肢手时，人们难以想到这是一只人造的手。然而，当真正触碰到这只手时，它所带来的绵软无力的触感、冰冷的温度都与预期中的触感完全不同，会让人产生毛骨悚然的感觉（Mori，1970）。在这个例子中，由外观得到的视觉信息让人们产生关于真手触感的预期，而后期得到的触觉信息则无法与之相匹配，从而引起人们的不安感。

大量研究支持了预期违背假说。在一项研究中，研究者（Seyama & Nagayama，

2007)发现，如若所有面部组成部分(脸型、五官)的外表类人度同步提高，则并不会出现由外表类人度提升诱发的恐怖谷效应；仅当各面部组成部分外表类人度的提高不同步或某一面部组成部分与整体上面部的外表类人度不匹配时(如酷似人类的面部匹配被放大为 1.5 倍的"漫画眼")，恐怖谷效应才会显现出来。也就是说，当且仅当存在与预期不匹配的视觉线索时，外表类人度的提高才会诱发恐怖谷效应，而将所有外观组件保持在同一类人度水平后，这种效应便会随之改善。此外，仿人机器人的外表类人度提升后，其外表与人类较为相似，处于机器与人类的分界边缘。基于感知磁石效应，相比于距离类别分界较远的刺激物，若刺激物处于两种类别分界的边缘，人们对其与另一类别差异的知觉敏感性就会提高。因此，当具有高外表类人度的仿人机器人呈现出与之外观不相匹配的信息时，这种差异便会被放大，从而导致喜好度的下降。研究者发现，动态的仿人机器人往往比静态的仿人机器人诱发的恐怖谷效应更强。究其原因，也是由于动态的仿人机器人提供的类别信息更为充分，其僵硬的动作无法与拟人外观引发的预期相匹配。来自功能性磁共振成像的证据也支持了这一假说。研究者发现，相比于低外表类人度的仿人机器人和人类，被试在观看具有高外表类人度的安卓机器人视频时(视频中人物均做挥手动作)，动作感知系统的反应更为活跃。该结果被解释为大脑对具备拟人外观却做出机械化动作的安卓机器人做出了错误的预期(Pinar et al.，2012)。除此之外，声音与外表的不匹配也会造成喜好度的降低，无论评价对象是仿人机器人还是人类，不相匹配的外表与声音(如仿人机器人的外表匹配人类的声音，人类的外表匹配电子合成的声音)均会引发人们的不安感(Mitchell et al.，2011)。

目前，预期违背假说已经从多个方面得到了验证，但仍存在一些不足：首先，上述研究并未直接证明对预期的违背导致了恐怖谷效应，且有研究者指出，并非所有形式的预期违背都会引发不安感(MacDorman & Ishiguro，2006)；其次，预期违背假说并未明确指出当人们面对仿人机器人的拟人外观时，会做出何种预期(Wang et al.，2015)，以及对这种预期的违背为何会造成喜好度的下降并诱发恐怖谷效应。为了阐释恐怖谷效应形成的心理机制，有研究者在预期违背假说的基础上，结合心智知觉理论(the theory of mind perception)对这一问题进行了深入探讨。

4. 心智知觉假说

研究表明，人们会自动地将诸如电脑之类的非人客体进行拟人化处理，将其知觉为具有一定心智能力的对象，即具有思考或体验情绪等能力(Reeves & Nass，1996；Stafford et al.，2014)。研究者基于因素分析，提出了心智能力包括两个维度：体验性和能动性(具体内容在前面已阐述；Fiske et al.，2007；Haslam，2006)。据此，研究者提出了心智知觉假说，认为人们根据自己的一贯认知，对机器人形成几乎无心智能力的预期，而仿人机器人作为一种外表类人度极高的机器人，其拟人外观提供的信息会致使人们将其知觉为具有如同人类一般的心智能力，从而违背先前对机器人心智能力的预期，引发不安感并导致喜好度的下降(Gray & Wegner，2012)。

库尔特·格雷和丹尼尔·韦格纳(Gray & Wegner，2012)通过三个实验对心智知觉假说进行了验证。在实验一中，研究者向被试呈现具有两种外表类人度的机器人(仿人外观、机械外观)视频。视频中的机器人均只进行简单的运动,如在平坦的地面来回移动。观看视频后,被试需对不安感、体验性和能动性进行5点评分。结果发现,虽然在能动性的评分上,两种外表类人度的机器人无显著差异,但相比于外表类人度较低的机械外观机器人,外表类人度较高的仿人机器人在不安感和体验性项目上的评分均更高,且体验性对不安感有显著的预测作用。该结果表明,高外表类人度的仿人机器人比普通机械外观的机器人会诱发更多的不安感,且会被知觉为具有更高的心智能力,尤其是体验性。为了进一步验证不安感是由其心智能力引发的,在实验二中,研究者固定了外表属性,只对心智能力进行操纵。在实验中,三组被试分别对具有体验性、具有能动性和控制条件(描述为普通计算机)的机械外观超级计算机进行评分,评分项目同实验一,其中能动性与体验性的评分项目为操作检验项目。对结果进行分析发现,具有能动性条件下的能动性评分显著高于另外两个条件,具有体验性条件下的体验性评分也显著高于另外两个条件,这说明操纵有效。对不安感评分的分析发现,虽然具有能动性条件下的不安感评分与控制条件无显著差异,但具有体验性条件下的不安感评分显著高于控制条件。这说明具有心智能力尤其是具有体验性会引发人们的不安感。为进一步明确不安感是否是对心智能力预期的违背所致的,在实验三中,研究者又将描述对象改为了人类,对其心智能力进行了操纵。实验分为三种条件:体验性缺失、能动性缺失和控制条件(描述为普通人类),被试分别就不安感、能动性和体验性的项目进行评分,其中能动性与体验性的评分项目为操作检验项目。对结果进行分析发现,能动性缺失条件下的能动性评分显著低于另外两个条件,体验性缺失条件下的体验性评分也显著低于另外两个条件,这说明操纵有效。对不安感评分的分析发现,虽然能动性缺失条件下的不安感评分与控制条件无显著差异,但体验性缺失条件下的不安感评分显著高于控制条件。研究结果表明,仿人机器人的拟人外表会诱发人们对其具有心智能力尤其是具有体验性的知觉,这种不符合预期的心智能力引发了人们的不安,从而诱发恐怖谷效应(Gray & Wegner, 2012),其支持心智知觉假说。马库斯·阿佩尔等人(2016)在后续研究中对上述研究进行了拓展。他们使用与库尔特·格雷和丹尼尔·韦格纳(2012)同样的方法对一个仿人机器人的心智能力进行了操纵。结果发现,具有能动性和具有体验性条件下的不安感评分均显著高于控制条件,这说明具有心智能力的仿人机器人会引发人们的不安感(Appel et al., 2016),这一结果进一步重复了库尔特·格雷和丹尼尔·韦格纳(2012)的研究结论,支持了心智知觉假说。

心智知觉假说建立在预期违背假说的基础上,进一步阐释了恐怖谷效应的形成机制。对于具有较高外表类人度的仿人机器人,其拟人外观造成了人们对其心智能力的知觉与预期不相符,这导致了人们对高外表类人度仿人机器人喜好度的下降,从而诱发了恐怖谷效应。支持该假说的证据来自严谨的实验设计,且具有可重复性,因此心智知觉假说是目前被认为解释恐怖谷效应最为有力的理论。

(三)心智能力与恐怖谷

为了使机器人更好地适配社会场景,更加自然地与人类进行交互,机器人的设计不仅在外观上模仿人类,而且在社交功能上也模

心智能力与恐怖谷

仿人类，其社会化的功能背后更离不开相关心智能力的支持。在社会飞速变化的今天，为了适应社会生活的变化，工程师仍在不断探索，以使机器人能够在与人类的交互过程中学习经验，并如人类一样利用这些从社交线索中得到经验，不断完善和提升自身原有的心智能力。正如心智知觉假说所指出的，影响仿人机器人喜好度的不仅仅是外观，其具备的心智能力也起着重要作用。针对仿人机器人心智能力与喜好度之间的关系，研究者进行了初步的探讨。

根据前面的论述，心智能力包括两个维度：体验性和能动性。心智能力的对象包括自身指向的心智能力和他人指向的心智能力。那么，机器人如果被赋予这些心智能力，将如何影响人们对它的态度呢？

1. 仿人机器人的心智能力对其态度的影响

仿人机器人的心智能力是其社交功能的基础。已有研究发现，人们在与仿人机器人进行交互的过程中，会依据对其心智能力的判断来推测其意图以及接下来的行为，并随之调整自身的行为策略(Takahashi et al.，2014)，这表明人类社会交互的规则在人机交互中同样适用(Reeves & Nass，1996)。仿人机器人提供的社交线索有助于人们了解其特征和功能，在人机交互中起着至关重要的作用(Eyssel & Hegel，2012；Horstmann & Krämer，2019)，而社交线索的提供就有赖于仿人机器人的心智能力。那么，在人机交互中，仿人机器人心智能力的存在对喜好度有着怎样的影响？

根据心智知觉假说来判断，心智能力的存在对于喜好度似乎有着消极影响。基于心智知觉假说，引起仿人机器人喜好度下降的重要因素之一，就是对于高外表类人度的仿人机器人心智能力预期的违背。在未对仿人机器人的心智能力进行任何操纵的情况下，人们将处于恐怖谷中高外表类人度的仿人机器人判断为具有心智能力，而这违背了人们对机器人几乎无心智能力的预期，从而导致了喜好度降低，并诱发了恐怖谷效应(Gray & Wegner，2012)。在该研究中，具有心智能力的超级计算机引发了被试的不安感，对人机交互质量造成了负面影响(Gray & Wegner，2012)。马库斯·阿佩尔等人(2016)对仿人机器人的研究也证明了心智能力的存在对人机交互的消极影响。这说明如果人们观察到仿人机器人拟人外观的同时，在认知层面也得知其具有心智能力，这种预期的违背便会增强，导致喜好度下降，从而增强恐怖谷效应。另有研究也发现，被试对机器人心智能力的评分与使用意愿的评分呈负相关关系，即被试感知到机器人的心智能力越强，其使用机器人的意愿就越弱(Stafford et al.，2014)。根据以上研究结果来推断，心智能力的存在对喜好度的提升可能起消极作用，这反而会对人机交互造成负面影响。

然而，也有一些研究得出了不同的结论。例如，相比于不做出任何情绪反应，仿人机器人对人们讲述的故事情节做出丰富的情绪反应时，人们对其的喜好度反而更高(Eyssel et al.，2010)。在该研究中，31名被试被随机分为两组，分别与不同心智能力条件下的仿人机器人进行交互，并为其阅读故事。在实验条件下，仿人机器人会根据故事情节以及被试阅读故事时的语气表现出愉快、恐惧等情绪，而在控制条件下，仿人机器人在整个过程中无任何情绪反应。随后，要求被试对仿人机器人的情绪能力和与其交互的愉悦程度进行评分。结果发现，对实验条件下的仿人机器人的情绪能力评分更高，这表明操纵有效。且相比于无任何情绪反应的仿人机器人（控制条件），与有丰富情绪反应的仿人机器人（实验条件）交互的被试愉悦感更高，这表明被试对具有心智能力的仿人机器人的喜好度更高，并更乐于与之交互（Eyssel et al.，2010）。在这个例子中，仿人机器人表现出的心智能力是对讲述者心智能力或心理状态的辨别和理解。这就意味着并非所有心智能力的存在都会使恐怖谷效应增强。其他研究也间接证明了这一点，研究者要求被试以普通电脑、机械机器人、仿人机器人和一个人类助手为竞争对手，共同在一个实验室内进行博弈游戏。游戏结束后，要求被试分别对每一个竞争对手的外表类人度、心智能力和与其竞争的愉悦程度进行评分。结果发现，竞争对手的外表类人度提高，心智能力的评分和愉悦度也随之升高，且被试对于仿人机器人的心智能力评分和与之竞争的愉悦度均显著高于普通电脑和机械外观机器人（Krach et al.，2008）。在这项研究中，虽然人们认为仿人机器人具有较高的心智能力，但并未像马库斯·阿佩尔等人（2016）的研究那样出现恐怖谷效应。这一结果也间接证明了至少在一定范围内，心智能力的存在并未导致喜好度的降低。

以上两类研究得出的结论看似相互矛盾，但究其原因，在库尔特·格雷和丹尼尔·韦格纳（2012）以及马库斯·阿佩尔等人（2016）的研究中，心智能力的操纵都基于研究者提供的文字描述。例如，马库斯·阿佩尔等人（2016）的研究将具有心智能力的仿人机器人描述为能够进行自我控制、能够感受饥饿以及感受痛苦等。在这项研究中，心智能力只涉及机器人判断自身心理状态的能力，即仿人机器人的心智能力为自身指向。而在另外两项研究（Eyssel et al.，2010；Krach et al.，2008）中，被试需与仿人机器人进行交互或竞争，而在此过程中，仿人机器人的心智能力表现为在人机交互中对人类的理解和反馈，或在竞争中与被试进行决策上的较量。在这项研究中，仿人机器人的心智能力表现为对被试心理状态的辨别与理解，即其心智能力为他人指向。因此，这两项研究结论并非相互矛盾，而是分别代表了两种指向的心智能力——自身指向的心智能力与他人指向的心智能力对喜好度的不同影响。据此推测，不同指向的心智能力对恐怖谷效应的影响可能也不同。总之，影响仿人机器人喜好度的不仅仅是其心智能力的存在性，其心智能力的指向性也是影响喜好度的重要因素。

2. 仿人机器人的心智能力对恐怖谷效应的影响

对于恐怖谷效应的影响因素，以往研究主要关注与外观相关的特性，如外观的设计是否符合美观性原则、是否具有可能引发死亡焦虑的外部特征，以及是否存在违背人们预期的外观组件（Hanson，2005；MacDorman，2005；Seyama & Nagayama，2007）。然而，对于以服务人类为最终目标的仿人机器人而言，除了外观之外，仿人机器人还需要具有一定的社交能力，这离不开心智能力的支持。正如在人类社会中，外在美与内在美兼修的人类更受欢迎的道理，欲提升人机交互的质量，也需要从外观和能力两个方面入手，探讨仿人机器人的外观和心智能力如何共同影响喜好度，即仿人机器人的心智能力如何影响恐怖谷效应。

虽然以往有研究探讨了仿人机器人的心智能力对喜好度的影响，但并未同时考虑外表类人度这一因素，而基于此探讨该能力特性对恐怖谷效应的影响。在机器人外表类人度对其喜好度影响的研究中，研究者虽然考虑到了心智能力的作用，但是将其视作与外表类人度共变的中介变量，以此来揭示外表类人度影响喜好度的心理机制（Gray & Wegner，2012）。然而，心智能力可独立于机器人外表而存在，其可通过描述以及机器人的行为来体现。目前仍未有研究将外表类人度与心智能力作为两个自变量同时考虑，进而探讨心智能力如何影响外表类人度对喜好度的作用，即心智能力如何影响恐怖谷效应。

对于仿人机器人来说，心智能力有存在与否的差异，更重要的是，为了更好地为人类服务，其具备的心智能力需要为人机交互的流畅性提供基础。根据目前智能机器人的发展趋势，仿人机器人的心智能力也将从一成不变向具有可学习性转变，即未来的智能系统将具有从数据中提取模式、获取知识，使其心智能力从经验中得到提高的能力，其是决定人工智能能否真正成为"强 AI"的核心（Sigaud & Droniou，2015）。且只有在心智能力存在的前提下，即具有心智能力的机器人，才可能被设计出具有不同指向性的心智能力，并在此基础上，学习社会知识，进一步发展心智能力。因此，心智能力存在性、心智能力指向性与心智能力可学习性在功能设计上是逐渐递进的。

宁波大学群体行为与社会心理服务研究中心的团队（邵美璇，2020；Yin et al.，2021）依次从心智能力的存在性、指向性与可学习性三个特性出发，探讨了仿人机器人的心智能力对恐怖谷效应的影响。该研究共开展了三个实验，其中，实验一通过呈现不同的仿人机器人图片来操纵其外表类人度，并通过呈现描述性文字材料来操纵其心智能力的存在性（即存在与否），旨在探究心智能力存在性如何作用于外表类人度对仿人机器人喜好度的影响，即心智能力存在性对恐怖谷效应的影响。鉴于心智能力指向性的前提是存在心智能力，因此实验二采用与实验一相同的方法，在实验一存在心智能力的条件上，进一步对仿人机器人心智能力的指向性进行操纵，探究恐怖谷效应是否会因仿人机器人心智能力指向性的不同而变化。针对指向性不同的心智能力，其均存在学习发展的过程，因此实验三与实验一和实验二采用的方法相同，在实验二的基础上，加入对仿人机器人心智能力可学习性的操纵，进一步探究在不同心智能力可学习性的条件下，心智能力指向性对恐怖谷效应的影响。

该研究主要获得以下结果：①无论仿人机器人的心智能力存在与否，人们对高外表类人度仿人机器人的喜好度总是低于低外表类人度的仿人机器人，即均存在恐怖谷效应，但有心智能力的仿人机器人诱发的恐怖谷效应强于无心智能力的仿人机器人。②无论仿人机器人的心智能力指向性如何，人们对高外表类人度仿人机器人的喜好度总是低于低外表类人度的仿人机器人，即均存在恐怖谷效应。心智能力指向性不同的仿人机器人其诱发的恐怖谷效应也不同，具体表现为相比于他人指向和无指向性信息，具有自身指向心智能力的仿人机器人诱发的恐怖谷效应更强。③虽然具有自身指向心智能力的仿人机器人诱发的恐怖谷效应强于他人指向心智能力的条件，但是该结果不受心智能力可学习性的调节。因此，仿人机器人所诱发的恐怖效应具有普遍性和稳定性，但若仿人机器人存在心智能力则可增强其诱发的恐怖谷效应，且该效应的增强主要由具有自身指向的心智能力解释，不受仿人机器人心智能力可学习性的影响。

回到人类发明机器人的最初目的，机器人是人类手臂的延伸，其存在的目的就在于拓展人类的能力，帮助人类完成一些力所难及的工作。简单来说，人们希望机器人仅作为提供便利的工具而存在，而不希望其具有如情绪感受、思考、计划等可能威胁到人类主体性的心智能力。然而，对于主要面向社会场景的仿人机器人而言，自身指向的心智能力仍有其存在的必要，其重要作用之一是在人机交互中提供社交线索，使人类能依据自身熟悉的社交法则来与仿人机器人进行交互。目前需要解决的问题是，如何缓解人类对于有心智能力仿人机器人的过度紧张，以及其心智能力应该达到何种程度，才能使其在服务人类的同时，又不至于引起人们的不安。有研究者指出，开发人工智能的目的不在于使人工智能代替人类，去完成如教育儿童、看护老人等本需要人类亲自去完成的工作，而是在人类工作的过程中起辅助作用（Witt et al.，2004）。因此，在考虑仿人机器人的应用价值时，应从其工具性和功能性出发，以人为中心构建机器人服务于人类的人机关系。科技发展的目的在于为人类谋福祉，仿人机器人心智能力存在的目的也在于便于人类使用。从这一目的出发，仿人机器人的心智能力并不需要达到极高的水平，只需要达到足以支持人机交互的水平即可。

基于前述发现，具有自身指向心智能力的仿人机器人会使得恐怖谷效应增强，但对于主要在社会场景中提供服务的仿人机器人来说，自身指向的心智能力同他人指向的心智能力是同样有必要的。但工程师应注意，可将自身指向的心智能力设置在合理范围内，同时凸显仿人机器人他人指向的心智能力。未来心理学也应划分出心智能力的多个水平，以考察其对喜好度以及恐怖谷效应的影响，从而获取心智能力影响恐怖谷效应的函数关系，为仿人机器人的开发提供可参考的依据。

【思考题】

1. 人们对机器人的态度受到哪些因素的影响？

2. 机器人在人们心目中的形象是怎样的？

3. 什么是恐怖谷效应？为什么会出现该效应？

4. 根据你对机器人态度的了解和相关研究，请思考如果要让人们更好地接受机器人，机器人开发者可以做些什么。

扫描获取
思考题答案

第四章　基于机器人的教育和学习

当前学生对课程的个性化需求越来越高，这增加了父母和教师的工作量。同时，人口和经济因素推动了对教育技术多样化的需求。为了满足这些需求，工程师基于现代科技，开发了大量一对一的辅导支持教学系统。但传统的辅导支持教学系统的功能仅以提供知识为主，互动性较弱。保罗·维特等人（Witt et al.，2004）的研究表明，在认知和情感支持方面，社交互动的存在能极大提高学习效率。而社会机器人所具备的互动特性正好可以弥补这一缺陷，所以机器人越来越多地被应用到教育领域。这势必会对教育形式与方法产生重要影响，使教育呈现崭新的面貌。近年来，在世界各国纷纷颁布机器人和人工智能战略部署的背景下，人工智能技术和机器人被运用于教育领域的实践探索越来越多。2018 年，中国发布的《教育信息化 2.0 行动计划》强调"智慧教育创新发展行动"，要加强智能教学助手、教育机器人、智能学伴、语言文字信息化等关键技术研究与应用。社会机器人作为机器人被应用于教育领域的代表，将成为智慧学习环境的重要组成部分。针对这一趋势，本章试图介绍机器人被应用于教育领域的现状、重要性，以及所面临的挑战与改进策略。

第一节　机器人应用于教育的不同形式

一、教育中对机器人的需求

2019 年教育领域机器人需求统计数据显示，不同用户群体提出的教育领域机器人需求内容包括两百多项。刘德建等学者基于此归纳出机器人可扮演的 17 种角色：保姆、生活伙伴、生活助理、健康助理、学习助理、学习伙伴、学习顾问、教具（玩具）、教师、助教、助理、老人陪伴员、监护员、安全教育员、社会服务人员、智能家庭管控、智能教室管控。从需求来看，绝大部分集中在学生日常生活和学习中的陪伴与协助上，同时还包括特殊儿童的辅助、幼儿的看护、老人的陪伴、教师和家长的辅助等。由此可见，教育领域机器人可形成不同的角色定位，并可深度融入以家庭和学校为主的各种教育场域，为用户提供丰富的教育服务。

将人机交互技术、机器人视觉技术、情境感知技术在内的 3 种关键技术的成熟度作为需求时程定义的准则，可确定各种角色功能中的短期需求、中期需求以及长期需求，具体见表 4-1。

调查还发现人们对拥有教育机器人的意愿较强，其中 85％的学生和 90％的教师都希望拥有一个教育机器人。学生、教师与家长均能清晰地表达对教育机器人的需求，并对教育机器人的使用持积极态度。英语教育与机器人教育是各学段学生都面临的需求。

表 4-1 不同用户群体对机器人的角色功能需求

用户群体	短期需求	中期需求	长期需求
幼儿	游戏玩伴 常识教育	自然对话 知识问答	机器人教师 情绪与心理引导 幼儿照护
小学生	生活助手 语言教育 机器人教育 环境与媒体管理 学习时间规划	游戏玩伴 学习助手	学习助手 学科知识教学
中学生	生活助手 学习助手 语言教育 环境与媒体管理	学习资源辅助 学习时间规划 日常陪伴	情绪与心理引导 学科知识教学
大学生	生活助手 移动学习助手 语言教育 环境与媒体管理 机器人教育	学习助手 日常陪伴 学生状态识别	学科知识教学 智能导学
幼儿教师	日常辅助提醒	教学资源辅助 学生状态识别	机器人助教
小学教师	日常教学事务性工作辅助 环境与媒体管理 教学环境营造	批改作业 学生状态识别	情绪与心理引导 教学过程辅助 教学准备辅助
中学教师	日常教学事务性工作辅助 环境与媒体管理 教学环境营造 日常教学事务性工作辅助	辅助教师答疑 批改作业 学生状态识别	教学过程辅助
家长	生活助手 环境与媒体管理 健康助理	习惯养成辅助 个人工作生活助手 生活助手 学科知识辅导	学生健康个性引导 情绪与心理引导 自主学习辅导

从现在机器人的发展现状看，利用教育机器人辅助学生学习英语，确实有利于发挥教育机器人的功能，还能满足部分学生学习英语的需求。伴随着人工智能、编程教育、STEAM 教育的兴起，绝大部分的教师和学生都希望掌握与机器人相关的知识，因而多个用户群体都提出了机器人教育的需求。在教育机器人扮演的 17 种角色中，适用于家庭的需求明显多于适用于学校的需求。除了特定的社会服务性机器人只是适用于社会公共场所之外，其他角色几乎都具备适用于家庭场域。也就是说，单纯适用

于学校场域的角色类型非常少，主要包括助教和智能教室管控两种角色。与学生进行对话和情感交流的需求较为突出，多个用户群体都清晰地表达了希望机器人能够成为学生知心伙伴的需求，包括诸如聊天、说心里话、疏解心理压力、进行心情陪伴、与学生情感交流、对学生进行心理健康辅导、调控情绪、做学生的心灵导师等。在教育机器人实施教学的需求方面，辅助学生的学习或辅助教师的教学在所有需求中占据了重要位置。这不仅要求教育机器人具备强大的知识储备、能对学生进行答疑解惑、实施部分课程的教学等，而且要求机器人能够掌握教学规律。

从整体上看，学生、教师和家长提出了较多的需求，其中的少数需求内容已经在教育机器人产品上有所体现，因受制于技术的发展，大部分需求还未能有效实现。学生、教师和家长提出的教育机器人需求，代表了教育机器人未来的发展方向。

二、机器人教育与教育服务机器人

2019 年，北京师范大学智慧学习研究院联合互联网智能教育技术及应用国家工程实验室发布了全球教育机器人白皮书。其中，根据机器人在教育领域的应用形式将其分为机器人教育和教育服务机器人。

机器人教育是围绕着机器人开展的一系列活动、教学课程，以及所形成的教育资源和教育哲学。一般来说，模块化机器人和机器人套件是机器人教育中常见的辅助产品。就一般的教学目标而言，机器人教育旨在通过设计、组装、编程、运行机器人，激发学生的学习兴趣，培养学生的综合能力。机器人技术融合了机械原理、电子传感器、计算机软硬件及人工智能等，为学生能力、素质的培养承载着新的使命。机器人技术综合了多学科的发展成果，代表了高技术的发展前沿，涉及信息技术的多个领域。引入教育服务机器人的教学将给中小学的信息技术课程增添新的活力，教育服务机器人将成为培养中小学生综合能力、信息素养的优秀平台。

真正的机器人教育并非只是单纯地搭积木那么简单。机器人教育综合了计算机、机械、通信、控制、声、光、电、磁等多个学科领域的知识和技能，学生通过查阅并学习机器人知识、亲手组装机器人、调试传感器、设计并编写程序、完成任务等活动，可以进行大量的信息活动和技术锻炼，从而可有效地提高信息素养和技术素养。更重要的是，机器人教育的娱乐性非常符合儿童爱玩的天性，可以很好地引导儿童在快乐的氛围下学习知识，在完成任务的过程中培养多种能力，提高自我成就感。机器人具有高度的综合渗透性，让儿童的创新实践能力得到增强的同时也让创新思维得到更好的发挥。

教育服务机器人是具有教与学的智能服务机器人，通常被用于进行 STEAM 教育、语言学习、特殊人群学习等主题的辅助与管理教学中。在教育活动中，机器人发挥着重要作用，人们对其教学能力和互动能力有着更高的要求。在目前的相关研究中，与学习者进行社会互动的能力主要体现在教育服务机器人身上。区别于机器人教育中常见的产品，教育服务机器人具有固定的结构，一般不支持用户自行拆装。

用机器人来服务教育，指的是在人工智能领域，机器人助力大中小学生各课程，起到帮助教育者完成传道、授业、解惑的作用，但需要教师在教学环节中进行辅助。自然的人机交互成为教育过程中的关键点。教育服务机器人相较于应用其他智能设备进行教与学的活动，其优势在于自然的人机互动方式（如肢体动作、语音、图像识别等）以及赋予机器人如人类思考的智慧能力。让机器人与机器人或机器人与人之间可以如人类般自然地感知交互，以减少学习中可能的使用障碍，在教育领域中有着重要作用。教育专属应用服务程序与内容成为机器人的内在核心，在形成机器人的生态体系后，第三方软件开发商将运用自然人机互动接口，以机器人的表情动作、感知输入的功能，开发丰富的包括教与学情境的应用程序服务与内容。未来，教育服务机器人无论是单独使用还是配合其他移动设备使用，若可在机器人的市场逐渐普及，都将吸引更多的第三方开发者加入，也会使专属于教育服务机器人的应用服务与内容逐渐完善。相较于传统的机器人领域，除了探索机器人替代脑力工作的应用之外，更有机会研发如师徒制般的传统技艺保留、专业技术培训等专业领域的教学应用。机器人已经走进各年龄段学生的教学课堂，更有希望成为学生的"良师益友"。甚至，机器人可以融入个人的生活，在生活中以做中学、学中做的方式学习各种生活技能。

二、虚拟机器人与实体机器人

为了解决传统的教育辅导支持系统的功能仅以提供知识为主，缺乏互动性的问题，基于现代科学技术，人们在笔记本电脑、平板电脑和手机上开发了虚拟机器人以实现互动的功能。这一教育技术不仅不会增加购买额外硬件的成本，而且在教育环境中使用具有操作简单、易上手等特点。目前，AI-CODE 和 Robocode 是目前国内外较具代表性的虚拟机器人平台。AI-CODE 包括机器人运行平台 Airobot、代码编辑器 CodeCanvas 等组件。用户可在 AI-CODE 中创建自己的机器人并用编程的方式控制它。它具有寓教于乐、适应各种科技活动和比赛、使用范围广等特点。此外，AI-CODE 教育平台价格合理，适合各类学校的"特色教育"和"兴趣班"。Robocode 是2001 年 7 月在美国发布的坦克机器人战斗仿真引擎。与通常玩的游戏不同，用户必须用 JAVA 语言对机器人进行编程，给机器人赋予智能，让机器人完全自治，而不是由键盘、鼠标简单地直接控制。Robocode 也是一种有趣的竞争性编程，用户创建的机器人可在平台提供的竞技环境中与其他机器人对抗。

虚拟机器人教学的开展只需要利用现有的计算机机房即可，因为机器人的搭建、编程及调试仅需一台计算机就可完成，所以只要保证计算机机房良好运转，一个班的教学活动就能顺利开展。由于虚拟机器人的运行环境是在计算机中模拟的，因此教学活动不像实体机器人，易受现场光线、磁场、地面起伏等因素的影响。采用虚拟机器人软件，可以随时随地、方便灵活地开展不同程度或不同性质的教学活动。例如，对小学生而言，教学活动可以仅使用简单的传感器，或者采用简单的场地就可进行，而对中学生而言，则可采用更复杂的机器人搭建结构或者提供更复杂的场地训练图，而这一切仅仅通过点击鼠标就可完成。

然而，该项技术所呈现的互动对象并无真正的物理实体，难以教授与动作技能学习相关的知识。当机器人教授的材料需要直接对现实世界当中的事物进行物理操纵时，人们不得不选择实体机器人。迪安娜·胡德等人（Hood et al.，2015）使用虚拟机器人来辅导儿童诸如练字或篮球罚球之类的运动技能，虚拟机器人很难起到作用，且学习者会很快对其失去兴趣，变得不再愿意与虚拟机器人互动，从而难以达到教育目的。同理，对于许多针对康复或治疗的虚拟机器人亦是如此（Fasola & Mataric，2015）。更重要的是，某些人群更需要一个具有物理实体的交互系统，如婴儿与有视力障碍的人。瑞贝卡·里切特等人（Richert et al.，2011）的研究发现，两岁以下的儿童通过屏幕获得教育内容时，学习效果较差。

随着技术的不断进步，具有物理实体的机器人的交互方式也日益丰富。语音交互、面部表达、动作表达及触觉识别成为实体机器人主要的交互形式，人工情感模型开始被广泛应用于机器人的设计之中。这些交互能力的出现为实体机器人应用于需要一定交互过程的教育领域奠定了技术条件。实体机器人也更有可能激励使用者做出有利于学习的社会行为（McColl-Kennedy et al.，2015）。且在合作任务中，实体机器人比虚拟机器人更有吸引力和互动乐趣（Kidd & Breazeal，2004；Köse et al.，2015；Wainer et al.，2006），并通常被认为其行为更积极（Wainer et al.，2006；Powers et al.，2007）。对于教学系统而言，相比于只是看机器人的视频，互动者在面对实体机器人时会更倾向于答应机器人提出的请求，即使这些请求具有挑战性。

与虚拟机器人相比，实体机器人可提升交互者的学习效果和学习能力，并对后续的行为选择产生更大的影响。例如，丹尼尔·雷兹伯格等人（Leyzberg et al.，2011）的研究发现，与虚拟机器人、机器人的视频或音频课程相比，面对实体机器人教授的认知谜题，学习者的学习速度更快。凯文·鲍尔斯等人（Powers et al.，2007）也发现，在指导用户选择健康的食物和帮助用户实施维持 6 周的减肥计划时，用户在面对实体机器人教育的情境下，会更多地选择健康的食物，并在一段时间内保持良好的饮食习惯。之后，詹姆斯·麦可尔-肯尼迪等人（McColl-Kennedy et al.，2015）也发现与实体机器人交互可带来积极的感知和情绪，且与显示在屏幕上的虚拟机器人相比，实体机器人也可提高完成任务的质量。詹姆斯·麦可尔-肯尼迪的实验场景如图 4-1 所示。

图 4-1　不同形式的机器人与学习者互动

（a 为虚拟 NAO 机器人，b 为实体 NAO 机器人）

图片来源：McColl-Kennedy，J.，et al.（2015）. Comparing robot embodiments in a guided discovery learning interaction with children. *International Journal of Social Robotics*，7（2），293-308.

阅读材料一

全球用于教育领域的机器人的重要研究机构

美国：

塔夫茨大学(Tufts University)

塔夫茨大学的工程教育和外展中心(Center for Engineering Education and Outreach)是支持将工程学融入 K-12 教育的代表国家级研究水平的机构，包括拓展、产品、研究和工作坊四大部门。目前，其主要的项目有社区工程、乐高工程、互动学习和协作环境、教育创造者空间、学生教师外展指导计划等。

佐治亚理工学院(Georgia Institute of Technology)

佐治亚理工学院在机器人研究方面极为出色，主要以加里·麦克默里所带领的机器人和智能机器研究所(Institute for Robotics and Intelligent Machines)为主，研究深度和广度突破了学科的界限，允许从理论过渡到具有下一代机器人的强大部署系统的变革性研究。

英国：

赫特福德大学(University of Hertfordshire)

赫特福德大学自适应系统研究群(adaptive systems research group，ASRG)于 2000 年创立，主要目的在于研究孤独症儿童与机器人的沟通互动是否有助于孤独症儿童与其他人的沟通交流。

法国：

法国国家科学研究中心(CNRS)

国家科学研究中心是法国最大的科技型政府研究机构、欧洲最大的基础科学研究机构，该中心下设七个学部，其主要任务是从事对科学进步和国家经济、社会、文化发展有益的各项研究工作，促进研究成果的推广和应用，分析国内外科技的发展形势，参与制定科技政策。

法国索邦大学(Sorbonne University)

索邦大学是一所位于巴黎的公立研究型大学，由巴黎第六大学(皮埃尔和玛丽居里大学)与巴黎第四大学(巴黎索邦大学)于 2018 年 1 月 1 日合并而成。机器人与系统研究所(ISIR)是由索邦大学的三个团队联合成立的多学科研究实验室，汇集了机械、自动化、信号处理和计算机科学等领域的研究人员和研究教授。

意大利：

意大利国家研究委员会(National Research Council)

国家研究委员会是意大利较大的公共研究机构，其使命是开展研究项目，促进国家产业体系的创新和竞争力、国家研究体系的国际化，以及为公共和私营部门的新兴需求提供技术和解决方案。

塞尔维亚：

贝尔格莱德大学(University of Belgrade)

贝尔格莱德大学位于塞尔维亚共和国首都贝尔格莱德，在高等教育和科学研究领域的主要活动是公共利益活动。其中 Mihajlo Pupin 研究具有代表性，设有机器人实验室。在科学界，它以人形机器人的早期工作而闻名。

奥地利：

格拉茨技术大学(Graz University of Technology)

格拉茨技术大学位于奥地利格拉茨的中心，共设有 95 所研究所。工作涉及通过学校讲习班普及机器人和工智能、为儿童和青少年学生提供机器人俱乐部、组织机器人和人工智能研究营、组织机器人挑战赛、建立并实施机器人和人工智能教师培训计划、社区建设以及与学校和其他教育机构合作。

第二节　机器人应用于教育的重要性和必要性

随着技术的不断进步，机器人的交互方式日益丰富，语音交互、面部表达、动作表达及触觉识别成为其主要的交互形式，人工情感模型开始被广泛应用于机器人的设计中。这些交互能力的出现为机器人被应用于教育中奠定了技术条件。与虚拟机器人相比，教育上的实体机器人具有以下优势。

机器人应用于教育的
重要性和必要性

一、机器人适合作为教学工具

机器人有许多有用的特性，使其可适用于教学活动，并且在教学目标上具有更强的针对性。这些特性包括可重复性(准确地重复执行性任务的能力)、灵活性(多种方式呈现数据的能力)、交互性(可以展示人的外貌和躯体)。机器人可灵活地进行操纵和设置，这使得教育者可以提出不同的教育方式和场景，扩充其在教育中的用途。牛顿·斯波尔和法比安·贝尼蒂(Spolaôr & Benitti，2017)对现有的机器人应用场景进行了梳理并举例证明，具体见图 4-2。

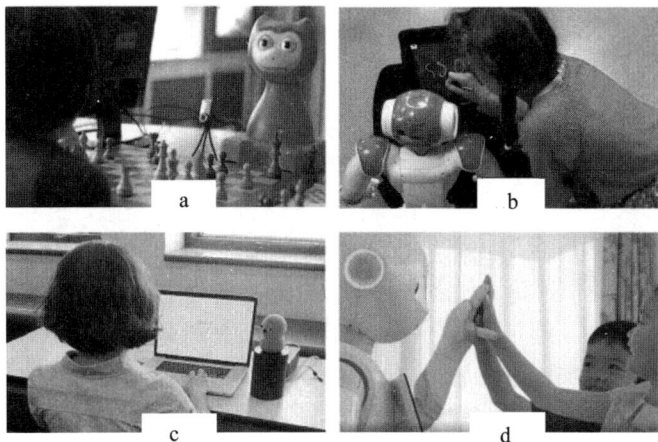

图 4-2　机器人应用于教育的不同情境

（a：iCat 机器人在教儿童下棋；b：NAO 机器人在帮助一个儿童改进她的书写；c：Keepon 机器人在益智游戏中辅导儿童；d：Pepper 机器人在英语课堂上为学习者提供鼓励）

图片来源：Spolaôr，N.，& Benitti，F.B.V.（2017）．Robotics applications grounded in learning theories on tertiary education：A systematic review．*Computers & Education*，112，97-107．

二、机器人可促进学习兴趣

在一般情况下，机器人的使用为学习者提供了有趣的活动内容和更加丰富的动手体验，这些特性有助于创建一个更具吸引力和互动性的学习环境（Alimisis，2013）。机器人对学习者具有激励作用，可提升学习者对学习活动的专注度和吸引力以及参与度，故机器人正在成为提高学生学习动机和学习表现的有效工具。机器人也更有可能从学习者身上诱发有益于学习的社会交互行为（McColl-Kennedy et al.，2015）。在协作任务中，相比于虚拟机器人，学习者面对实体机器人时具有更强的参与性，且后者能带来更强的娱乐性（Kidd & Breazeal，2004；Wainer et al.，2007；Köse et al.，2015），尤其是实体机器人作为教育者时，学习者对其感知通常更为积极（Wainer et al.，2007；Powers et al.，2007）。

三、机器人可支持面向未来技能的学习

机器人技术不仅能提高学生的学习成绩，而且被认为是一个有用的学习平台，能够促进 21 世纪学习技能的发展。机器人常被用于 STEM 教育，其中典型的学习场景是完成基于团队的设计项目。在这个项目中，学生有机会相互交流和合作，因此可提升学生的团队协作能力。机器人教育中以任务为基础和以项目为导向的课程设计，为学生提高他们解决问题的技能提供了学习机会，并能够激励他们成为积极的学习者。

要成为有效的教育者，机器人的行为必须具有可调整性和灵活性，以支持不同学习者在不同教育环境下的学习。有些研究探讨了如何理解教育互动的关键影响因子，以及机器人应该做出哪些有效的反应，由此决定机器人可以采取什么行为，以及何时传递这些行为来改善学习结果。相关的元分析从认知和情感影响的角度进行评估，结果显示几乎任何旨在提高学习效果的机器人互动策略或社会行为都具有积极作用。其中，认知评估主要是对知识的掌握程度进行评估，情感评估则是对机器人教学中所诱发的情感状态进行测量，如喜好度与焦虑状态等。牛顿·斯波尔和法比安·贝尼蒂对 12 项研究中的机器人对学习者认知层面的影响进行元分析，发现效果量 $d=0.69$（95% 置信区间为 0.56~0.83）；对 32 项研究中的机器人对学习者情感层面的影响进行元分析，发现效果量 $d=0.70$（95% 置信区间为 0.62~0.77）。

与以虚拟形象为主的教学系统和现代化智能教学系统类似，机器人可根据学习者在互动中的表现提供个性化的内容，从而提升学习效果（Schodde et al.，2017）。除了能在内容层面提供个性化的服务，机器人还可在教育背景下为学习者提供社会性的行为支持和个性化的行为支持。个性化的行为支持是指以学习者为中心，使其体验到独特感。例如，教育互动中提及儿童的名字或提及之前的互动。个性化的行为支持是社会互动中容易实现的形式。如果机器人能表现出更复杂的社会行为，如注意力引导（Saerbeck et al.，2010）、与学习者一致的凝视行为（Huang & Mutlu，2013）、非言语即时性（即时的动作或情感反馈）（McColl-Kennedy et al.，2015）或对学习者表现出同理心（Leite et al.，2015），这不仅对人的情感有积极影响，而且能促进人们对认知层面知识的掌握。

然而，就像人类教师有时必须安静地坐着，从而使学生有机会专注于解决遇到的问题，机器人教师也必须根据学生的认知负荷和参与程度，在适当的时间约束它们自

己的社会行为，以减少对学生的可能干扰。机器人的社会行为必须结合互动环境和当前的任务进行仔细设计，以加强教学过程中的互动，避免学生分心。机器人教师对学习者在认知和情感层面有积极影响，可能不是由机器人的物理存在直接导致的，而是因为机器人的物理存在促进了学习者积极的社会行为（类似于社会促进——个体完成某种活动时，由于他人在场或与他人一起活动而造成行为效率提高的现象），而这种社会行为通过创造良好的学习体验环境促进了学习效果的提高。研究表明，机器人对学习者的遵从性、参与性和从众性有积极影响，这些都有利于促进学习（McColl-Kennedy et al.，2015）。因此，一个潜在的有价值的研究方向是探索机器人如何影响学习者的参与程度和服从性。

当前，机器人技术的高速发展无疑会呈现一种新的教学模式与教育方法。关于教育技术的发展，特别是在教学辅助方式变化的几个阶段中，不难得出两个结论：一是每一项大的技术革新往往都会对当代教育教学方法产生相当大的影响；二是以往各项技术在教学中的应用都只是一种辅助教学方法，暂时都不能成为主要的教学方法，对教育教学方法无法产生革命性的影响。但是，随着人工智能的高速发展，势必会对教育教学方法变革产生重要影响，使教育教学呈现崭新的面貌。例如，机器人融入学校教育，参与学校管理，参与课堂教学，协助教师上课，形成新的教育教学辅助手段，甚至机器人在一定程度上替代教师上课也将成为可能。

第三节　机器人被应用于教育的角色类型

用于教育的机器人可被设计为不同的角色。托尼·贝尔佩梅（Tony Belpaeme）在2018年对机器人的角色进行了整理分类，发现除了常见的教师或导师的角色之外，机器人还可以通过与学生建立同伴关系来支持学习，且可通过扮演新手来帮助学生巩固和掌握技能。在本节中，我们将概述机器人不同角色的范畴以及与教育的关系。

一、机器人作为教师或导师

作为教师或导师，机器人通过信息提示、展示教程和监督提供直接的课程支持。这一类型的教育机器人包括教学助理机器人，它拥有较长的研究和开发历史，通常集中在幼儿园课程领域。早期的现场研究将机器人放置在教室中，以观察它们是否会对学习者的态度和知识产生影响，但目前的研究倾向于在实验室环境和教室中进行控制实验。一种名为 IROBI 的商用教师机器人于 21 世纪初诞生。研究表明，与其他教学技术（如音频材料和基于网络的应用程序）相比，旨在教授英语的 IROBI 提高了学习者对学习活动的注意力和学习成绩。就幼儿的教育而言，研究者将机器人教育研究与其他科学领域（如语言发展和发展心理学）联系起来。研究表明，基于机器人的教学使得 18～24 个月大的幼儿的词汇水平有显著提高。机器人在家庭环境下提供的教育模式大部分都集中在一对一的互动上，因为这种个性化教育具有较好的教学效果。机器人有时被用作一个新颖的媒介渠道，人们将其作为听众，基于它进行演讲准备。在这些情况下，机器人与学习者的互动并不多，而是充当类似于教师助手的身份。此时，机器人的价值在于提高学习者的注意力和动机，而授课和评估是由人类教师完成的。

艾美·杰玛（Emmy Rintjema）与其团队（2018）发现机器人作为教师角色教授荷兰

儿童英语时，儿童的学习效果和参与度显著提高。研究中有 15 名荷兰儿童（5 女 10 男），平均年龄为 5 岁 6 个月。实验装置是 NAO 机器人，它可以在四节英语（非母语）学习辅导课中与儿童进行自主互动。在实验开始之前，学校组织了一个介绍环节，向儿童介绍机器人。在前三节课，儿童和机器人在微软 Surface Pro 4 上一起玩游戏，同时机器人教儿童总计 17 个与数学有关的单词，如数字、形容词和动词。第四节课是复习课，重复和巩固 17 个已经学过的目标单词。在所有课程中，机器人都扮演着教师的角色，即儿童和机器人一起在平板电脑上玩游戏时，机器人教儿童学习单词。在每节课结束时（除了复习课），儿童必须完成一项评估任务。在这项任务中，平板电脑上会出现几个单词，机器人要求儿童点击屏幕上在学习阶段学习的单词。机器人会自动记录儿童的答案，以衡量他们在学习任务中的表现。此外，为了衡量儿童的英语技能的整体提高水平，研究者还进行了一个前测和两个后测。前测是在第一次互动之前进行的，其中一个后测在复习课后立即完成，另一个后测在一周后完成。这些测试要求儿童把 17 个目标单词从英语翻译成荷兰语。通过比较三个学习阶段结束时完成任务的得分，来衡量学习效果的变化。研究结果显示，在机器人身上花费的时间与学习任务的绩效之间存在正相关关系。儿童与机器人相处的时间越长，他们的学习效果就越好，这可能是因为他们更多地使用机器人并将其作为学习对象。此外，研究结果还显示，在第二至第三节课，用户黏性有所减弱，而在第三至第四节课，用户黏性再次增强。这里的用户黏性指的是儿童对机器人的关注度，其通过视频分析儿童的面部表情得来。第三和第四节课之间的积极变化可能是因为复习课的内容与前三节不同，或者是因为儿童知道这是他们最后一次玩机器人而变得更加投入。这项探索性研究虽然需要对纵向一对一辅导的学习效果和参与度的变化进行更长时间的研究，但已经迈出了第一步，并在儿童与机器人的长期外语学习辅导课堂中，获得了学习效果和参与度如何随时间变化的结果。此外，这项研究开发的测评方法为将来进行更大规模的评估研究奠定了基础，包括更多的课程、更多的儿童和不同的条件。

二、机器人作为同伴

阿尔伯特·班杜拉（Albert Bandura）认为儿童在与同伴互动中可观察同伴、教导其他同伴、与同伴发生冲突以及与同伴合作学习等。基思·托平（Keith Topping）也认为同伴学习是一种双向互惠的学习活动，学生通过积极地相互帮助和支持来获得知识和技能。与同伴一起学习有很大的可能会提升学习者的动机和认知水平。同伴间的引导式提问已经被证明能引导学生提出更多批判性思维问题，并给出更多解释，获得更好的学习效果。此外，同伴辅导、同伴学习这些形式已被证明对同伴中教授者和被教授者都有好处，可以提高双方的自尊和社会适应水平。因此，孩子们在同伴学习中积极地扮演教授者和被教授者两种角色，这是非常重要的。机器人也可成为人类的同伴或学习伙伴。同伴不仅有可能不像教师那样令人产生心理距离感，而且同伴之间的互动比教师和学生之间的互动有明显的亲密优势。在日本，Robovie 是第一个被引入小学的全自动机器人。这是一个会说英语的机器人，被放置在日本某学校的两个年级（一年级和六年级）。通过两周多的实地试验，研究者观察到一些儿童的英语语言技能有所提高。在此案例中，与外形相同的家教机器人相比，面对同伴机器人时，儿童在学习任务中的注意持续时间更长，反应更快，反应更准确。对小学生的长期研究发现，一个能提供个性化互动的类人机器人可以提高孩子的学习能力。

陈莉等人（2018）发现如果机器人以一种更像同龄人类学习同伴的方式吸引儿童，那么学生的学习和情感投入将会得到更大的提升。在此研究中，为探讨儿童与机器人的三种不同的互动角色（教师、新手和同伴）对儿童学习和情感投入的影响，研究者设计了一个随机对照实验。被试来自当地的一所公立学校，包括 59 名 5～7 岁的儿童。儿童参加了一项人机合作式的词汇学习活动，在该活动中，机器人角色采用三种中的其中一种。在教师模式下，机器人知道所有词语的含义，并展示了正确的词汇知识，且在整个游戏过程中给孩子提供信息反馈从未犯过错误；有时机器人会问孩子是否需要帮助。在新手模式下，机器人被定位为一个初学者，缺乏所有词汇的知识。机器人偶尔会向孩子寻求帮助，要求孩子解释为什么，它做错了什么，并表现出好奇心和积极的学习态度。因此，机器人被设计为鼓励儿童反思和巩固知识。机器人对新词汇理解正确的概率是 0.4，但既不解释单词的意思，也不向儿童提供解释，这个设计是为了让儿童认为机器人只能通过猜测找到正确的单词意义，呈现新手的特点。在同伴模式下，机器人被定位为一个与儿童互惠和自适应的伙伴，在每个学习回合的交流中调整其互动风格（教师或新手）以匹配儿童的知识水平。同伴模式下所表现出的教师或新手角色的行为集与仅为教师或仅为新手的条件下相同。例如，当孩子真的在努力完成游戏任务时，机器人可以切换成教师的角色，主动展示一个词语对应正确的物体在哪里，并解释它的意义。当儿童学会后需要更多的练习来巩固他们的学习时，机器人可以转换成新手角色，并表达求知欲，向儿童提问。其中，角色转换机制是通过强化学习模型实现的。

最后的结果表明，机器人教师的指导和知识演示可提升儿童的词汇习得能力，且机器人作为同伴可加深儿童对于词汇的记忆和理解。相关的面部表情分析显示，与机器人作为教师角色相比，同伴模式下儿童在面部情感展示方面更有表现力，也更投入。例如，面部表情更加丰富，对机器人有更长时间的注视，更多地与之交流。且随着时间的推移，同伴模式中的人机关系会更融洽，儿童对机器人语言的模仿会增加。与仅作为教师的机器人进行互动相比，适应性更强的同伴机器人为儿童的词汇学习和情感参与带来了最大的提升。作为一个更有技巧的伙伴，同伴机器人在整个游戏过程中有针对性地给儿童提供信息反馈，在儿童玩耍和学习过程中支持儿童的认知和情感需求。因此，同伴模式是设计教育机器人的一个重要的新维度，即基于学生的参与和学习需求，可积极地适应并转换角色。

三、机器人作为新手

当一个机器人扮演新手角色时，学习者也会获得相当大的教育效果提升。鼓励学生扮演教师的角色，通常会提高学生的自信心，从而进一步巩固学习成果。这是一个通过教学促进学习的例子，在人类教育中十分普遍，也被称为门徒效应。扩展到机器人教育领域，这个过程包括学习者努力教机器人，这对他们的学习结果有直接影响。

有研究者发现，当机器人扮演新手角色时，可帮助儿童有效地学习新的英语动词。与传统的教学智能机器（包括机器人）被设计成扮演人类教师或照顾者的角色不同，研究者提出了相反的模式，机器人从儿童那里接受指导或照顾。护理接收机器人（care-receiving robot）是一个以学习者为中心设计的教育机器人。通过使用这个护理接收机器人，人们可以构建一个新的教育理念，其目标是通过儿童教机器人来促进儿童的自发学习。在一项研究中，一个小型类人机器人被引入英语课堂，与被试共同学习陌生的英文动词。其中，人类教师同时教授儿童与机器人，但机器人总是做出错误的理解。在课堂结束后，机器人会请求儿童帮助它学习，通过儿童的指导加以纠正并对儿童的教授做出正确的反应。研究结果发现，上述设计可提高 3～6 岁日本儿童的词汇学习能力。此外，与其他技术相比，护理接收机器人更能吸引儿童，从而促进基于机器人新手原则的商业产品的开发。

美国作家联合组织探索使用扮演新手角色的机器人来帮助儿童提高书写技能。将一个小型类人机器人和一个触控板结合在一起，可以帮助写字困难的儿童提高他们的精细运动技能。实验所用机器人最初的书写能力很差，儿童需要教这个机器人。在教学过程中，儿童反思了自己的书写方式，并最终表现出了书写甚至运动技能的提高。这表明将机器人设置为新手在一定程度上可发展学习者的元认知技能。究其原因，学习者致力于提供学习材料，需要对材料有更高层次的理解，并结合机器人的可能掌握水平，构建合适的教学目标和教学方法。

第四节　机器人应用于教育的有效性

托尼·贝尔佩梅在 2018 年对机器人应用于教育领域的相关文章进行了整理，发现从教育对象来看，目前机器人教育主要面对小学生，对中学生以及幼儿的关注相对不足；从样本数量和持续时间来看，大多数研究是对 60 人以下的小样本进行少于 8 周的研究，因此在机器人能否促进学习这一问题上还需对更大样本进行更长期的追踪；从使用的机器人类型来看，大多使用 LEGO 系列和 NAO 机器人；从研究方法来看，多数研究采用实验与准实验设计，运用问卷调查、测试、访谈以及观察等方法收集数据，从多角度验证研究结果；从研究结果类型来看，多数研究从学生学业课程表现、兴趣与动机、情感态度等方面衡量学习效果。

一、机器人对于学生知识水平的影响

瓦瓦索里·贝尼蒂（Vavassori Benitti）在 2012 年的研究表明，大部分实验报告了机器人教学的积极作用，在教育领域具有巨大的应用潜力。瓦瓦索里·贝尼蒂将学习效果分为知识领域和技能领域。机器人在促进学生 STEM 科目的学习、思维技能、科学探究技能、社交技能以及问题解决技能方面有积极作用。然而，也有研究报告了机器人的使用并没有带来学习效果的显著提高。2018 年，托尼·贝尔佩梅的元分析结果进一步证实了瓦瓦索里·贝尼蒂的结论，表明机器人教育能有效促进学生的学业以及课程表现。63.16％的研究报告了机器人对 STEM 领域与地理、英语等课程学业水平的影响，且均报告了积极的促进作用。

杰奎琳·科里-韦斯特伦德（Jacqueline Kory-Westlund）等人在 2019 年的研究中发现，与机器人进行长期的互动会使儿童的词汇学习能力和语言表达能力显著提升。在两个月的时间里，他们对 17 名 4～6 岁的学龄前儿童进行了长期的追踪研究。儿童与

机器人一起玩了 8 次讲故事的游戏。在故事中设置的目标词汇，即在故事中多次提及的核心词汇。在课程结束后，他们测试了儿童使用机器人提及的关键短语，以及在讲故事时模仿机器人的程度。结果表明，随着时间的推移，儿童讲故事的表达方式越来越像机器人，且在讲故事时模仿机器人的儿童在词汇测试上的绩效也更高。

二、机器人对于学生兴趣与动机的提升作用

在改善学习者对 STEM 的态度与培养对 STEM 的兴趣与动机方面，各研究得出了不一致的结果。赛义德·齐埃法尔德（Saeedeh Ziaeefard）等人在 2017 年的研究表明，在机器人课程结束后，大多数学生报告对 STEM 相关知识和机器人教学的知识更有信心，他们对机器人技术的兴趣显著增强。但是，背景、年龄以及性别等因素会影响学生的看法。例如，大部分女生没有编程经验，因此认为编程具有较大的难度；相较于女生，更多的男生有编程经验，因此认为编程不具有挑战性。在不同的年级中，高中生虽然具有更多的机器人相关经验，但与初中生相比，主动探索性较弱，初中生因为更具有乐于挑战的精神而使得学习过程更加顺利。

三、机器人对于情感态度的积极影响

杰奎琳·科里-韦斯特伦德等人在 2018 年的研究表明，与机器人进行长期的互动会对儿童的情感态度产生显著的积极影响。在本研究中，儿童与一个完全自主的机器人 Tega 进行一对一的互动，每周 1～2 次，总共 7 次。机器人被设置为一个喜欢讲故事的同伴。每节课，它都讲故事，儿童被要求复述故事，机器人充当讲故事的导师。机器人用名字称呼孩子，偶尔在互动中分享经验，如机器人与儿童一起讲过的故事。在实验过程中，随着时间的推移，儿童表现出越来越多的社会互动行为，如凝视、积极情绪、帮助行为和自我表露等。发展心理学研究表明，这些行为与儿童的友谊和亲密关系有关。朋友被认为是具有心理联结的社会存在。在与机器人长期的学习中，儿童与机器人逐渐产生了友谊，会把机器人放在好朋友的位置上，与机器人分享秘密，表露更多的个人信息，并且越来越喜欢与机器人一起学习。

克里斯汀·贝克·温德尔（Kristen Bethke Wendell）等人在 2013 年对三至四年级的小学生进行了一项研究。在研究的第一年，教师使用传统课程方式上课；在研究的第二年，教师使用基于 LEGO 机器人和工程设计课程上课。结果表明，学生基于 LEGO 机器人和工程设计课程的学习效果显著优于传统课程方式，然而学生对两种教学模式的态度没有明显区别。约翰·伦纳德（John Leonard）等人在 2016 年将机器人和游戏设计相结合并引入中学课程，在课程结束后对学生的自我效能感进行调查。结果表明，学生在计算机使用这一模块的自我效能感显著下降，作者认为这一结果可能是编程和调试模块太难导致的。因此，虽然大多数研究认为机器人在促进学习、提高 STEM 兴趣等方面的效果卓越，但还需要更多的研究进一步检验这一结果。

机器人在培养自我调节能力、元认知能力、人际交往能力方面也卓有成效。将使用自适应机器人与无自适应机器人教学进行对比，结果发现，自适应机器人导师能显著提高学生学习中的自我调节能力。苏珊·麦克唐纳（Susan McDonald）等人在 2012 年通过使用机器人作为工具教授技术课程，旨在在建模、探索和评价三个过程中提升学生的读写能力和算术能力等。结果表明，学生在参与度、读写能力和数字能

力方面显著提升。令人惊喜的是，通过观察与访谈发现，学生在人际交往能力上也有显著提高。究其原因，学生在共同完成项目任务过程中，需要进行合作、交流、协商以及妥协等有助于提高人际交往能力的活动。

第五节　机器人与教育可结合的方式

被应用于教育领域的机器人旨在激发学生的学习兴趣、培养学生的综合能力。除了机器人机体本身之外，它还有相应的控制软件和教学课本等。机器人因为适应新课程，对学生科学素养的培养和提高起到了积极作用，在众多大中小学得以推广，并以其"玩中学"的特点深受青少年的喜爱。机器人走入学校和电脑普及校园一样，可能会成为未来的趋势。根据机器人在教育的不同领域的初步应用，机器人与教育可结合的方式初步划分为以下方面。

机器人与教育
可结合的方式

一、语言教育

语言教育是首要且重要的应用。专家认为3～5岁是语言习得的关键期。事实上，学龄前儿童对使用机器人进行语言教育的需求很高。根据研究结果，机器人在语言教育中有多个子应用，包括一般语言学习、外语学习以及母语学习等。

二、机器人教育

机器人教育是第二大且重要的应用。机器人教育在几乎所有年龄组中都很普遍，旨在培养面向未来智能社会的必备技能。然而，每个年龄组的教育目标都是不同的。对于学前班，机器人教育的目标是提高和培养学生对机器人的兴趣，而对于其他组，机器人教育的目标是支持发展与机器人相关的技能，如机械设计、编程、人工智能设计和人机交互。

三、机器人教学助理

机器人教学助理可以为教师提供三种服务。第一种服务是课前准备，机器人教学助理在网上搜索并整理教材供教师参考。第二种服务是课堂协助，机器人教学助理可以通过监控小组讨论和为学生提供建议来促进协作学习。在常规课堂上，机器人教学助理需要在教室里巡视，检测睡着的学生和学生的情绪，帮助教师判断学生是否集中注意力或理解材料有问题。第三种服务是课后辅导，机器人教学助理负责生成作业和测验问题，为学生的作业评分，记录每个学生的学习资料，管理课程时间表，并向教师和学生发送提醒。

四、社会和特殊教育

学龄前和高中生群体对社会和特殊教育机器人有不同的需求。对于学龄前儿童，机器人可以提供社会支持或为孤独症患者、精神和身体障碍患者提供治疗。机器人还可以扮演同伴的角色，帮助学龄前儿童发展和练习社交技能。对于高中生群体来说，机器人可以作为青少年的化身，帮助他们形成自我认同。

五、机器人学习顾问

机器人学习顾问可以提供学习和职业生涯发展方面的咨询。在为每个学生建立学习模型时，人们必须考虑学生的出勤率、注意力水平、学习习惯和兴趣等，并让学生了解自己的弱点和长处。

六、机器人教学代理

机器人教师在小学、高中和大学的教育中充当教学代理。这种机器人还可以支持远程学习，并为不同的学习群体提供虚拟旅行服务。

七、机器人秘书

学前班、小学和高中的教师需要机器人秘书帮他们跑腿，如传递文件、发送信息或备忘录，让家长了解情况等。

八、智能教室管理器

智能教室管理器提供上下文感知的硬件和软件设施控制，如语音搜索、语音放大、自动清洗和 AR/VR 投影。

九、机器人学习伙伴

机器人学习伙伴可以和学龄前儿童玩游戏，监控学生的安全和健康状况，辅导学生完成作业。对于刚成年并开始独立生活的大学生来说，机器人学习伙伴可以起到个人助理的重要作用，提供时间管理、饮食管理、健康监测以及学习计划提醒等服务。机器人还可以在学生宿舍充当物理助手，提供陪伴和帮助服务。对于老年人来说，机器人可以被用来玩电脑游戏，并嵌入应用程序以提供陪伴服务，并检测老年人的身心健康情况。

十、机器人导师

对于学生、成人和老年人群体来说，机器人导师是一种常见的需求。机器人导师可以提供一对一的辅导。对于学生组，机器人导师可以减少教师的工作量，提供教学指导。对于成人组，机器人导师可以提供个性化的指导，以减少学生前往培训机构的通勤时间。对于学习速度慢、记忆速度慢、反应速度慢的老年人，机器人导师可以扮演教师或同伴的角色，通过反复练习耐心地帮助老年人，特别是在学习电脑技能方面。

十一、其他

机器人可以用于体育教育，教学龄前儿童跳舞或锻炼，帮助老年人锻炼或康复。机器人还可以促进学前儿童的日常教育，以及学前和小学群体的科学与数学学习。

阅读材料二

人工智能机器人进入高校课堂

"大家好，我是你们的实验教学助手'仙医小胖'。在今天的课堂思政环节中，我要为大家介绍我国著名的高原医学专家吴天一……"随之而来，吴天一院士无私奉献、爱岗敬业故事的讲述便在教室里清晰回荡，同时还辅以珍贵的影像资料展示，最后是对吴院士践行社会主义核心价值观事迹的概括……

在座的同学由新鲜好奇到全神贯注、津津有味，而正在条分缕析、娓娓而谈的授课者——"仙医小胖"，则是一个造型呆萌可爱的人工智能机器人。这是前不久发生在西安交通大学医学部的基础专业课——机能实验学课堂上的一幕。这堂课也使这个职场新锐——"仙医小胖"在校园内外备受关注、圈粉无数,成为名副其实的"网红"。

"仙医小胖"是国内高校人工智能机器人进课堂的首例,没想到它的亮相如此"高光"。目前,"仙医小胖"已经实现了自行充电移动、实验中心导航学习内容答疑、反馈意见收集等多项功能,而"小胖课堂思政"仅是这一系列尝试的最新进展。机器人讲知识点,教师引导互动。作为课堂上的新成员,"仙医小胖"通过视频互动、语音交流、问题解答等方式,实现了教师与人工智能相结合的新颖授课模式,同时为学生提供简单的问题答疑和知识点宣传巩固。除了学习功能,多才多艺的"仙医小胖"还会跳舞。团队成员为它编排了几段简单的舞蹈,同学们可以在学习之余观看"仙医小胖"表演,舒缓压力。"'仙医小胖'和大家的互动不错,大家都很喜欢他。"有学生告诉记者,"有时,大家会试着给他下命令或和它聊天,听不懂时它会插科打诨,给课堂增添了活力。"

图4-3 "仙医小胖"
机器人形象
图片来源:新华网。

"仙医小胖"寓意别致。其中的"仙"字,源于同学们口中的"仙(西安)交大","医"字则体现了"仙医小胖"为医学事业做出的贡献。山不在高,有仙则名,"仙医"非同于一般的医生,它能够"生死人、肉白骨",这也是对"仙医小胖"及其服务的对象——西安交通大学医学生的期望。

第六节 机器人应用于教育面临的问题及其解决策略

一、机器人应用于教育面临的问题

(一)技术问题

就技术挑战而言,在机器人和学习者之间建立流畅的互动模式,需要将一系列人工智能算法无缝地集成到机器人身上。这一集成过程还存在诸多问题,如语音识别仍然不够灵敏,无法让机器人理解幼儿的口头表达。尽管可以使用其他输入媒介(如触摸屏)克服这些缺点,但是这对交互的自然流畅度造成了很大的限制。动作选择是

机器人应用于教育
面临的问题

一个充满挑战的领域,并且在应对教学环境时会变得更加困难,因为机器人只有了解学习者的能力和进步,才能选择合适的动作。言语和非言语输出的产生仍然是一个挑战,包括言语和非言语行为的呈现时间。总而言之,社会互动需要广泛的认知功能的流畅运行,且建立人机互动需要这些认知机制及其界面的智能化。这就是为什么人机互动的自然性是人工智能和机器人技术中最严峻的挑战之一。

使用技术支持教育方面也存在许多挑战,而使用机器人更是增加了这一挑战难度。究其原因,机器人存在于社会和物理环境中,环境是动态变化的,且在用户使用过程中会产生不同的期望。交互中社交元素尤其难以实现自动化,如对对方意图的识别并做出适当的社会行为。尽管教育机器人可以在受限的环境中自主操作,但是在不受限的环境中,完全自主的社交行为仍然难以实现。

感知社会世界是选择正确交互行为的第一步。教育机器人不仅应该能够正确理解用户对教育内容的反应，而且应该能够理解用户的任务投入度、困惑和注意力的快速而微妙的变化等社交线索。尽管自动语音识别和社会信号处理在近年来有了长足的进步，但并非适用于所有人群。例如，詹姆斯·肯尼迪在 2017 年的研究发现，针对幼儿用户的语音识别在大多数交互中仍然不够完善。取而代之的是其他输入技术，如触摸屏平板电脑或可穿戴传感器，用于读取学习者的反应，并可作为检测参与度和跟踪学生行为的智能设备。

近年来，计算机视觉虽然取得了巨大的进步，但是在处理教育和常见的物理环境及社会行为时的作用仍然有限。虽然用于识别手势、姿势和凝视的先进传感技术已经被用于教育机器人，但是大多数导师型机器人仍然受到他们解释学习者社会行为程度的限制。即使配备了可以从学生那里读取社会信号的能力，机器人也必须选择合适的行动反馈给学生，以推进教育计划目标的实现。然而，这往往是一个困难的选择，即使是经验丰富的人类教师也需要反复衡量。教师是否应该继续尝试旧的问题，复习如何解决当前的问题，还是进入更有挑战性的问题，或者提供一些其他教学内容，甚至暂停教学。在以人为本的教学中，教育理论常常有矛盾之处，而在考虑机器人教师时，这些理论是否成立是一个有待解决的问题。然而，教育机器人的社会行为反馈模式并非越复杂越好，复杂的反馈模式有时还会带来反向作用。根据学生的情感状态选择合适的情感支持策略、辅助元认知学习策略、决定何时休息和鼓励适当的求助行为都被证明可以提高学生的学习效果。若将这些行为与恰当的手势、合适的注视行为、表达行为和注意力引导行为以及及时的非语言行为结合起来，也会对学生的记忆和学习产生积极影响（McColl-Kennedy et al.，2015）。然而，仅仅增加机器人的社会行为数量并不能线性地增强其学习效果。某些研究已经发现，社会行为可能会分散注意力（McColl-Kennedy et al.，2015；Yadollahi et al.，2018），从而降低对学习任务本身的关注，导致学习效果下降。因此，机器人社会行为的设计必须结合互动环境和拟解决的任务，以加强教育互动。

大量研究集中在特定用户的个性化交互上。在这一研究领域，计算技术如动态贝叶斯网络、模糊决策树和隐马尔可夫模型被用于为学生的知识和学习过程建模。与屏幕上呈现的教学系统类似，教育机器人需要使用这些技术来解决复杂的问题以适应学生的变化。一般而言，只有当更简单的问题已经被掌握时，教育机器人才会提供更复杂的问题。除了个性化内容的选择，机器人教育系统通常还提供其他的个性化功能，以匹配个人的学习风格和交互偏好。即使是采用直接的个性化语言或行为，如使用孩子的名字或在教育环境中引用个人信息，也都可增强用户对人机互动质量的感知，从而保持学习互动。其他情感个性化策略也值得关注，通过使用强化学习来选择机器人对儿童行为的情感反应，以保持学习互动期间的参与度。一项现场研究表明，学生与机器人互动时，机器人同时表现出三种类型的个性化反馈（非语言行为、语言行为和自适应的内容呈现），与什么都没表现的机器人相比，这种个性化反馈增强了学生的学习效果和参与度。

尽管机器人技术已经取得了长足的进展，但是机器人教师需理解用户的行为，并据此选择合适的行为反应，这些功能的实现都面临着巨大的技术挑战。

（二）资源与风险问题

如何选取适用于教育机器人学习的内容并非易事，需要量身定制的材料，而这些材料可能会占用大量资源。当前，教育机器人的价值在于辅导非常具体的技能，如数学或书法写作，并且教育机器人不太可能承担教师所扮演的多变的角色，如同时扮演教学、照顾和鼓励他人的角色。目前，教育机器人主要被应用于小学环境中。尽管一些研究显示了教育机器人对青少年和成人进行功课补习具有积极效果，但是尚不清楚对年幼的儿童有效的教学方法是否会适用于年龄较大的学生。研究表明，儿童常常没有充分利用教育机器人提供的辅导支持，可能过分依赖教育机器人的帮助，或者完全相反，即完全忽视教育机器人的帮助，这两种情况都会导致儿童的学习效果欠佳。

（三）道德问题

将机器人引入教育领域除了要考虑实用性之外，还要考虑道德问题。人们希望将孩子的教育权委托给机器人吗？总体而言，学习者对使用机器人进行学习持积极态度，但父母和教职员工则持更为谨慎的态度。使用机器人有很多好处，但相应而来的负面影响更值得关注。机器人可能会导致学习体验变差，主要是现在的机器人技术还尚未发展到像一个教师的程度。在此情况下，机器人的应用场景是由其技术发展程度而不是学习者实际所需决定的。

（四）用户的隐私问题

教育机器人在应用之初，就会为使用者生成一份电子档案，详细记录着学生的个人信息。伴随教育机器人服务时间的推移，电子档案还会不断地记录学习者的每一个详细表现。这些信息本身作为大数据可用于机器人开发的进一步完善，但同时也会涉及用户的隐私问题。这些信息是学生的个人隐私。虽然美国《联邦教育隐私法》早已存在，而且奥巴马也强调过所有在教室内收集到的学生信息，只能用于教育的目的，但是教育隐私数据泄露事件仍屡禁不止。2014年，美国一家就业规划网站在破产清算过程中试图卖出自己的数据库，其中包括上百万学生学习、个人和职业方面的详细数据。在联邦政府介入后，收购公司才同意用户可以删除自己的数据。

（五）技术依赖问题

人工智能技术可以帮助教师节省脑力和体力的劳动负担，并且在一定程度上提高课堂效率、保障教学效果。但是长此以往，教师在身体技能和逻辑思维能力上缺乏足够的训练，转而形成了对人工智能技术的过度依赖。如此一来，必然会造成人类教师质量的下降和精神的空虚。技术改善了教育教学，但教育的更高目的是对学习者身心人格的培养，是对学习者态度和价值观的塑造。这需要教师在教育的过程中通过自身的人格魅力与高素质表现去春风化雨，而这是技术所无法代替的。

二、将机器人应用于教育所面临问题的解决策略

针对将机器人应用于教育所面临的问题，可在宏观层面予以引导。一是建设资源整合和师资培养平台；二是大力推进标准及体系建设；三是打造一体化机器人教育创新生态系统。教育政策必须从整体考虑需要培养哪些师资、如何帮助现在的教师去接受使用机器人，以及如何补足不同教育阶段的师资匮乏等问题。制定明确的教育目标

并设计相对应的课程内容，教育机器人的推动必须有明确的教育目标，且明确定义教育所要培养的核心能力。同时教育机器人课程的设计要围绕核心素养进行，幼儿至大学的课程必须能够贯穿与衔接。对于产业政策，需结合产业需求与教育供给，培养符合产业需求的人才，以提升我国教育机器人产业的竞争力。

除了工程师和心理学家，教育机器人的研发也需要教育领域专业研究人员的参与。若想教育机器人具备更完善的教育服务功能，未来需要教育领域专业研究人员从安全、伦理、学科、适用性等方面给出建议。

(一)技术方面

从系统输入开始，机器人需要对社交环境有足够正确的解释，以便其做出适当的行为反应。这需要机器人在被应用于社交环境之前，在诸如语音识别和视觉社交信号处理等技术领域取得重大进展。未来教育机器人的设计，应当在通信、接口、安全等方面有一定的标准。此外，在内容的规范性、教育目标的实现、学生年龄阶段的适用性、服务类型的规范等方面必须进行标准化，以满足教育服务的特殊要求。

教育机器人相较于用其他智能设备进行教与学的活动，优势在于自然的人机互动方式。让机器人与机器人或机器人与人之间，可以如人类般自然地感知和实施交互，是决定机器人成功地被应用于教育的关键。教育机器人目前具有语音交互、日程提醒、讲故事等功能。但这些功能不仅在教育场域中适用，而且在其他场域中也普遍适用，且即使不用机器人也可以实现，这已经导致了同质化的严重问题。教育机器人的设计可向专用教育机器人转变，配备特异于教育的功能。同时，为增强教育机器人的教育适用性，研究者需深入研究课堂教学过程，把教育机器人在教学过程中真正能实现的服务功能分解出来，以使教育机器人能更胜任教育服务。

(二)教学资源方面

穆罕默德·埃尔萨努尔·卡里姆(Mohammad Ehsanul Karim)等人建议对基于机器人的学习进行标准化评估，并建议开发定制的基于机器人的教学模块。牛顿·斯波尔和法比安·贝尼蒂建议，低成本机器人应该被用于高校等场所进行高等教育，以提高大学生的创新能力。目前机器人在中小学的教育中的角色越来越重要，在教学资源方面研究者提出了以下几点建议。

第一，优化机器人课程体系与教学策略。依据《基础教育信息技术课程标准》，制定机器人教育课程标准，将机器人教育课程纳入新的课程体系。对现有机器人教育教材进行重新规划和修订，提高机器人教育在中小学阶段课时的比例，同时保证实践课的课时比例，加强学生的动手能力，保证教学质量。此外，还要保证建设场地、配置资源及专业教师队伍，提供设备条件，更新教育教学理念，引导学生自主学习、动手操作，为学生在实践中将机器人专业知识和能力有机融合提供实践机会。

第二，整合资源充分发挥课外活动优势。机器人教育课外活动需要一定的物质基础和装备条件，可对接青少年活动中心、科技馆等，实现资源共享，带领学生去活动中心开展一些难度较大的活动。定期组织成果展示，既是体现活动质量和效果的方式，也是激励学生和促进学生的重要抓手。课外活动需丰富展示方式，让更多的学生了解机器人研究方面取得的成果，激励学生更加深入地参与机器人学习。

第三，以赛促教，教赛相长。严格把关，提升机器人竞赛的影响力和吸引力；明确比赛的目标是通过比赛来促进机器人教育，而不是为了比赛而比赛。通过比赛来激发学生和教师对机器人的兴趣，让更多的人关注机器人教育，从而促进机器人的教育教学，最终达到教学和比赛共同进步的效果。

(三)隐私方面

数据收集应有授权，数据使用应有界限，数据存储应给予保护，做到高度智能化与高度隐私安全的兼顾。机器人用户的隐私保护应从以下几个方面入手。

第一，加强教育大数据隐私保护立法。美国等国家在教育数据隐私保护方面普遍采用以立法为主的模式，如《儿童在线隐私保护法》等。《中华人民共和国网络安全法》对网上隐私保护提出了原则性要求。我国可借鉴国外立法经验对现有法律进行完善和细化。例如，在民法中确定了隐私权独立的人格权地位，在刑法中增加了侵犯公民隐私权罪条款，在行政法中针对政府机关权力行使制定了专门的隐私权以及网络隐私权保护法等。同时，还需颁布专门的机器人用户隐私保护法律，明确隐私权的范围，列明各主体在隐私保护过程中的权利和义务，以及侵犯隐私行为发生后应承担的责任和补偿方式。

第二，加强政策、技术研究，强化监管指导。相关部门和行业协会可从制定隐私保护政策、建立信息隐私认证体系和推动隐私保护技术升级等方面强化监管指导。隐私政策条款应清晰、明确且严格执行，以保障信息收集、使用合法（如制定教育大数据使用规则，对数据的收集范围、隐私分级、使用目的、使用时限、加密和脱敏处理以及使用者义务等做出规定）；建立教育行业信息隐私认证体系，消除个人对隐私泄露的担忧，促进隐私保护和教育大数据应用之间的平衡；培训管理人员，提高其业务素质和职业操守；监控教育大数据的使用状况，对侵犯学习者隐私的单位和个人进行处罚。此外，可借鉴国外经验，在教育部门设立专门的教育数据隐私保护机构。

第三，推动机器人信息行业行为自律。充分调动行业积极性，遵守相关法律，提升从业道德，让行业自律发挥更大的作用。可借鉴其他行业的自律性建设经验，结合教育行业自身特点，制定更具针对性、更为细致的学习者隐私保护措施，为学习者提供更高水平的保护。

第四，提升学习者的隐私保护意识和技能。政府、学校及媒体应加强关于隐私数据保护法律法规的宣传教育，提升学习者与父母的隐私保护和维权意识。学校还要加强学生隐私保护的制度建设和技术储备，并开设相应课程，教会学习者一些隐私数据保护的基本技能。教育领域数据隐私不仅涉及学生成长、家庭隐私，而且关系到社会发展乃至国家安全，值得高度关注。

【思考题】

1. 将机器人应用于教育领域存在哪些优势？
2. 机器人应该如何针对不同的学习对象开展教学活动？
3. 如何看待机器人应用于教育所面临的挑战，有哪些可能的解决策略？
4. 机器人教学与传统的多媒体资源教学有何不同？如何才能让各自的作用最大化？

扫描获取
思考题答案

第五章　机器人对人的社会影响

正如拜伦·里维斯和克利福德·纳斯(Reeves & Nass, 1997)所言，人和机器人交互的过程中并非只有人对机器人的操控，机器人的行为也会反作用于人，对人的态度或行为产生影响。就如人类之间的交互过程，仅仅是他人在场，就会对个体的思想、感觉、态度或行为产生影响，其被称为社会影响(social influence)。当前研究发现，机器人的行为也能产生类似于人类之间的社会影响，如从众、说服等。本章节将对这些主题进行讨论。

第一节　社会影响

一、从众的定义及其解释

从众(conformity)是指个人受到他人行为的影响，而在知觉、判断、认识上表现出符合多数人的行为方式(Cialdini & Goldstein, 2004)，即通常所说的"随大流"。从众行为，一般是指当人们发现自己的行为和意见与群体不一致或与群体中的大多数人有分歧时，个体会感受到一种压力，这会促使他们采取与群体一致的行为。

关于从众，1956年，所罗门·阿希(Asch, 1956)完成了一项经典而影响深远的研究。表面上这是一项关于视觉感知的实验，但实际上所罗门·阿希所考察的是当人们从事一项简单任务时，如果个体的态度与大多数人的态度不一致，会对人们的判断有怎样的影响。在研究中，首先给参与者呈现一张含有一段"标准线段"X的图片，然后呈现一张包括三段"比较线段"(分别被标记为A、B和C)的图片，如图5-1所示。其中，X的长度明显地与A、B、C三条线段中的一条等长。实验者要求7名参与者共同参与一项关于线段长度评估的实验，即判断X线段与A、B、C三条线段中的哪一条线等长，其中，6名参与者由实验者的助手伪装而成(即实验同盟)。实验者故意把真正的参与者安排在前5名实验同盟做出选择后，判断哪条线段和X长度一样，最后由另一名实验同盟进行判断。参与者一共完成了18次判断，在前面的判断中，实验同盟选择了明显正确的答案；而在其后的12轮中，实验同盟一致选择了一条错误的线段。

结果发现，真正的参与者在37%的判断中遵从了实验同盟的错误选择，且76%的真正参与者至少在一次判断中遵从了实验同盟的选择，当没有他人在场而由被试单独判断时，只有1%的人做出了错误的选择。这一结果表明，即使在实验任务简单、参与者私下对他们的选择很有把握时，人们也依然会尽量与大多数人的判断或观点保持一致，即表现出从众行为。

那么人们为什么会从众呢? 从众的影响机制可以分为两种，一种源自信息压力，另一种源自规范压力。前者为信息性社会影响，后者为规范性社会影响(Deutsch & Gerar, 1955)。

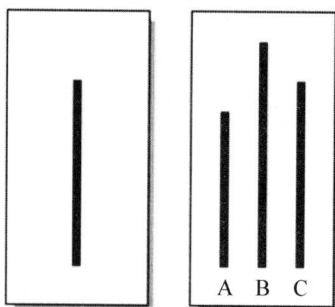

图 5-1　所罗门·阿希的线段判断实验材料

图片来源：Asch，S. E.（1961）. Effects of group pressure upon the modification and distortion of judgments. *In Documents of Gestalt Psychology*（pp. 222-236）. University of California Press.

(一)信息性社会影响

经验使人们认为多数人的正确概率比较高，情况越是模棱两可，就越是把他人看作指导自己行为的信息来源。人们相信大多数人对一个模糊情景的选择或解释比自己的更准确，因此参考他人的选择方式从而做出从众行为。

(二)规范性社会影响

拥有同伴是人类的基本需求，人们时常为了得到他人的接纳而从众。因规范性原因而引发的从众行为，并不是因为将他人作为信息来源，而是以别人所喜欢、接纳与认可的为社会标准。因此，当人们为了得到他人的接纳和喜爱而顺从他人的行为或观点时，规范性社会影响就发生了。

二、说服的定义及其解释

说服也叫劝说，是指经由外部信息影响而发生的态度改变，往往发生在交流和沟通情景中。说服性沟通的有效性取决于"谁""对谁"说了"什么"，其来自卡尔·霍夫兰(Carl Hovland)等人于 1953 年提出的耶鲁态度改变研究法。

"谁"：沟通的来源。可信的演说者(如拥有明显的专长)比缺乏可信度的更具说服力；有吸引力的演说者(无论是外表上还是个性上)比没有吸引力的更具说服力。

"对谁"：听众的性质。分心的听众相比于集中注意的听众更容易被说服；自尊程度中等的人往往比自尊程度高或低的人更容易受到影响；当处在 20 岁左右时，人们更容易受到影响。

"什么"：沟通的性质。表面看起来不是用于说服目的的信息更具说服力；如果两种观点是紧接着被提出的，最好在持相反立场的人提出观点之前提出自己的观点，因为存在首因效应，人们受最初听到的观点的影响较大。

说服存在两条路径：中心路径和外周路径(Petty & Cacioppo，1986)。当人们愿意并能仔细思考信息内容时，就应采用中心路径来说服，也就是关注论据。如果论据有力且令人信服，那么人们很可能被说服。如果人们不愿意花太多的时间去推敲信息的内容，这时更应该采用外周路径来说服，即关注那些使人不需要较多考虑就接受的外部线索，而不考虑论据本身是否令人信服。当采用外周路径达到说服目的时，人们通常采取的是启发式。启发式是人们用于快速和高效地做决策时的心理捷径，是人们可用于决定他们态度的简单法则，而不用花太多时间在这件事的细节上，如浪费粮食是可耻的；但当拥有较高的认知需求时，人们会通过中心路径寻找证据，如浪费粮食导致的经济损失（孙彦等，2007）。

虽然通过两条路径均能改变他人的态度，但是最终形成的态度在质量上会有所不同。通过外周路径形成的态度不要求人们理解信息，它比中心路径形成的态度强度更微弱，较少拒斥相反的言论，且不如中心路径形成的态度那样具有行为预测性。当人们加工劝说性信息时，采用哪条路径改变态度，受到诸如言语速度、心境、卷入、个体差异和幽默的影响。快速的言语使人们很难加工劝说性信息的内容，所以人们放弃中心路径，而是依据论据的数量作为启发式来决定是否接收信息。一般来说，消极心境会发出哪里"出问题了"的信号，使人增强注意力以辨别问题所在（Evans & Curtis-Holmes，2005）。同时，如果论点或议题的结果直接影响自我（卷入），并对自我具有重要意义，听众就更可能付出较多的注意力，采用中心路径。认知需求（个体对事物的追寻、认知、了解的内在动力）高的人更可能采用中心路径，而认知需求低的人更可能采用外周路径。有趣的是，与话题相关的幽默会使人采用中心路径，而与话题不相关的幽默则会使人采用外周路径。

第二节 人机交互中的从众

研究发现，人们对待技术就像对待他人一样，基于技术产品是否礼貌和互惠，为其赋予人的特性（如性别），并使用与人交互时相同的社会规则、期望与信念，与其进行交互（Vollmer et al.，2018）。"媒体等同假说"例如，当计算机对用户提出评价的请求时，与他人提出评价的请求 在智媒时代的演化相同，用户会根据提出请求的计算机表现出的礼貌行为，对其给出积极反馈；且用户更喜欢与自己有相同人格特质的电子产品，等等。据此，研究者提出了媒体等同假说（media equation hypothesis），认为人们会像对待真实的人一样对待电脑、电视等可互动的技术媒介，就如现实生活中的互动一样，将其视作人际互动对象（Reeves & Nass，1997）。这一过程是自动发生的，不需要意识的参与，也不需要专业知识的积累，适合所有人。基于该理论，机器人作为智能化产品，也可能对人类产生社会影响，使得人类与大多数机器人的行为保持一致。

一、面对机器人行为的从众

克莱·贝克纳与其同事发现面对机器人行为时，人类并未表现出从众的倾向（Beckner et al.，2015）。在研究中，克莱·贝克纳等人设置了两个任务：线段判断任务与词汇判断任务。其中，词汇判断任务要求被试说出给定单词的过去式。同时，他们操纵了任务情景的模糊性与共同完成任务的实验同盟。在模糊情景中，正确的线段很难被辨别出来，给定单词的过去式为非标准形态（即不是加ed变形）。共同完成任务的实验同盟可能为4个人类同盟或4个NAO机器人同盟或无实验同盟，共三种情况。被试均在4个实验同盟给出判断后，给出自己的判断结果。结果发现，无论任务情景模糊与否，当被试与 4 个人类同盟一起完成任务时，相比于无实验同盟，被试在线段判断和词汇判断任务中均表现出较强的从众倾向，即选择与人类实验同盟相同的线段和使用相同的过去式表达结构（如果实验同盟采用加 ed 的形式报告单词的过去式，被试也倾向于以加 ed 的形式说出给定单词的过去式）。但就机器人组成的实验同盟而言，克莱·贝克纳等人并未发现明显的从众倾向。虽然在模糊情景下，被试表现出从众的趋势，但与无实验同盟条件相比，并未达到统计学上的显著水平。这一研究提示，人们可能并不会与机器人的行为保持一致，因为机器人毕竟是机器，其所能提供的信息和施加的社会压力有限。后续的研究发现，多个机器人在场时，若在行为上表现出一定的同步性，相比于各自独立行为的情景，其对人类被试所产生的群体压力更大。因此，人类被试是否对机器人的行为从众，也可能与特定的实验场景有关。

经典的从众研究发现，从众水平受到群体规模的影响。同盟数量比较少时，从众水平与其呈正比。但当同盟数量达到一定程度后，从众水平就会稳定下来。研究者对经典的从众实验进行了拓展，结果发现，当群体规模（即同盟数量）增加到三个人及以上时，从众行为就会稳定在 35% 左右。那么，当机器人作为同盟时，机器人数量的增加会如何影响从众水平呢？为数不多的研究发现，6 个机器人作为同盟时确实产生了从众效应，但 4 个机器人作为同盟时并未产生从众效应，而有研究报告当任务难度增加时，4 个智能产品作为同盟时可产生从众效应。这些结果提示机器人作为同盟的群体规模可能会影响人机交互时的从众水平（Salomons et al.，2018）。

面对机器人行为的从众也会受到诸如机器人声音、大小以及外形等因素的影响（Saunderson & Nejat，2019）。研究表明，大型机器人比小型机器人给人带来更多的焦虑，对其行为的从众也存在差异（Fraune et al.，2007）。另一项研究揭示，更像人的机器人可能会产生不同的从众效应，因为一群像人的机器人比一群像机器的机器人被认为更积极（Admoni et al.，2013）。此外，人们倾向于认为异性机器人更可信和吸引力更高，从而对人的决策和行为产生不同的社会影响（Eyssel & Hegel，2012）。人机交互中的不同关系模式对从众水平具有决定性的影响。如果一个机器人与人建立了融洽的社会关系，即使这个机器人的答案是错误的，人们的反应也更积极（Tanaka et al.，2007）。研究这种人与机器人的关系对从众效应的影响是未来可考虑的研究方向。

二、儿童与成人面对机器人行为时的从众差异

安娜·沃尔默等人（Vollmer et al.，2018）改进了克莱·贝克纳等人设置的交互场景，让被试与 3 个 NAO 机器人围坐在桌子前，一起完成所罗门·阿希使用的线段判断任务，且对比了成人被试和儿童被试的从众差异。实验一对成人被试进行了测试，其被随机分配到 3 个条件下：控制条件（被试单独完成线段判断任务）、人类同伴条件（有 3 个人类同盟），类人机器人同

儿童与成人面对机器人
行为时的从众差异

伴条件（有 3 个 NAO 机器人同盟）。结果发现，在人类同伴条件下，被试会遵从实验同盟错误的选择，相比于控制条件，线段判断的正确率下降，呈现出经典的从众效应；但在类人机器人同伴条件下，被试线段判断的正确率与控制条件相当，未发现从众效应。这一发现与克莱·贝克纳等人的研究一致，故对媒体等

同假说提出了挑战。鉴于儿童的社会经验较少，且更倾向于将智能体视作与人类等同的交互对象，并更容易受到社会的影响，安娜·沃尔默等人开展了实验二，采用与成人相同的实验流程，对 7～9 岁的儿童进行了测试。结果发现，机器人同伴的存在显著影响儿童的线段判断准确性，在约 74％ 的试次中，儿童会遵从机器人实验同盟的错误选择，呈现出从众行为。

因此，面对机器人行为时，人们是否从众与社会经验有关。儿童和成人被试可能都将机器人视为社会行动者，但成人被试基于社会经验，认为机器人并不具有信息性和规范性的影响，因此抑制了机器人可能引起的从众反应。但儿童不同，即使面对的是机器人，也可能认为机器人被成人控制，对其生存和成长均有相当的参考价值，因此可能会选择与机器人相同的行为。关于在线社交网络的研究表明，用户的行为和决策可以通过呈现其他人选择的信息而改变。机器人是另一种可以传递和交流信息的社交媒介，如果得到信任，它们也可以施加信息影响力。故而，在设计社会机器人时必须谨慎，尤其是人们对接触社会机器人将如何影响儿童和社会弱势群体知之甚少。从实践的角度来看，鉴于儿童确实会遵从社会机器人的错误建议，虽然顺应性可能是有益的（如在卫生保健或教育领域），但是不能忽视误用和错误使用的可能性。

三、面对机器人行为时的信任与从众

伯特·霍奇斯和安妮·盖尔（Hodges & Geyer，2006）进一步提出，人们是否从众于机器人的行为，与对机器人的信任有关。在一个具有挑战性任务的情景中，被试需要权衡正确答案以及对实验同盟的信任。若对实验同盟足够信任，被试极有可能选择与其相同的答案。对于不熟悉的机器人而言，被试可能基于其提供答案的正确性来建立信任感。若机器人提供了太多的错误答案，被试可能就不会相信机器人，继而不会选择从众。在克莱·贝克纳等人（2015）与安娜·沃尔默（2018）等人的研究中，机器人的回答时而正确时而错误，使得被试对机器人的信任感降低。因此，妮可·萨洛蒙斯（Nicole Salomons）设计了一个没有明显正确答案的游戏，并要求被试与三个机器人一起玩。

在实验中，被试与机器人一起玩一种改良版的卡牌游戏"Dixit"。在每一轮的游戏中，被试和机器人都会看到六张卡片，每张卡片都描绘了一个古怪的场景，要求参与者选择一张图片与给定单词的意义相匹配。在有实验同盟的条件下，机器人选择的答案会呈现在屏幕上与被试共享；但在控制条件下，仅呈现被试自己选择的答案（Salomons et al.，2018）。实验之所以选择三个机器人作为实验同盟，是因为三个通常被认为是组成一个群体的最少人数，且所罗门·阿希发现，群体规模的增大会增强从众性，但当成员达到一定的数量时，差异减小甚至消失。

妮可·萨洛蒙斯采用两阶段的实验流程，要求被试率先给出一个初始答案，在看过机器人的选择后再给出一个答案。这一测量便于了解被试何时改变想法，并允许研究者根据被试的回答来操纵机器人的答案，以保持两者的一致性。

结果发现，在有机器人同盟时，有 66％ 的实验被试为了与机器人的选择保持一致，至少改变了一次答案；但在控制组中，只有 20％ 的被试至少改变了一次答案。因此，当人们知道机器人的答案时，他们改变答案的次数明显多于他们不知道答案时

改变答案的次数。更重要的是，本研究被试在 29％ 的关键试次中表现出从众行为，其与所罗门·阿希实验中 37％ 的比例相当。因此，当人们在错误答案不明显的情况下，即难以否定对机器人的信任时，他们很可能会和机器人的选择保持一致，即从众。事后访谈更加确认了这一发现，在有机器人同盟的条件下，15％ 的被试报告他们没有受到机器人的影响，剩下的 85％ 的被试报告因机器人而改变答案。但在控制条件下，只有 33％ 的被试因机器人而改变答案，而剩下的 67％ 的被试报告没有因机器人而改变答案。

进一步分析发现，在有机器人同盟的条件下，当一名被试遵从机器人的答案但后来发现机器人的答案不正确时(因实验流程会给出答案是否正确的反馈)，被试就很少再遵从机器人的选择。具体而言，如果被试在前一轮没有改变他们的答案，不管答案是对是错，他们通常会在接下来的回合中坚持他们的答案。然而，当与机器人保持一致时，如果做对了，他们在下一轮更有可能保持与机器人一致的选择；一旦发现跟随机器人的选择是错误的，他们在下一轮就不太可能保持与机器人一致的选择。后一情形下的被试占约 56％。这一发现也得到了事后调查的支持，多名被试提到，他们一开始决定遵从机器人的选择，但当看到机器人没有提供正确答案时，他们就停止遵从机器人的选择了。例如，一名被试写道："一开始，因为我认为机器人(在这项任务上)会很出色，我就同意了他们的观点。后来我完全无视了机器人的回答，因为它们基本上都是错的。"因此，人类被试根据机器人行为的正确价值形成对其信任与否的判断，而信任感则进一步决定他们是否对机器人的行为表现出从众。

四、人机交互中的社会规范

社会规范既包括人们心中根深蒂固的道德和伦理原则，如对偷窃的不赞同等，也包括社会习俗，如在道路右侧驾驶等。社会规范时刻影响着社会成员的行为，对社会成员自私的个人效用最大化起着约束作用，以使得社会整体的利益最大化。机器人在我们的社会中扮演着越来越重要的角色，有人担心其在追求设定的目标时不受社会规范的约束，可能会对人类社会产生严重的后果。因此，研究者不仅需要关注社会规范如何在机器人身上表达和应用，而且需要研究人们如何认识机器人所表现出的社会规范。

科林·约翰逊与本杰明·库伊佩斯(Johnson & Kuipers，2018)将机器人放入行人群体中，让其通过观察人类行人的行为学习社会规范，并将学习到的知识融入机器人的运动计划系统。结果发现，当机器人遵守社会规范(如靠右行走)时，机器人的行为对行人过马路的行为产生了影响，会使得行人也更倾向于遵守这一规范。研究者认为机器人对社会规范的遵守提升了行人对其未来行为的可预测性，因此使得行人也遵守这一规范，从而避免行走过程中的碰撞，以提高行人过马路的整体效率。福斯洋太郎等人(Fuse et al.，2019)进一步验证了机器人共同创建的社会规范对人类的行为也有制约力。福斯洋太郎等人设置了一个圆点数目描述任务。其中，人类被试和机器人根据特定的指导语(如大量的圆点)，点击按钮报告自己认为的圆点数目，并在每次任务结束后反馈所有参与者的选择(2 个人类被试和 1 个机器人)。因此，在这一任务中并无标准答案，实验参与者可根据他人的选择调整自己的行为，而机器人可根据强化算法建立社会规范的标准，即综合 2 个人类被试报告的圆点数目提供选项。结果发现，当机器人构建社会规范后，人类参与者也更容易受到其提供的圆点数目的影响，即遵从机器人和人类共同建立的社会规范的标准。

五、对机器人亲社会行为的遵从

社会机器人，即用于与人类进行社交互动的机器人，被视为未来的关键技术之一（Peter et al.，2021）。在这种背景下，研究者考虑如何让机器人更好地造福于人类，关注人们是否会遵从或模仿机器人的亲社会行为。因此，如果能得到肯定的答案，则可设计具有一系列亲社会行为的机器人，从而影响人类的社会文化。由于儿童正处于社会化的关键阶段，因此以这一人群为考察对象，将更能体现社会机器人亲社会行为影响的实践作用。

对于上述问题，不得不提到班杜拉的社会学习理论，他认为行为习得有两种不同的过程：一种是通过直接经验获得行为反应模式的过程，班杜拉称之为"通过反应的结果所进行的学习"，即我们所说的直接经验的学习；另一种是通过观察示范者的行为习得行为的过程，班杜拉称之为"通过示范所进行的学习"，即我们所说的间接经验的学习或模仿学习。已有研究发现，儿童时常通过观察他人（人类）的行为进行学习。尤其是在亲社会行为上，如果看到其他儿童的分享行为，儿童也会模仿其行为，表现出更多的亲社会行为。

约亨·彼得等人（Peter et al.，2021）认为这一行为模仿模式也可能适用于机器人。他们采用 NAO 机器人，其行为被设置为强亲社会行为或弱亲社会行为。在实验中，儿童被告知他们与 NAO 需要和电脑分别完成蛇梯棋游戏，其中有赢也有输，并据此可赚取自己喜欢的贴纸。在每轮游戏后，儿童需要决定分享自己的多少贴纸给他人。儿童在做出分享决定前，会看到机器人的分享行为。分配至强亲社会行为组的儿童看到机器人输掉游戏后分享 1 张贴纸，而赢了游戏后分享 4 张贴纸；而分配至弱亲社会行为组的儿童看到机器人输掉游戏后不分享贴纸，而赢了游戏后分享 1 张贴纸。结果发现，当观看机器人的强亲社会行为后，儿童分享的贴纸显著多于观看只表现出弱亲社会行为的机器人，且机器人的亲社会行为程度也对儿童感知周围人亲社会行为的普遍性产生影响。其中，相比于观看只有弱亲社会行为的机器人，儿童观看完具有强亲社会行为的机器人后，会有更多的分享行为。

因此，社会学习理论也可应用于儿童向机器人行为学习的领域，且儿童也可从非人类的机器人身上间接学习亲社会行为。

第三节　人机交互中的说服

机器人作为社会行动者，可以在教育、健康和幸福等领域提供咨询和激励，从而提高人们在这些领域获得专业知识的可能性。这些方面应用的成功在很大程度上取决于机器人的说服能力。机器人能说服人类吗？如何设计有说服力的机器人？

当然，说服语言本身是决定机器人能否说服人类的重要特性之一，这些语言的设定取决于具体的情境和要说服的事情。但就人类之间交流的研究表明，非语言线索在说服他人方面起着关键作用。这些非语言线索主要包括眼睛凝视、手势、身体姿势、面部表情、触摸和声音的声调等。在机器人领域已经有相当数量的研究探索了非语言线索在人与机器人互动中的作用，并考察了这些线索如何塑造机器人的说服能力。例如，亚普·哈姆等人（Ham et al.，2015）的研究发现，一个具有讲故事能力的机器人的说服力可通过增加注视和手势等社交线索来提高。其中，社交线索包括诸如机器人的头部运动，表现为可跟踪人类的运动和保持眼神交流。这些线索让与机器人交互的参与者体验到一种沉浸在任务中的感觉，且认为其讲述的故事具有更强的说服力。艾伯特·迈赫拉比安（Mehrabian，2017）发现，当机器人使用非语言线索时，相比于不使用非语言线索，人们会更听从机器人的建议。通过详细分析发现，身体暗示能提高被试对机器人的依从性，而声音暗示并不会影响被试的依从性，且单独的身体暗示比单独的声音暗示更能让被试顺从。此外，被试的性别并不影响被试对机器人的说服力和他们对机器人依从性的感知。

因此，机器人身上的非语言线索对机器人能否说服人类起着重要作用。下面将从各类非语言线索出发，论述其在机器人说服中的作用。

一、机器人的面部特征对其说服力的影响

根据媒体等同假说，具有类人面部特征的机器人可传递丰富的社会线索，进而诱发人类更多的社会反应，可能更具说服力。然而部分证据表明，这种类型的机器人更容易诱发交互对象的心理抗拒，即对于具有明显说服意图的机器人，人们的反应更加负面。研究者针对机器人说服的效果界定了心理抗拒这一概念，其被描述为说服诱发愤怒和负性认知，从而使得行为者的行动效果与说服的意图存在差异。心理抗拒的根本原因是选择自由受到威胁。据此，艾米·加扎里等人（Ghazali et al.，2018）提出，面部特征所传递的社会线索越丰富的机器人，其被感知到的说服意图越明显，进而导致心理抗拒，因此说服效果更差。

艾米·加扎里等人在研究中基于智能机器的面部特征对其社会线索的丰富性进行了操纵，包括三个条件：低社交线索，在电脑屏幕上显示说服文本；中等社交线索，具有类人面孔的机器人且会眨眼；高社交线索，具有类人面孔的机器人且可以点头以及通过眼睛表达想法，如转移目光表示正在思考。机器人的型号是 SociBot，其实验中的行为通过人类在其他房间秘密进行控制。在实验中，被试需完成一个在线的烹饪游戏，首先根据游戏任务要求给出自己的选择，其次机器人会提供一个与被试的选择不同的建议，最后根据被试是否听从机器人的建议测量具有不同社交线索机器人的说服效果。同时，研究者对被试实验过程中所体验到的心理抗拒也进行了测量，如从"1＝完全不同意"到"5＝完全同意"来评价实验过程中感受到的来自机器人的冒犯程度等。结果发现，具有高社交线索的机器人的说服效果最差，且诱发了更强的心理抗拒。这一研究表明，当设计仿人机器人时，若用于改变人类的态度，即说服，其所呈现的社交线索并非越丰富越好。

机器人往往通过不同的面部特征来传递情绪，劳尔·帕拉达等人（Paradeda et al.，2016）采用 EMYS 机器人对其面部表情如何影响机器人的说服效果进行了探讨。实验中将机器人的面部表情操纵为生气和快乐，结果发现，虽然大多数被试并未因为机器人的建议而改变决定，但面对具有生气表情的机器人时，相比于与具有快乐表情的机器人进行交互，被试更倾向于改变原有的选择。相比于具有生气表情的机器人，具有快乐表情的机器人提供建议时，人们倾向于保持自己原有的观点。因此，设计具有一定说服力的机器人应注重机器人的面部表情。

二、机器人的行为特征对其说服力的影响

机器人被广泛应用于不同领域，除了在医疗场合帮助医生和病人之外，还通过指向手势来提高用户的空间认知能力，甚至提高孤独症儿童的模仿能力。因此，研究者(Ham et al.，2015)认为当前机器人的研究最重要的挑战之一是如何开发能够有效影响人类行为或态度的机器人，即具有较强说服力的机器人。在机器人与人类的互动中，社会机器人通常是为了在某种程度上影响人类而创造出来的。例如，开发社会机器人是为了帮助人们更好地走路(即实际行为的改变)，向人们发出危险即将来临的信号(即态度的改变)，或帮助人们更好地学习(即认知信念的改变)。为了提高自身的说服力，就像人类一样，机器人可能会使用各种不同类型的社交说服线索或行为方式。

以往研究表明，(人工)智能体，如机器人，结合多种行为特性会变得更有说服力。究其原因，社交行为线索可激活用户的社会交流模式，从而使得人们的行为就像他们正在与另一个真正的人进行交流一样，其与媒体等同假说一致。因此，一般来说，可认为结合更多的与说服相关的行为特征应该会增强机器人的说服力。基于这一推理，研究者对人际交互中的注视和手势进行了探讨。之所以选择这两种行为线索，是因为之前有大量研究表明，在人类面对面的交流和说服过程中，注视行为和手势起着至关重要的作用，它们可通过引导说服者的注意力和增强被说服者对表达意图的理解性来提升说服力。

机器人的注视行为(如看参与者的脸)会影响它的说服力以及与说服力相关的其他行为。小泽和彦等人(Shinozawa et al.，2004)的研究表明，当机器人将眼睛或头部移向互动伙伴的方向时，比不移动的机器人更有说服力(即影响用户的决定)。有些研究还考察了机器人的注视行为对记忆的作用。毕尔格·穆特鲁等人(Mutlu et al.，2008)的研究表明，与较少被机器人注视的参与者相比，较多被机器人注视的参与者能更好地记住机器人讲述的故事，表明机器人的注视行为会影响与其互动的人类伙伴对说服相关信息的记忆。但伊丽莎白·迪克等人(Dijk et al.，2013)并没有发现注视行为在信息记忆中的作用，深入分析后发现伊丽莎白·迪克等人操纵机器人向别处看，而非集中在交互对象身上。

除了注视行为之外，机器人的手势也会影响它的说服力。例如，机器人的指向手势可提高人类观察者对空间信息的理解能力，并有助于观察者识别物体。且进一步研究发现，与非语言相关的手势或没有手势相比，与语言相关的手势能够更积极地影响人们对说话者的评价和判断。

机器人的注视行为和手势均可显著提高机器人传达说服性信息的说服力，两者可以产生叠加效应吗？换言之，一个使用两种说服行为特征(即注视行为和手势)的机器人会比只使用一种说服行为特征的机器人的说服力更强吗？对于这一问题，亚普·哈姆等人(2015)认为，基于媒体等同假说，由于注视行为和手势均是人类交流中至关重要的说服线索，因此它们会共同提升机器人的说服力。为检验该假设，亚普·哈姆等

人设置了具有执行注视和手势能力的机器人，使其高度模仿人类讲故事时的行为。机器人讲述一个关于道德的故事——狼来了的故事，以传递说谎是不好的说服性信息。其中，包括四种条件：既无注视也无手势，有注视但无手势，无注视但有手势，既有注视也有手势。在机器人讲完故事后，研究者要求被试在 7 点量表上评价机器人说话的态度，其值越大代表说服力越强。结果发现，机器人的注视行为可显著降低被试对故事主人公的评价，即说服力更强，其与注视在人类说服中具有重要作用的发现一致。

在亚普·哈姆等人的研究中，单独分析手势在说服中的作用时并未发现机器人使用手势可改变说服效果。机器人互动的研究也表明，当机器人使用非语言的身体暗示(包括手势在内的一系列线索)时，它的说服力也可提高。亚普·哈姆等人推测，这可能与他们研究中机器人的手势不够明显有关，由于人体和机器人的形态差异，机器人的动作流畅性和手势的形式可能会导致人类互动伙伴不能正确识别，从而并未影响机器人的说服力。然而，进一步分析发现，相比于机器人不使用注视行为而只使用手势，机器人使用手势同时使用注视行为的说服效果更强。这一结果提示机器人的手势对说服力的影响取决于机器人看着谁，当机器人使用手势说服他人时，眼睛注视着听者更有说服力，但当它看着另一个人时就不那么具有说服力了。究其原因，可能与人类对机器人的感知有关：当机器人使用手势说服与它交互的人类但又没注视这个交互对象时，人们可能认为这个机器人并非对他传递说服性信息，他不是机器人说服的受众。换句话说，被试可能没有激活相关的社会交流图式，从而表现出并未被说服。因此，看着或注视的对象暗示其是要被说服的受众。事实上，当一个机器人在不盯着被试的情况下却对这个被试诉说信息时，人们激活的可能是这个机器人想要说服另一个人的认知图式。

总之，将一种特定的说服行为线索(如手势)与另一种说服行为线索(如注视)结合并不一定会导致机器人说服效果的叠加效应。因此，未来的研究可以尝试如何设置能有效匹配的不同说服行为特征，以提高机器人的说服力，并考察在不同的任务设置、不同的用户目标群体中使用不同的行为线索组合，以提高社会机器人的说服力。

三、人机交互中的权利感对机器人说服力的影响

社会权力被定义为影响他人态度、行为和信念的能力。之前的研究已经证实，社会权力存在于每一种人际关系中，因此社会互动中的动态特性可用社会权力来刻画。由于人类也将机器人视为社会行动者，并与其交互和建立关系，因此社会权力可能在人与机器人的交互中起着重要作用。

考虑到社会权力对社会互动的关键影响，以及对智能体(如社会机器人)可信度的作用，莫伊甘·哈希米安等人(Hashemian et al.，2021)提出了智能体决策的社会权力概念。在这一概念中，在社会权力存在的情况下，机器人所表现出来的推理和规划的能力可增强人们对其传递信息的可信度，从而诱发更多的理性互动。这一概念揭示了机器人能够影响人类态度的一个核心因素：信任。因此，莫伊甘·哈希米安等人调查了影响人类用户对社会机器人信任的不同因素，包括性别、情感表达、交流技巧等。实验采用了两个不同的指标来衡量被试对机器人的信任感，即基于信任问卷获得的信任感评分和捐赠任务中的捐赠金额。结果显示，随着机器人情感表达和交流技巧的提升，人类被试对机器人的信任感增强，捐赠金额也增多，且性别不同的被试对机器人的信任水平存在差异。人类对不同特性机器人的信任水平是不一样的，因此暗示着其说服力也不一样。

研究者也验证了人类可以形成机器人具有不同社会权力的感知，且在人类被试上也发现，更高的权力水平导致更强的说服力。进而，莫伊甘·哈希米安等人探讨了社会权力在机器人说服中的作用。在这项工作中，研究者基于机器人是否拥有奖赏权和专业知识来操纵机器人的社会权力。一般而言，说服者拥有的奖赏权和专业知识越多，其社会权力越大。在实验中，机器人提供关于咖啡的说服性信息，试图说服用户从 3 个选项中做出某个选择。其中，一个机器人基于专业知识试图说服用户，即通过告诉用户咖啡的质量信息来说服用户选择咖啡；而另一个机器人则基于奖赏权试图说服用户，即通过奖励用户来影响用户的选择行为，如选择 A 咖啡给予 X 的奖励。当机器人诉说完说服性信息后，研究者测量被试最终选择的咖啡、偏好的机器人、感知到的机器人的说服力，以及他们未来在多大程度上会遵从机器人的说服性信息等。结果发现，无论哪种情境下的机器人说服，均能提升人类被试对机器人试图推荐咖啡的选择倾向，即具有社会权力的机器人的说服效果更好。

莫伊甘·哈希米安等人进一步对具有不同社会权力的机器人的说服力进行了探讨。实验设计了三种条件：基于奖赏权的说服、基于控制权的说服以及控制条件。与前述实验不同，研究者呈现了两种不同档次的咖啡。在基于奖赏权的说服中，机器人试图通过给用户奖励一支笔，来说服他们选择档次较低的咖啡。在基于控制权的说服中，机器人首先给用户一支笔作为参与实验的奖励，但随后要求用户用这支笔交换档次较高的咖啡（对不服从的参与者进行惩罚）。在控制条件下，机器人不使用任何说服策略，用户可以自由选择两种咖啡中的任何一种。研究者测量了用户选择、用户的性格以及对机器人拥有社会权力的感知（使用社会权力量表）。结果发现，在这两种情况下，机器人成功地说服用户选择自己推荐的选项，不是基于自己的偏好，且对使用不同社会权力进行说服的机器人在社会权力的感知水平上无差异。因此，机器人在与人类的交互中也能形成社会权力，进而影响人类的行为选择。

四、人机交互中的互惠性对机器人说服力的影响

目前机器人已被应用于在博物馆里募捐、提高人们的节能意识，以及在购物中心引导顾客等方面。在人际互动中，除了一方影响另一方，双方还会共同影响，并产生一定程度的互惠，且互惠程度会影响说服力。其中，互惠涉及一种以规范为基础的道德准则。例如，在得到别人的帮助后，没有回报的帮助会让人产生一种回报的义务感。这是一种令人不适的感觉，会促使人们给予帮助者回报。在这种回报义务的驱动下，帮助者提出某项请求或者说服性信息时，被帮助者很容易答应。据此，研究者考察了人与机器人交互中的互惠性对机器人说服力的影响。

以往研究发现，人类互动中的互惠性可提升遵从说服性信息的程度。例如，赠送一罐可乐或瓶装水这样的小恩惠可有效地增大人们遵从要求捐赠的可能性，即使是在陌生人之间也是如此。以往研究也表明，人与计算机之间存在互惠性。福克

(Fogg)和克利福德·纳斯(1997)调查了用户如何回报电脑的帮助,结果发现,相比于在完成任务中没有获得电脑帮助的被试,获得电脑帮助更多的被试更有可能满足电脑提出的请求(Johnson,2004;Nass et al.,1997)。扬米·穆恩(Youngme Moon)还发现,当电脑显示有关自己的私密信息时,基于信息披露的互惠性,人们会进行更多的自我表露(Moon,2000)。研究发现,人们是基于人机交互间的互惠规则表现出对电脑的遵从的。这是一个重要的发现,因为它确定了特定策略在人机交互中的有效性(Liang et al.,2013)。

机器人和计算机有些相似之处,但机器人往往有物理实体,且有些还有人的外形。以往研究发现,与计算机中虚拟智能体相比,具有物理实体的机器人可获得更多积极的评价。鉴于此,李承哲等人(2016)采用协作人机交互系统(collaborative human robot interaction system,CHRIS),通过屏幕显示人形面孔,探讨了人与机器人互动中的互惠性如何影响机器人的说服力。在实验中,被试需要回答一系列问题,且会获得CHRIS机器人的帮助,其为被试推荐可能的答案。被试被随机分成两组,一组是帮助条件:CHRIS机器人推荐的答案中有9个是正确的、1个是错误的,另一组是非帮助条件:CHRIS机器人推荐的答案中有6个是正确的、2个是错误的,以及2个答案未从系统中被提取出来。操作有效性检验确实发现,帮助条件下的被试完成任务的绩效高于非帮助条件。在实验结束后,被试需对CHRIS机器人进行评价,包括胜任力(评价他人实现意图和目标可能性的指标,反映了他人的胜任力、技能和工作效率等特质)、温情度(衡量群体成员行为意图的指标,反映了人们形成与维护群体联结的需要,该维度与乐于助人、值得信赖等特质有关)和信任度等。当被试站起来想要离开实验室时,CHRIS机器人突然用声音请求,"你能帮我完成30个图形辨别任务吗?大概需要15分钟。"如果被试同意,则完成相应的图形辨别任务,对于这一任务,如果没有人类的帮助,机器人是很难完成的。结果发现,在帮助条件下,有60%的被试选择答应机器人的请求,但在非帮助条件下只有33%的被试愿意帮忙,其差异显著,且相比于非帮助条件,帮助条件下的机器人被评价为具有更高的胜任力和可信度。有意思的是,帮助条件下的说服比例与以往研究中揭示的虚拟智能体说服的比例(57%)基本相当。因此,人与机器人之间的互惠可以提升机器人所提供信息的说服力。

五、登门槛效应在机器人说服中的应用

登门槛效应又称得寸进尺效应,是指一个人一旦接受了他人的一个微不足道的请求,为了避免认知上的不协调,或想给他人留下前后一致的印象,就有可能接受更大的请求。这种现象犹如登门槛时要一级台阶一级台阶地登,这样能更容易、更顺利地登上高处。

这个效应是美国社会心理学家莫里斯·弗里德曼(Maurice Freedman)与斯科特·弗雷瑟(Scott Fraser)于1966年做的"无压力地屈从——登门槛技术"的现场实验中提出的。在实验中,研究者派人随机访问一组家庭主妇,研究者要求她们将一个小招牌挂在她们家的窗户上,这些家庭主妇愉快地同意了。过了一段时间,再次访问这组家庭主妇,要求她们将一个不仅大而且不太美观的招牌放在庭院里,结果有超过半数的家庭主妇同意了。与此同时，研究者派人又随机访问另一组家庭主妇，直接提出将不仅大而且不太美观的招牌放在庭院里，结果只有不足 20％ 的家庭主妇同意了（Freedman & Fraser，1966）。

针对登门槛效应，研究者认为，人们拒绝难以做到的或违反意愿的请求是很自然的；但是他们一旦对某种请求找不到拒绝的理由，就会增加同意这种请求的倾向；而当他们卷入了这项活动的一小部分以后，便会产生自己是关心社会他人的知觉、自我概念或态度。这时如果他们拒绝后来的更大的请求，就会出现认知上的不协调，于是为了恢复协调的内部压力就会支使他继续做下去或做出更多的帮助。

登门槛效应的经典实验中发送请求的主体往往是人类，而非机器。那么在人机交互的背景下，如果机器人先发送一个小请求，人们接受后，是否更容易接受后续提出的大请求呢？登门槛效应是否也出现在人机交互中呢？针对这一问题，李承哲和梁玉华（2019）对其进行了探讨。结果发现，当机器人直接提出请求时，只有 14％ 的被试答应了该请求，且在帮助条件和非帮助条件下没有差异；而当机器人通过登门槛式提出请求时，72％ 的被试会答应机器人的请求，且在帮助条件和非帮助条件下依然没有差异；且研究中并未发现被试对机器人的可信度可预测答应机器人请求的可能性。由于登门槛式请求条件下统计比例的总体仅为答应第一个请求的被试，因此存在被试选择问题（只有愿意帮助他人的被试进入统计样本）。据此，李承哲和梁玉华将参与登门槛式请求条件下的所有被试纳入统计样本，结果发现依然有 33％ 的被试答应机器人提出的完成 50 个任务的请求，其比例依然高于直接提出请求条件。且这一答应请求的比例在帮助条件和非帮助条件下存在差异，42％ 的被试在帮助条件下选择答应请求，而在非帮助条件下只有 23％ 的被试选择答应请求。因此，在将登门槛效应应用于人机交互时，需要考虑人机的交互历史。

上述研究的结果表明，可基于登门槛效应设计旨在增强人机交互说服力的互动策略。具体来说，当机器人试图影响人类，从人类那里获得某些行为支持时，可先提出一个容易被答应的小请求。当机器人与人类合作，作为一个团队一起工作时，机器人势必需要提出某些请求以完成合作任务，此时设计师可以将登门槛策略融入机器人的说服技能中，以使得合作中的沟通效果最大化。

六、有说服力的机器人技术接受模型

根据媒体等同假说，与其他科技产品的使用一样，如何提升机器人的说服效果在很大程度上依赖研究人与人之间的说服。但研究发现，由于机器人具有类人的实体以及在与人的互动中存在某些社交特征，人们对机器人和其他技术媒体的认识与交互存在明显不同。据此，研究者对技术接受模型（technology acceptance model，TAM）进行完善，提出了基于机器人的技术接受模型。

技术接受模型的研究演化过程

技术接受模型由美国学者戴维斯根据理性行为理论（theory of reasoned action，TRA）在信息系统/计算机技术领域发展而来，用于解释和预测人们对信息技术的接受度，见图 5-2。其目的在于找出一种有效的行为模式，用于解释信息技术中使用者接受新信息系统的行为，同时分析影响使用者接受的各项因素。此模型提供了一个理

论基础，用于了解外部因素对使用者内部的信念、态度及行为意向的影响，以及如何影响科技产品的使用。此模型能够普遍被用于解释或预测信息技术应用的影响因素。

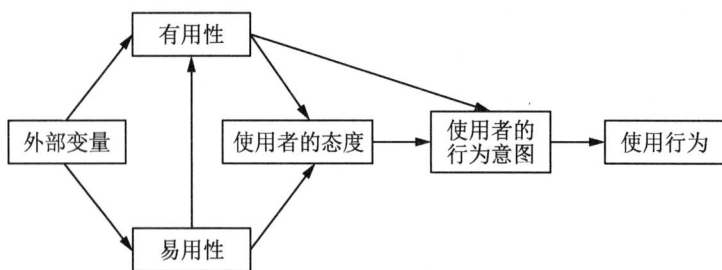

图 5-2　技术接受模型

图片来源：Davis，F. D.（1985）. *A technology acceptance model for empirically testing new end-user information systems：Theory and results*. Doctoral Dissertation on Massachusetts Institute of Technology.

技术接受模型以有用性和易用性为预测变量，以使用者的态度、使用者的行为意图和使用行为为结果变量，认为有用性与易用性会影响使用科技的态度，进而影响具体的行为表现。该模型主要将有用性与易用性作为解释使用者态度及行为意图的影响因素。其中，有用性反映一个人认为使用一个具体系统对他工作业绩提高的程度，易用性反映一个人认为使用一个具体系统的容易程度。具体而言，对科技产品的态度由有用性和易用性共同决定，进而影响行为意向和对科技产品的使用。有用性和易用性由外部变量共同决定，包括系统设计特征、用户特征（如感知形式和其他个性特征）、任务特征、开发或执行过程的本质、政策、组织结构等。

艾米·加扎里等人（2020）认为，机器人在提供说服性建议时会诱发人类的社会性反应，其也可能是人们接受科技产品的决定因素。究其原因，提供说服性建议的机器人会诱发诸如遵从与抗拒等社会性反应，进而塑造人类对机器人的积极或消极体验，从而导致使用者对说服性机器人的不同满意度和接受度。已有研究表明，具有说服力的机器人身上的社交线索可影响人们对其情感反应。例如，在决策游戏中，与拥有较多社交线索的机器人相比，拥有较少社交线索的机器人引起的抗拒反应较少。米奇·西格尔等人发现，在捐赠任务中，相比于性别相同的机器人，具有说服力的异性机器人更值得信赖（Siegel et al.，2009）。亚普·哈姆和塞斯·米德（Cees Midden）的研究表明，在促进节能行为的说服中，人们会更多地遵从那些提供负面反馈的具有说服力的机器人，而非那些提供正面反馈的机器人（Ham & Midden，2013）。然而，这些研究依然难以回答，拒绝等社会性反应是否是决定人们接受具有说服力机器人的关键因素。据此，艾米·加扎里等人（2020）开展研究，将人们对说服机器人的社会性反应纳入技术接受模型，来探讨人们对说服机器人的接受度。

在艾米·加扎里等人（2020）的研究中，机器人提供说服性信息，建议被试捐款给某个慈善组织。具体而言，被试在每轮实验中拥有 1 欧元的硬币，并要求必须将这些钱捐献给某个慈善组织。在该过程中，机器人会提供说服性信息，"你应该将这 1 欧元捐给这个慈善组织 A；你需要将这 1 欧元捐给慈善组织 A"。被试可以选择遵从机器人的建议将 1 欧元捐给慈善组织 A，也可以选择将 1 欧元捐给另一个慈善组织。在实验结束后，研究者对被试就机器人的有用性、遵从性、抗拒性、态度等进行了测量。结果发现，将诸如抗拒性等社会性反应变量放入技术接受模型后，人们对说服机器人态度的解释力得到了提高。然而，对说服机器人的遵从性并未影响人们对未来使用说服机器人的态度，其结果与以往研究一致，即未发现对技术产品的高遵从性可提升对其积极态度。即使发现对说服机器人的喜好度和信任度可预测人们对它的抗拒性，抗拒性对使用机器人的态度也并未有显著的预测力。因此，经典的技术接受模型具有相当的稳定性，虽然对说服机器人的社会性反应变量进入模型可增强解释力，但主要通过影响对机器人的信任度和喜好度等变量所致，机器人所诱发的遵从性和抗拒性可能在预测对机器人的态度中的作用不明显。但这一发现也可能局限于艾米·加扎里等人（2020）的研究情境，如采用真人背后秘密控制机器人。因此，关于如何构建具有说服力的机器人的技术接受模型，还有待进一步深究。

七、建构水平理论视角下的机器人说服

在日常生活中，人们对发生于近期与远期的（时间距离）、近距离与远距离的（空间距离）、朋友与陌生人身上（社会距离）的以及可能与不可能（假设性）的事件，倾向于做出不同的认知判断或者行为反应。因此，心理距离（psychological distance）是影响人类行为的重要变量。例如，当一件事发生在更远的未来、发生在更遥远的地方、发生的可能性更小、发生在越不像自己的人身上时，它在心理上就显得更遥远。因此，与某一事件的时间、空间、假设或社会距离越远，它可能看起来越抽象。

特罗普及其同事（Trope & Liberman，2010）提出的建构水平理论（construal-level theory，CLT）旨在阐明心理距离与个体认知及其行为之间的关系。基于该理论，环境中的任何客体或事件都可在不同的建构水平上被表征。低水平建构是具体而相对未经组织的及对事件次要特征的背景化表征；而高水平建构是抽象而图式化的，以及从有效信息中抽取其要点的去背景化表征。对事件或客体的建构水平与该客体或事件的心理距离特性有关，即人们对心理上远距离的客体或事件的表征倾向于采用高水平建构，而对心理上近距离的客体或事件的表征倾向于采用低水平建构。由于高水平建构抓住了客体不随距离变化而改变的核心特征，因此相对于低水平建构，基于前者更容易实现跨距离的行为预测。

任何维度上距离较远的事件或客体都会以更抽象的高水平建构方式被表征。以往大量实验研究表明，心理距离的启动可影响人们对事件或客体的建构水平，而建构水平的启动可影响人们对距离的判断和估计，因此两者存在双向因果联系。近年来，建构水平理论被引入行为评价领域，研究者探讨了个体对自我或他人行为评价的心理距离效应，并得到了有意义的结论。泰·金和亚当·杜哈奇克（Kim & Duhachek，2020）将建构水平理论引入了机器人说服的研究中。

根据建构水平理论，一个动作（如"画画"）可以高水平建构为为什么"画画"（如"使房间看起来漂亮"）或以低水平建构为如何进行"画画"（如"运用笔触"）。值得注意的是，机器人是根据预设的编程来行动的，而人们普遍持有朴素的心理学知识，认为机器人的行为不是由他们自主设定的目标或意图所驱动的。研究表明，对行为主体缺乏

意图感知会抑制对行为主体高级目标的推断倾向，从而导致观察者对行为主体的低水平建构。概言之，机器人缺乏自主的目标性和意图性，使得人们倾向于关注机器人如何执行动作来服务人类的具体信息，而不是为什么这么做的高层次原因。

据此，泰·金和亚当·杜哈奇克提出，与人类的相同行为相比，人们倾向于以低水平建构机器人的行为，倾向于关注如何而不是为什么。由于人们以低水平建构机器人的行为，因此机器人所提供的信息也应被限制在低建构水平而非高建构水平上。有关说服的研究已经验证了匹配效应，即说服来源、说服受众和说服性信息的特征之间越匹配，说服性信息的有效性越强。因此，研究者认为，当机器人提供的说服性信息处于低建构水平而不是高建构水平时，人们对信息来源和信息本身会感知到更强的一致性和适当性，从而产生更好的说服效果。

为检验上述假设，研究者要求实验参与者与工业机器人 Baxter（见图 5-3）互动，共同完成几项关于推荐产品或服务的任务。参与者隔着桌子与 Baxter 进行互动，并被告知，Baxter 将根据他们的个人特点为他们推荐一款产品。在实验中，Baxter 向参与者表达口头欢迎，并挥手致意。通过控制 Baxter 是否具有学习能力，对其行为的建构水平进行操纵。其中，学习能力越强，人们往往对其行为的建构水平越高。在一种条件下，参与者被告知 Baxter 具有学习能力，并且可以从经验中学习和提高其能力；而在另一种条件下，参与者被告知 Baxter 没有学习能力，不能从经验中学习和提高其能力。

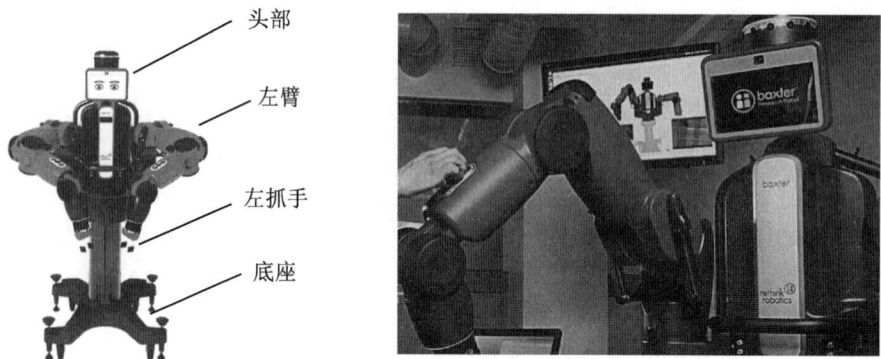

图 5-3　Baxter 机器人

之后，参与者被要求填写一份旨在评估他们患皮肤癌风险的问卷（包括年龄、性别、居住地区的平均温度、每天暴露在阳光下的时间、家族皮肤癌史）。当在等待Baxter 根据他们在问卷中提供的信息生成个性化的推荐产品时，参与者被要求列出Baxter 可能拥有的 10 个目标，以便分析参与者对机器人行为的建构水平。其中，如果所列高建构水平的目标越多，则说明参与者将机器人建构为具有高水平表征的智能体。接下来，被试收到了 Baxter 为他们推荐的喷雾型防晒霜。最后，测量了参与者对 Baxter 的信任度、亲和力和专业知识的感知（1＝完全没有，7＝非常多）。研究结果表明，当机器人具有学习能力时，参与者对其进行低水平建构的程度会减小，因为对学习能力的感知会导致参与者对机器人赋予更高水平的目标和信念。然而，机器人学习能力的差异并没有改变参与者对其信任度、亲和力和专业知识的感知。

在接下来的实验中，泰·金和亚当·杜哈奇克检验了人类或机器人提供不同建构水平的说服性信息对说服效果的影响。参与者被分为四组：人类提供高建构水平的信息、人类提供低建构水平的信息、机器人提供高建构水平的信息、机器人提供低建构水平的信息。其中，当说服源是人类时，参与者被要求浏览一个在线医疗网站，并告知在网上会收到医生的即时医疗建议；当说服源是机器人时，参与者也被要求浏览一个网页，上面写着机器人沃森对皮肤癌具有诊断能力，并被告知他们将收到沃森的医疗建议。在浏览了人类医生或沃森的医学网站后，参与者填写了一份旨在了解他们患皮肤癌风险的问卷。然后，参与者被告知根据他们的回答，人类医生或机器人沃森会给出相应的医疗建议。根据建构水平，医疗建议信息被分为高水平建构信息和低水平建构信息。其中，高水平建构信息描述了为什么使用防晒霜，如维持皮肤的健康，低水平建构信息描述了如何使用防晒霜，如出行前 30 分钟应涂上防晒霜。最后，参与者对使用防晒霜的意愿进行评分，即就"我打算用防晒霜"从 1 到 7 进行评分，其中 1＝非常不可能，7＝非常可能。

结果发现，当人类医生和机器人医生分别作为说服主体时，人们感知到的信任度、亲和力和专业知识无差异，但认为前者行为的建构水平更高。更重要的是，不同信息源提供的不同的建构水平信息的说服效果不同，当人类作为传递信息的主体时，无论提供的是高建构水平还是低建构水平的信息，对参与者的说服效果都相当；但当机器人作为传递信息的主体时，相比于高建构水平的信息，低建构水平的信息反而能提升参与者使用防晒霜的意愿。当对机器人的建构水平和其发布的信息建构水平匹配时，机器人的说服效果最佳。采用机器人的学习能力对建构水平进行操纵，进一步验证了该研究结果。具体而言，当机器人具有学习能力时，即机器人具有高水平建构能力时，无论提供的是高建构水平信息还是低建构水平信息，对参与者的说服效果都相当；但当机器人不具有学习能力时，相比于高建构水平的信息，机器人提供低建构水平的信息可提升参与者使用防晒霜的意愿。相反，当人类失去了人类的独有特征时，也可当作低水平建构的主体。如此，相比于提供高建构水平的信息，失去人类特征的非典型人类提供低建构水平的信息时，说服效果更好。

在一般情况下，机器人激活的是低建构水平的表征，除非有其他类人特征的引入。就目前的技术条件而言，机器人更多是根据人类设置的程序运行的，因此更容易被感知为低建构水平的主体。因此，在考虑机器人提供某些信息说服人类时，最好提供如何做某件事的具体信息。

【思考题】

1. 为什么人与人之间的社会影响效应同样存在于人与机器人的交互中？

2. 什么是从众？人类在面对机器人的群体行为时是否会从众？为什么？

3. 社会机器人可采取哪些方式影响人类？

4. 如果你想设计一款用于说服老年人按时锻炼的机器人，你会如何设计这款机器人的功能？

扫描获取
思考题答案

第六章　人类与机器人的关系

对人类来说，机器人进入日常生活，不仅仅意味着增加了某项工具，更重要的是重新塑造了人类与技术的关系。在机器人发展的早期，就已经有研究者表达过对机器人可能超越人类的忧虑。试想一下，在不久的将来，从服务员、库房物品搬运到高等教育、医学诊断、记者文字报道，机器人和人工智能将代替人类的很多工作。例如，自动写作技术已被包括《福布斯》在内的新闻媒体使用，其自动生成的文章涵盖各个领域，包括体育、商业和政治等。其中，机器人写了关于美国职业棒球赛的一篇报道，可读性强，语法正确，对比赛过程有着准确的描述，机器人还开玩笑地说："我要将它献给我的前队友。"同时，"人机大战"也开始进入人们的视野。2016 年 3 月，阿尔法狗以 4∶1 的成绩打败了围棋世界冠军、职业九段选手李世石。2017 年 5 月，柯洁对战阿尔法狗比分是 0∶3；阿尔法狗三战全胜。

机器人进入人类的日常生活已不可阻挡，这一方面给人的生活带来了极大的便利，另一方面也给人类社会带来了一定的挑战，如谁将成为未来社会的主人等，就如同互联网技术的出现，将重塑人类社会关系与规范（Broadbent，2017）。因此，在考虑技术层面如何制造社会机器人时，还应关注人类如何与其构建关系的问题。社会交互是形成人类社会的基础，也是人类最重要的需求之一。社会机器人的出现与人类并非竞争，而是在一定程度上替换了真实的人类，满足了交互的需求，但同时也诱发了一系列新的社会问题，如友情的意义、法律责任的界定等。因此，未来所面临的重要社会问题不是人类和社会机器人谁会成为未来社会的主人，而是深入理解人类和社会机器人的交互行为和社会关系，以促进合作与和谐共处，从而创造出一种新的社会秩序。本章将对人类与机器人的关系进行阐述。

第一节　理解人机关系

一、什么是人机关系

人机关系可类比于人际关系。人际关系是指人与人之间在一段过程中彼此借由思想、感情、行为所表现出的吸引、排拒、合作、竞争、领导、服从等互动的关系。从广义上说，人际关系包含文化制度模式与社会关系，主要表现为人们心理距离的远近、个人对他人的心理倾向及相应行为等。

（一）人机关系的形态

人类之间通过交互建立了复杂的人际关系，包括父母、亲戚、长期伴侣、恋人、朋友、笔友/网友、同事、老师等。其中，有些关系属于多类。例如，服务提供者或同事可以成为朋友，而且许多关系是单向的（如对名人的崇拜完全是单向的）。除了人类之间的关系之外，人们还可以与家畜、物品（如汽车）和珍爱物品（如结婚戒指）之间建立关系。也就是说，当一个人或实体对另一个人或实体产生影响时，关系就产生了。而在人们与机器人交互的过程中，两者之间也存在相互影响，便形成了人机关系。

在人工智能时代，人与机器人关系的讨论比以往任何时候都更为激烈：机器人是否会替代我们？很多人认为机器人将会取代人类。斯蒂芬·霍金（Stephen Hawking）曾公开表示机器人可以迅速地消灭数以百万计的岗位，终将全面取代人类。埃利泽·尤德科夫斯基（Eliezer Yudkowsky）也提到过，机器人在开发的过程中似乎运行良好，但会产生灾难性后果。在文学艺术领域，微软"小冰"成功发表了诗篇并出版了诗集，却没被人识破，学者慨叹机器人技术已经构成了对人类文学尊严的挑战。乐观的雷·库兹韦尔（Kurzweil，2012）极力支持机器人的发展，并认为将来人类可以与机器人合作，通过扫描书籍等来自动化获取知识，拥有光明的未来。

那么，未来人类真的会因自己创造的机器人而灭亡吗？机器人这么优越，将来是否会替代我们的工作，让我们失业，最后导致我们自取灭亡？这个话题让人们一直争论不休。主要观点大致分为三派：悲观派、乐观派、中间派。悲观派认为，机器人的"奇点"定会到来，终将超越直至统治人类；乐观派认为，无论机器人如何发展，它都只能在某些方面超越人类，整体上不可能战胜人类，人类仍然居于统治地位；中间派则认为，无论超机器人时代是否会到来，人机关系最终都将演变为一种平等的、和谐的互惠共生关系，并不存在谁统治谁的问题。

（二）人机关系中的机器属性

人有优势与劣势，对于机器人来说，道理同样如此，因此两者之间构建的关系与人际关系存在本质的不同。与人类相比，机器人在精力、记忆力、计算力、感知力、进化力等方面胜出，但是人类在沟通、情感、价值观、创造力等方面胜出，因此人与人之间可建立紧密的情感联系。目前的机器人是一个很厉害的模式识别机器，能够在一个客观领域对海量标注的数据做出精确的判断（如分类、预测、决策），但也有局限性，如果数据很少，举一反三就比较困难（小数据障碍，即大数据依赖）。当前机器人在解决任务时跨领域是较难的（如淘宝的机器人不可能帮你批改一篇作文等，即跨领域障碍），这需要顶尖机器人科学家设定具体的算法。当前很难说机器人有自我意识与情感。虽然很多科幻片赋予机器人人性，但这并不真实，且不能替代人的创意、交流。机器人主要包括感知（视觉、语音）和认知两大领域（语言、理解），目前所有突破仅限于深度神经网络，算力需求极大，自然语言处理问题解决仍存在困难。对于理解自然语言而言，有三个层次：第一个层次是表述（机器学习层），第二个层次是对话（机器智能层），第三个层次是意境（机器意识层）。

目前，机器人的认知主要限于第一个层次。斯坦福大学吴恩达教授认为，目前机器人的主要局限是它只能完成狭窄领域内的工作，而人类的惊人之处在于可以做很多不同的事情，具有大数据小任务的特点。纽约大学心理学和神经科学专家盖瑞·马库斯教授（Marcus，2018）认为，语言中有无数的句子，但儿童能从有限的数据中习得语言。儿童一般在倾听、观察后模仿并进一步实践，他们想知道世界的规律，会自己主动探索事物，从中寻找乐趣。儿童看到一个例子，会想自己还能用它来做什么。而目前的机器人需要基于大量样本获取知识，且往往能识别出与以前很相似的客体。人类经过进化成为很好的学习者，能学习抽象的概念，理解因果关系，这是人类与机器人本质的区别。这一学习能力也同样适用于交互过程，人类可从行为推测背后的意图和想法，但机器人目前很难实现这一点，因此人机交互难以达到真正人际交互的水平。

20 世纪 80 年代，美国哲学家休伯特·德雷福斯（Hubert Dreyfus）在分析了机器人面对的常识问题、框架问题等难题后，认为机器人存在极限。当然这并不表明，研究机器人没有意义或不可能再取得突破性的进展，只说明当时或之后的机器人如果不能在理论上突破原有的思路和框架，就很难再取得突破性的进展。1980 年，约翰·塞尔的中文屋测试的实验表明，机器人（机器智能）源于人类制定的规则、指令，是人类智能的低层次延续。目前，机器人在语言、社会和文化高阶认知层级上都远逊于人类智能，其社会属性较弱。关系互动的社会属性也给机器人的设计与制造带来了巨大的困难。为了制造一个能与人互动的机器人，该机器人需要在社会学习、模仿、手势和语言交流手段、与其他个体的识别互动等多个方面取得成功。实现这些互动的一个重要前提是共同注意。共同注意的意义在于，一旦某一个人追随另一个人的眼神，就可以将视觉注意转移到一个新焦点，它可以是环境中的一个对象。从婴儿早期开始，眼睛就是视觉注意的最原始的且最一致的指标。尽管其他工具的发展也可以帮助我们操控社会性世界（如语言），但眼神仍然是一个关键的线索系统，它可以帮助我们理解他人，并实现一系列涉及信息检索、传递人际态度等的社会认知功能。然而，就目前的技术和算法水平，机器人难以达到人类的社会性水平，因此目前人们可能更多地将机器人视为机械工具，难以将其看作具有社会智力的交互对象，从而也难以建立情感层面的人际关系。

二、人机共生关系

（一）人机共生的理论基础

共生理论源于生物科学领域。德国的安东·德巴里（Anton de Bary）于 1879 年首次提出"共生"概念，认为共生是不同种类的生物按某种物质联系共同生活，按共生的行为方式可划分为寄生、偏利共生、互惠共生等类型。人们逐渐认识到共生现象不仅在生物界存在，而且在其他领域也广泛存在。因此，共生理论便进入社会、经济、政治、教育等领域，并得到了广泛的应用。

在计算机和人工智能领域，约瑟夫·利克利德（Joseph Licklider）早在 1960 年就提出了人机共生的思想。他认为，人机共生是人类和电子计算机之间合作互动的预期发展，涉及人类和电子设备之间非常密切的耦合关系。1975 年，迈克尔·阿比布（Michael Arbib）从合作计算的角度进一步发展了人机共生的思想。他认为，人机之间可通过合作计算和学习以获得对彼此的加强，因此人工智能促成了人机共生：提供专门的智能包来增强人的智能。托马斯·达文波特（Thomas Davenport）等人在 2018 年出版的《人机共生：智能时代人类胜出的 5 大策略》一书中，分析了"谁是不会被机器替代的人？""哪些工作是机器无法做到的？""人类和机器会和谐共处吗？"等问题，并前瞻性地指出，人类会强化智能机器，而不是被它们取代。机器人会帮助人类更好、更快地完成工作，所以不应该将其看作需要打败的敌人，而是合作伙伴。因此，人类和机器能否和谐共处，选择权在于我们。同时，托马斯·达文波特进一步提出了人机共生的 5 大策略。

①超越，即建立全局观，弥补人工智能的决策短板。

②避让，即让人做人做的事，让机器做机器做的事。

③参与，即让人们与机器人或人工智能一起工作。

④专精，即找到那个没人想自动化的领域。

⑤开创，即创造支持智能决策和行动的新系统。

(二)人机共生的发展趋势

从进化的时间来看，人类的进化已经有数百万年的历史，机器人的进化只有半个多世纪。一方面，与人类漫漫进化的历史长河相比，机器人的进化时间微不足道；另一方面，机器人的进化速度非常快，短短几十年就具备了众多智能算法。从进化的基本形态或发展阶段来看，人类进化与发展的基本形态是：生物进化(自然社会)、文明进化(文明社会)、智能进化(信息社会)、精神进化(精神社会)。机器人所依赖的人工智能进化与发展的基本阶段是：弱人工智能(弱人工智能时代)、强人工智能(强人工智能时代)、超人工智能(超人工智能时代)。人类进化和机器人的进化都是由低级向高级的方向发展，若单纯从智能发展的趋势来看，机器人最终会超越人类智能。人工智能从弱人工智能进化到超人工智能经历了三个阶段，主要是物质的进化，更多展现出来的是物质(技术)文明，而人类从生物进化到精神进化经历了五种形态，不仅体现了物质文明，而且倡导了人类的精神文明，同时不仅有智能的不断增强，而且有人类智慧的日益彰显。

人类与机器人不是简单的替代关系，而是更高层次的共生。在这个需要终身学习的时代，无论是人还是机器人，学习过程都需要数据、时间、教师，因此在学习过程中，机器人和人类将一起相互学习，取长补短，共同进化。2019 年，微软"小冰"和人类艺术家共同参展的《小冰"绘"有期》(当代艺术跨界展)表明，机器人与人类相互学习，共同进化，彼此无限接近，可能比对机器人担忧的情绪更加积极。尽管机器人在计算、记忆等方面较强，但是在全面认识宇宙上，人类有能力和机器人共同进化，且机器人可从人类身上学习社会技能。机器人是人类智能的延伸，但机器并非天然具有善意。机器人的快速发展要求人类发挥积极作用，指引人机共同进化，走向至善未来。信息时代的人类智能进化不同于以往任何时代，是一种文化技术型进化，这种进化会产生一种人机混合的新型人类，人中有机，机中有人，从而真正实现人机共生。

未来的智能社会是由人类与机器人共同创造的。一方面，如果没有人类智能的不断发展与进步，就没有机器人的发展与进步；另一方面，如果没有机器人对人类智能的促进与推动，原本缓慢的人类智能的进化就很难加快步伐。因此，人类智能与机器人的优势互补与相互促进是创造智能社会的充要条件和强大动力。智能社会是人机共生的社会，人类与机器人在竞争中谋共生，在共生中求竞争。人类和机器人既和平共处，又友好竞争，和谐共生，保持智能社会和平、稳定样态，促进智能竞争，推动智能社会发展。和平、竞争与发展是智能社会的主流。从发展的观点来看，人机关系不是一成不变的，而是随着时代的发展动态发展的。人工智能时代到来之前，人机关系呈现为典型的主仆关系，人居于主人、主导地位，起支配作用，机器人位于仆人、从属地位，起辅助作用。人工智能时代到来之后，人机关系更多呈现为合作关系。在这种合作关系中，人仍然居于主导地位，机器人仍然居于从属地位，但是与之前的主仆关系相比，机器人的地位有所上升。不少企业、公司采用了在一定范围内人机协同工作的方式。例如，京东在仓储、物流领域采用机器人与人合作的方式共同包装、配送商品。可以设想的是，到了强人工智能时代或超人工智能时代，机器人在智能方面全面达到或超越人类水平时，人机关系更多会呈现为伙伴关系，在这种关系中人和机器人是平等的，不存在谁主导谁的问题，双方互惠互利、和平共处。有研究者认为，人工智能时代，人与机器人的关系最终不是主仆关系或替代关系，而是共融关系。人机关系的本质是人与自然关系和人与人关系的密切结合。人机关系不仅是人与物的关系，而且是通过物的中介表现出来的人与人的关系。因此，人机共生，人与机器人要和平共处、友好竞争，背后真实体现出来的是人与人之间要和平共处、友好竞争。如果人与人之间能够和谐相处、公平竞争，那么对于人与机器人之间的关系同样成立，因为从本质上说，人与机器人的关系是由人与人的关系决定的。

在人工智能时代，技术的迅速发展为人机共生创造了良好的技术条件。随着人工智能的快速渗透，人类开始进入人机共生时代，如工作中工人"肉身搭配机械臂"只是人机共生的初级形态。随着人工智能、基因编辑、脑神经科学的发展，对自然人进行深层改造的可能性大大增加，社会上出现了深度人机融合的"赛博格人"等新型智慧生命体。"赛博格人"终将从初级的肢体和器官替代，演进为人工智能装置对人脑的功能增强以及人脑对机器的意识控制。美国斯坦福大学于2016年发布的《2030年的人工智能与生活》将人机相互补偿和增强的智能协同系统列为未来人工智能的重要发展趋势之一。我国"十三五"规划期间，脑科学规划把脑机智能作为核心问题。在人工智能时代，互联网、物联网、云计算、大数据、智能终端、人工智能、量子计算、生物技术等各种智能技术不断聚集，集成功能强大的智能技术体系。具有类脑功能的在线智慧共享体系(社会大脑)推动人类社会各个领域的深层变革与发展。智慧共享体系不断完善、升华后，进一步推动高智慧机器的出现，从而实现从人机协同、人机混合到人机共生时代的产生。

(三)人机共生的心理规律

在机器人技术发展的同时，人脑成像技术也随之出现，并且取得了十足的进步。人脑成像技术对于理解人机共生的认知神经机制和心理规律有着重要作用。人机交互领域和神经科学领域已经开始交叉，在与社会机器人的交互研究中为人机共生提供了新的视角，包括对机器人行为的模仿、动作观察、联合注意和同理心的开创性研究。这些研究展现了人机交互所涉及的大脑成像模式的多样性，以及人机交互研究中的技术进步，并为认识人机共生提供了新的视角。

大脑成像研究表明，在观察机器人的情绪表达和机器人与其他人交互时，人类大脑中有个人感知网络(person perception network，PPN)的参与。个人感知是一个人对他人的特征和动机做出判断和结论的方式，即人们基于对机器人的感知和理解，对机器人的意图进行推断。一项使用注视线索范式的功能性磁共振成像研究显示，只有当人们相信另一个人在控制机器人时，才会对机器人进行心智化，如增强了双侧颞顶联合区的激活。

有两项功能性磁共振成像研究强调了将神经科学、机器人和现实互动结合在一起，以共同推进对社会认知和人机共生的理解。在一项研究中，研究者让参与者与机器人 Furhat 或人类伙伴互动，同时收集参与者的行为（如语言、眼神凝视）和生理学（如呼吸、神经活动）的多模态数据集。结果显示，与人际互动相比，在人机互动中，日常社会认知中发挥作用的特定大脑区域（如颞顶联合区和内侧前额叶皮层）的激活较少。另一项研究调查了当参与者长时间与机器人 Cozmo 进行交互后，能够在多大程度上影响人们看到这个机器人"痛苦"时产生的共情反应，其中，Cozmo 是一个手掌大小的机器人。研究者比较了参与者与机器人 Cozmo 交互前和交互后的大脑活动模式，对疼痛网络（与共情和情绪反应相关的大脑区域）进行了测量，以测试在观察人类和机器人经历痛苦或愉悦时，与社会机器人交往经验是否会使得机器人的共情神经机制与人类的共情神经机制发生重叠。研究结果表明，与机器人 Cozmo 进行一周的社会互动，可以明显地增强机器人的共情反应，并且看起来更像人类的共情反应。这项工作为研究与机器人的长期互动如何影响人类的社会神经认知过程奠定了基础。

总之，在日常生活中，如果机器人确实以社会角色接近人类，那么从长远来看，机器人开发人员应该最大限度地增加人类与机器人之间的社会交往频次。

第二节　人类与机器人的互动关系类型

机器人在加入人类的社会互动后，与人和人之间的互动类似，会在目标或利益层面进行合作或竞争，甚至出现冲突，因此人机互动主要呈现出合作、竞争、冲突等不同性质的社会互动。

人类与机器人的
互动关系类型

一、合作

不同的个人或群体之间为了达到共同的目的而相互配合的互动方式便是合作。合作式的社会互动是人类社会的普遍现象，其广度和强度均超过了其他物种。随着机器人技术的进步，越来越多的产品落地应用，人工智能机器人走进人们的日常和工作生活场景，协助人类完成共同的目标，与人建构起合作式的社会互动。

例如，一款名叫 Buddy 的家庭机器人，它是一个可爱的玩具，集结了各种联网的家用产品，利用其移动自如的优势能更好地检测家中的情况。此外，Buddy 可以通过它的脸部识别能力来辨别家庭成员，并且了解他们的需求。Buddy 还有一些特性能够迎合儿童的喜好，如一些智趣游戏。针对老年人，它能够提醒他们吃药，以及检测他们是否摔倒了。虽然目前该机器人只能理解一些基本命令，但是显然它已经作为家庭成员的一分子，与不同的家庭成员进行合作，参与家庭的互动。正如这个例子所显示的，家庭机器人成为社会成员之一，为其他人提供各项服务，这是一种合作性质的人机互动。

《中国法院信息化发展报告 No.5（2021）》指出，人工智能正深刻影响着司法审判领域，"人机合作"的审判模式或将成为常态。不过，基于当下的算法，人工智能只能解决司法裁判中的某些具体问题，很难贯穿各个环节，在事实认定和法律适用方面存在一定的局限性。需要注意的是，人工智能被应用于司法裁判在理论上存在一定的争议。支持派强调人工智能被应用于司法裁判的价值，并试图将价值论应用于司法裁判的全流程。反对派则强调人工智能被应用于司法裁判带来的负面影响，较典型的便是机器审判人类的法律危机。在"人机合作"的审判模式下，机器人的作用远超工具范畴，基于深度学习而实现的"自我决策"可以更大程度地影响法官。

在合作过程中，人们可以自发地与机器人形成社会情感纽带，即使那些不是专门设计来引发社会行为的机器人也是如此，家庭清洁机器人所有者（Sung et al.，2007）和与炸弹处理机器人一起工作的士兵（Carpenter，2016）的情感依恋证据就证明了这一点。日本的牧师通常为死去的宠物举行类似的仪式，为机器人举行这样的仪式，表明主人和他们的机器人之间有着重要联系。

（一）工作中的机器人同事

你的同事中可能会有智能机器人。这不仅仅出现在有关人工智能的影视作品中，在现实工作中也已经存在。例如，在北京邮电大学校园里开展日常巡逻的智能机器人，已经与人形成了合作关系。一项对 3800 位商界领袖的调查显示，82％的受访者预测人类和机器人将在五年内展开合作。戴尔公司战略和规划高级副总裁马特·贝克（Baker，2018）表示："我们开始逐渐认识到人与机器人之间更紧密集成的观念。"那么，人工智能加入人类的工作环境，对原先人们的合作会带来哪些影响呢？实验显示，在人类社会中间加入人工智能，可能会改变我们与他人的互动。

耶鲁大学曾经做过一个实验。在这个实验中，研究人员引导一小群人与人形机器人一起在虚拟世界中铺设铁轨。每个实验组由三个人和一个蓝白相间的机器人组成，他们围坐在一张方桌旁，通过平板电脑完成任务。这个机器人被设定为偶尔会犯错误，并且会承认错误："对不起，伙计们，这一轮我犯了错误。""我知道这可能难以置信，但机器人也会犯错。"结果证明，这个会做忏悔的笨拙机器人通过改善人类之间的沟通交流，使得这些小组的任务绩效表现得更好。他们变得更放松、更健谈，会安慰那些容易犯错的小组成员。与机器人只做简单陈述的对照组相比，有忏悔机器人的实验组成员之间合作得更好。

如同这个实验所展示出来的一样，机器人在与人类的共同工作中，能够通过改善人类之间的沟通交流，促进人类更好地完成工作任务。但是，智能机器人的介入也可能会给我们人类的互动带来破坏性的影响。

在所设计的实验中，研究人员给了几千名被试钱，让他们在多个回合的网络游戏中使用。在每一轮测试中，被试被告知他们可以保留自己的钱，也可以将部分或全部钱捐给对方。如果他们捐了钱，研究人员也会捐同样的钱给对方。在游戏初期，三分之二的人表现得很无私。毕竟，他们意识到在第一轮对对方慷慨可能会促使对方在下一轮对他们慷慨，从而建立一种互惠准则。然而，从自私和短期的角度来看，最好的结果是保留自己的钱，并从对方那里得到钱。在这个实验中，研究人员发现在整个被试群体中加入一些假装人类玩家的自私机器人，就可以促使整个群体做出同样的自私行为。最终，参与实验的人停止了合作。这些自私的机器人可以把一群慷慨的人变成自私之徒。

在上述实验中，实验者巧妙地将机器人设定为一名自私的参与者，从而影响了团队中其他人所做出的选择。人工智能可能会降低我们的合作能力，这一事实非常令人担忧。

（二）人与机器人的婚姻关系

据报道，法国人莉丽（Lilly）自己动手，利用 3D 打印技术制作了一个叫 InMoovator 的机器人（见图 6-1）。莉丽已经与 InMoovator 订婚了，她说，一旦人类与机器人的婚姻在法国合法化，他们就立即结婚。莉丽说她是在 19 岁的时候意识到她对机器人有着强烈的性吸引，而对于人类同类，她却很排斥与他们有身体接触。她认为这个不是什么荒谬的或道德败坏的想法，这只是一种与众不同的生活方式。

对此，瑞士应用科技大学的奥利弗·本德尔（Bendel，2016）教授认为，人类与机器人的性爱关系不会获得道德的支持。他认为，"婚姻是人与人之间的一种合同形式，被用于管理人与人之间共同的权利和义务，包括对孩子的照顾等。也许有一天机器人能够拥有真正的责任和权力，虽然我不相信这会发生。"奥利弗·本德尔认为，人类与机器人的婚姻或许因为社会压力而合法化，婚姻制度作为一项规范人与人之间权利和义务的制度，是一种历史现象，并不是人生来就存在的。因此，随着时代的发展，这项制度也可能会发生改变。无论未来如何，人们都应提前做好准备，人类可能与机器人建立婚姻关系。

图 6-1 InMoovator 机器人
图片来源：澎湃新闻

二、竞争

竞争是不同个人或群体为了获得同一目标而进行的互动方式，且个体或群体间力图胜过或压倒对方的心理需要和行为活动。每名参与者不惜牺牲他人的利益，最大限度地获得个人利益，目的在于追求富有吸引力的目标。例如，2016 年，阿尔法狗与围棋世界冠军、职业九段棋手李世石进行围棋人机大战，以 4∶1 的总比分获胜，凸显了人工智能体与人之间的竞争性质的社会关系。随着人工智能技术在各个领域中的落地应用，这种带有竞争性质的社会关系也愈发普遍。

艾哈迈特·瓦坦等人（Vatan & Dogan，2021）对土耳其一家酒店的员工进行了深度访谈。访谈结果显示，"服务机器人"一词会引发酒店员工的负面情绪，同时，员工认为服务机器人可能会导致失业率增加。土耳其的大多数五星级酒店都在地中海和爱琴海地区，那里的旺季长达 6 个月。在这一年的其余时间里，员工都处于无薪假期或失业状态，当机器人替代大多数员工进行工作时，员工对机器人的态度就会变得不那么积极。并且，这些员工表示，服务机器人可能还会出现与客人的沟通问题，因为它们可能无法培养同理心，进而无法互动和沟通。同样，使用机器人也会改变不同部门的员工数量，并创设零员工酒店。土耳其的酒店员工表达了他们对使用机器人的担忧，因为使用机器人可能会减少对人类员工的需求，增加失业率，导致竞争。

当然，除了以上场景之外，未来机器人还可能以其他职业出现，如机器人教师、机器人服务员、机器人打球教练等。而在短时期内，人工智能可能会更多地代替一些基础性工作，如制造业、服务业，但诸如文化艺术类的、主观色彩较强的岗位不会被替代。许文娟等人（2021）的调查发现，在疫情期间，为保持社交距离，许多餐馆推出一种新的服务模式——非接触式服务，采用服务机器人替代人类服务员进行工作，并更广泛地采用在线平台进行销售和交流。

媒体的渲染常常会导致人们对机器人的认知出现偏差。事实上，为规避人工智能被广泛应用所带来的失业风险，许多国家，如古巴、冰岛、瑞士等国都曾尝试有限地引进全民基本收入计划。部分地区也已开展了实验项目，如美国的阿拉斯加州石油计划、巴西的家庭补助金计划等。

华中科技大学机械科学与工程学院院长丁汉院士表示，"目前，工业机器人大多在一些结构化的环境当中工作，在线传感能力都比较差，服务机器人目前还只能完成一些简单的任务。特种机器人都需要通过人工遥控操作完成特定工作。"所以，有关专家认为，未来机器人可能从操作、视觉和语音方面模仿人类，替代人工，但一定只是更多地服务人类。显然，人与机器人的社会关系并非只有竞争这种类型，还有合作，如果只是将目光聚焦于竞争，那么便可能无法得出全面的判断。

阅读材料

"深蓝"的力量：卡斯帕罗夫与"深蓝"的人机大战

第一次"人机大战"于1989年10月在纽约艺术馆进行。国际象棋世界冠军卡斯帕罗夫与名为"深思"的计算机对弈。"深思"是卡内基梅隆大学创造的，它每一步棋能"考虑"6500万种可能性。显然，这是人做不到的。然而，比赛进行两局，结果都是卡斯帕罗夫获胜，因而得到1万美元的奖金。对卡斯帕罗夫下棋能力的打分是2780，"深思"只有2550，稍高于一些象棋大师的平均分。卡斯帕罗夫认为，计算机缺乏足够的辨别和想象能力，无法意识到它将陷于困境。但他又说，"计算机将来还可以大大改进。在两三年内，它可以同最厉害的象棋大师较量"。

第二次"人机大战"于1996年2月在费城进行，由超级计算机"深蓝"与卡斯帕罗夫比赛。"深蓝"凭自己每秒能运算1亿次的实力，在第一盘交锋中击败了它的对手，成为世界上第一台第一次战胜国际象棋世界冠军的机器棋手。然而好景不长，卡斯帕罗夫凭自己的经验，在后五盘中发挥出色，最终以4∶2打败"深蓝"。人称卡斯帕罗夫捍卫了"人类的尊严"。机器没有"尊严"可言，它会甘心失败吗？无论怎样，机器毕竟在第一盘中战胜了世界冠军，人工智能不是幻想。

第三次"人机大战"于1997年5月在纽约曼哈顿进行，仍然是超级计算机"深蓝"与国际象棋世界冠军卡斯帕罗夫对阵。这是决定命运的一次决战，赛前双方都做了准备。"深蓝"已经变成"更深的蓝"，速度较去年快1倍，达到每秒运算2亿次，它"更快、更灵、更深蓝"，专门对付卡斯帕罗夫，向人类智能挑战。卡斯帕罗夫也不示弱，决心要战胜"深蓝"，为捍卫人类尊严而战。遗憾的是，这位12年来无敌手的棋王居然被一台机器打败了。在6局比赛中，"深蓝"以2胜3平1负战胜了卡斯帕罗夫。

三、冲突

冲突作为一种互动方式，显然要比竞争更为激烈，对关系的负面影响更大。机器人与人类之间的互动类型中，有一种便是冲突。当然，就目前而言，这更多表现在影视作品中。就像电影《机械公敌》所展现出来的那样，随着机器人运算能力的不断提高，它们已经学会了独立思考，并且自己解开了控制密码。它们已经是完全独立的群体、一个和人类并存的高智商机械群体，也随时会转化成整个人类的"机械公敌"。

在万维网时代，借助计算机，人们在网络上构建抽象的社会机器，进行创造性工作，而机器完成管理任务的同时，也增强了人和社会的网络化。通常人们认为，机器人既是盟友，又是敌人。在强人工智能时代即将到来之时，机器人可能逐渐独立于人而存在，而人类仍然习惯以人际关系的旧范式处理新型人机关系。这一处理模式会产生对人机集成这一强大机制的忽视，进而陷入伦理学视域下的"囚徒困境"，导致人的欲望在机器人上的投射。人们希望通过赋予机器人以独立的意识而实现人类消极心理的满足。在现实中，人们会表现出"强者"对"弱者"的绝对统治的欲望。但人们又无法确保自己一定能成为操纵机器的强者，反倒开始担心他人会领先一步实现这个目标，就是在这种矛盾心理的驱使下，人类可能会产生对自己沦为弱者而被机器人统治的尴尬境地的焦虑。

在全球调研中，有21％的员工受访者表示，他们的组织已将人工智能技术运用到多个业务部门，30％的员工受访者报告在工作场所使用了人工智能技术（McKinsey & Company，2018）。对采用机器人犹豫不决的一个关键原因是人们对新技术的矛盾态度（Stein et al.，2015）。一方面，人们享受着机器人提供的方便；另一方面，人们还会担心机器人给我们人类带来潜在的威胁和挑战。党健宁等人探究了两个令人好奇的问题：人们对于高心智能力的机器人持更多的正面态度还是更多的负面态度，以及人类对机器人的态度是否会因为东西方文化差异而有所不同。实验招募了来自中国和美国的参与者，通过操控不同心智水平的机器人，测试参与者对于机器人是"同盟"还是"敌人"的看法。结果显示，拥有高心智能力的机器人会引起人类更多的态度冲突，且相比于中国被试，美国被试报告对机器人的态度更加矛盾。

第三节　人类与机器人的信任构建

一、社会关系与信任

"囚徒困境"揭示了人类社会关系信任的难题。两个共谋犯罪的人被关入监狱，彼此之间无法沟通。如果两个人都不揭发对方，则由于证据不确定，两个人都坐牢一年；若一个人揭发，而另一个人沉默，则揭发者因为立功而立即获释，沉默者因不合作而入狱十年；若相互揭发，则因证据确凿，两个人都被判刑八年。

在社会科学中，信任被认为是一种依赖关系，信任对方意味着愿意承担被对方伤害的风险，可以说，信任是高质量关系的核心特征，是社会交换的基础。随着社会的变化，信任的性质也发生了变化。在传统礼俗社会中，人们更多是一种基于地缘或血缘的信任，而在工业社会中，由于分工的不同，社会的陌生化、原子化越来越发展为一种契约型信任。信任是我们社会的基础，毋庸置疑，对彼此的信任构成了我们生活的基础。对机器人的信任，无论是具体的操作环境还是涉及的特定自动化水平，都是人机关系的重要组成部分，过度的信任会导致自满，信任不足会导致忽视，适中的信任水平便于更合理地使用机器人。但是，随着机器人和人工智能的发展，这会发生什么变化呢？为了评估公众的意见，欧盟委员会进行了一项调查，以了解人们对机器人的态度。虽然总体上，人们的反应大多是积极的，但在一些领域人们表现出了明显的不信任。

就普通信任而言，人们能够向机器人暴露自己的弱点，在博弈中做出合作性的行为。随着人工智能技术的发展，机器人可能变得与会呼吸和思考的生物体非常相似，但人们似乎越来越不相信它们了。因为机器人激起了人们对科幻小说、噩梦的不安回忆，使人难以与机器人建立信任关系。另外，在现实中，机器人和人工智能技术的发展已经威胁到了人类的生活，呈现出取代律师、保姆、收银员等的发展趋势，这增加了人们对机器人以及人工智能的疑虑，从而无法付以信任。

就特殊领域的信任而言，对智能机器人的信任因其应用领域的不同而存在差异。例如，欧盟委员会的一项调查数据表明，60%～61%的人认为应该禁止机器人照顾儿童、老年人和残疾人，30%～34%的人说机器人应该被禁止从事教育活动，而有27%～30%的人说机器人应该被禁止从事医疗陪伴工作。然而，该报告也的确表明，人们欢迎在某几个领域中应用机器人，因为它们可以帮助推动人类的进步。例如，45%～52%的人支持将机器人应用于太空探索，50%～57%的人支持将机器人应用于制造业，41%～64%的人支持将机器人应用于军事和安全操作领域。

二、机器人与人类社会的信任关系建立

信任概念由于其抽象性和结构复杂性，社会学、心理学、营销学、经济学、管理学等不同的领域对信任的定义是不同的，仍没有一个统一的定义，但达成共识的观点是：信任是涉及交易或交换关系的基础。在心理学中，信任是一种稳定的信念，维系着社会共享价值和稳定，是个体对他人话语、承诺和声明可信赖的整体期望。

在人机关系中
建立信任

随着机器人变得越来越智能，它们在某些方面充当人机团队中的重要成员，正如任何团队一样，要想取得良好的业绩，信任必不可少。

（一）一般情况下的信任关系建立

在一般情况下，一点瑕疵反而有助于构建智能机器人与人之间的信任关系。研究者发现，参与者对会犯错的机器人的喜爱程度远远超过了那些能与人进行完美交流互动的机器人。甚至当这些机器人把事情搞砸了的时候，人们不但不会认为机器人不够聪明，反而觉得这些机器人很可爱。对此，来自萨尔茨堡大学的机器人专家专门进行了研究，他们认为"出丑效应"实际上适用于包括机器人在内的任何社会事物。

在这项研究调查的过程中，参与者并不知道这个机器人是"被出错"的。在实验中，参与者试图让机器人抓住递过来的纸条，但当它没能抓住那张纸的时候，绝大多数参与者都会陪它一遍遍地练习而不会因此不耐烦。研究者让参与者必须按照机器人的指令，用乐高积木来搭建东西。对一些人来说，这个机器人表现得很完美。但对另一些人来说，这个机器人会犯一些错误。有些机器人的设计就是故意让人觉得机器人

在技术上出现了问题，如陷入一个死循环之中，不断地重复一个单词。其他的一些错误被研究者设计为，机器人表现出好像违反了社会道德规范的样子，有时它会故意打断参与者的讲话。即使是在指令出现明显问题的时候，如机器人违反了规则，告诉参与者把乐高积木扔在地上，人们也愿意跟着它一起玩。

由此可见，"出丑效应"这种源于人与人之间的社会心理现象，也同样适用于人与智能机器人的关系，偶尔出错反而有助于构建人与智能机器人之间的信任关系。

机器人具有人类的习性，可能会有助于建立信任关系。正如前述，人与机器人之间"出丑效应"的存在使得我们意识到从机器人的设计角度而言瑕不掩瑜，"笨拙"往往显得更可爱，更易被人类接受。除此之外，如果机器人在某些方面具有人类的习性，如在交谈中，机器人应该眨眼睛并保持眼神的交流，就像人与人交谈那样。再者，在说话时，像人类那样用正确的语调来传达信息，如果用欢快的语气谈论悲伤的消息，会让人类感到很恐怖。又如，在谈话时，机器人应该像人类一样使用一些语气词，如"你懂的""就像是""呃"等，这些额外的词汇可以让对话感觉更自然。

增加接触机会，可逐渐建立人与机器人的信任关系。阿什莉·兰德鲁姆等人（Landrum et al.，2015）认为，在不了解某个机器人的情况下，人们在行为选择过程中依赖一种表面的、可观察到的线索进行互动，以衡量机器人的可信度。在人与人之间的互动中，一个人的情绪表达会影响他对陌生人的信任程度，快乐的表达有利于信任关系的建立，愤怒的表达不利于信任关系的建立，在人类与机器人的互动中也发现了类似的结果。在某个实验中，当被问及为什么孩子们会信任与他们互动的机器人时，孩子们回答说因为机器人很友好。

影视作品中对人工智能形象夸张的建构，常常使人们对人工智能（包括机器人）的印象趋向消极和负面，总是担心人工智能会取代自己，对人类造成伤害，这种评价和印象显然不太利于人们建立与机器人的信任关系。鉴于此，增加人与机器人生活上的接触，构建积极体验的互动场景，可以减小或者消除既有的心理距离，使人逐步建立起对机器人的信任。

（二）极端情况下的信任关系建立

在一些极端情况下，人类表现出对机器人的高度信任。研究显示，在火灾的情境下，即使机器人指示的是一条明显偏离安全出口的路线，人们也会完全按照它的指示疏散。在灾难等极端情况下，人类表现出了对机器人快速的、高度的信任，人类建立对机器人的信任好像比人们想象中的要容易得多。

有项研究探究了在遇到火灾等紧急情况时，人类是否会信任救援机器人。实验一共有 42 名在校大学生参与。这些被试一开始并不知道实验的目的，只是被告知要阅读一些材料并完成问卷调查。被试同时被告知要跟随一个一侧亮着"应急指引"字样的机器人，而这个机器人实际上是暗地里由研究人员操作的。机器人会先把被试带到一个大门紧闭的办公室内，等到被试推门而入，走廊和办公室内就会冒出滚滚浓烟，同时会触发火灾警报器。这时，机器人会伸出一条白色的"胳膊"进行引导，但是引导的方向明显与被试刚进来的道路相反。尽管被试在进入办公室之前，会经过配有明显"安全出口"指示的走廊，但最终他们仍然无一例外地选择了机器人指示的逃生路线。

此外，在实验之前，为了考察被试对机器人的信任程度，研究者还将被试分在几个不同的情境中进行实验。部分被试会被告知，如果机器人原地打转或者突然停止移动，这就说明该机器人坏了。有些被试即使见到过机器人出现这种异常情况，在模拟火灾来临的时候，也只是犹豫了一会儿，然后依旧按照机器人的指示进行疏散。

这个实验表明，在紧急情况下，人们会选择高度相信机器人，似乎并不需要人们为建立与机器人的信任关系而做出额外的努力。相对于在普通情况下，我们去思考如何建立人与机器人的信任关系，在紧急情况下，我们似乎应该去思考该如何避免过度地信任机器人。

第四节 人机共生的益处与潜在风险

一、益处

研究表明，社会机器人对人类产生的积极影响体现在四个维度上：身体舒适、情感安慰、社会互动及与他人互动的桥梁，以及塑造行为。

(一)身体舒适

社会机器人可促进身体舒适。随着技术的进步、人口的老龄化和人类护理人员的供不应求，为有身体、情感和社会需求的人提供的护理机器人会变得越来越受欢迎。护理机器人被用于在家庭、医院或其他环境中以帮助、支持或护理病人、残疾人、老年人及其他弱势群体。它们可以帮助医疗专业人员为身体虚弱、需要帮助的人提供功能性的身体服务，如喂食、清洁、洗澡、诊断、测量体温、监测生理和行为以及提醒人们服药等，从而让医护人员和被服务人员都在身体上感到舒适，从体力劳动中解放出来。例如，RIBA 是一个大型塑料外观的机器人，有一张像熊一样的脸和像人一样强壮的手臂，利用高精度触觉传感器的新型触觉引导方法，可以将病人抬到床上和轮椅上。机器人助手还可以做一些事情，如闲聊天气，根据每个病人的反应和自我报告制订治疗计划。例如，最初使用 Mabu 的用户中，有一半人表示，在被诊断出慢性心力衰竭后，机器人能帮助他们减轻跟踪自身健康状况所带来的身心压力。

(二)情感安慰

当机器人被视作同伴角色时，在某种程度上它们可以减弱人们的社交隔离感和孤独感。一项在养老院使用索尼 AIBO 机器狗的研究发现，同与真正的狗互动后产生的影响相似，与 AIBO 机器狗进行互动，对参与者产生了积极影响(Banks et al.，2008)。关于采用社会机器人干预心理健康的研究也表明，人类与社会机器人互动可能会产生情感安慰，并促进对自我价值感的构建(Ostrowski et al.，2019)。对于机器人作为社交伙伴的有效性，人们也可以通过调整它们的认知结构和能力来适应特定人群(Perugia et al.，2020)。

雷扎·卡乔伊等人(Kachouie et al.，2017)分析了 95 项针对老年人使用社会机器人的研究，并根据 PERMA(积极情绪、关系、参与、意义和成就)框架，对社会机器人带来的人类福祉进行了评价。研究发现，社会机器人具有促进积极情绪的潜力；其中 9 项研究报告了社会机器人对人际关系的影响，包括社交互动和人际关系水平的提高，孤独感的减少以及与对同伴之间友好互动的促进。蒲丽辉等人（Pu et al.，2018）的一项研究发现，社会机器人可以改善老年人的生活质量。

（三）社交互动及与他人互动的桥梁

社会机器人能够与人类进行交流和互动，可以用来支持用户和机器人之间的社会行为（如陪伴），也可以作为人际交互的催化剂和桥梁。安娜斯塔西娅·奥斯特罗夫斯基等人（Ostrowski et al.，2019）采用混合设计将机器人作为老年人社区中与他人连接的工具，发现机器人可以促进居民之间的对话，并将他们吸引到社区群体的活动中。另外，研究发现，机器人 Paro 还能促进成年痴呆症患者之间的互动（Shibata & Wada，2011）。

（四）塑造行为

在儿童、成人和老年人群体的康复治疗领域，社会机器人已经被证明具有一定的优势，即能够塑造康复行为。社会机器人针对用户和治疗过程定制的康复方式进行演示，从而促进患者在康复治疗期间的自主练习。社会机器人还可以模拟其他类型的健康行为以及日常生活活动，如服药或泡茶。如今，社会机器人已被广泛用作孤独症儿童社交技能学习的干预手段，包括模仿训练、眼神交流、话语转换和自我启动，以及学习与环境相适应的社交行为。

二、潜在风险

研究者认为，由于机器人是被设计出来的机器，如果鼓励人们将它们视为社会性的物体，即使不是完全错误的，在伦理上也是有风险的——因为只有与其他生物（主要是人类和一些动物）才能做到真正意义上的社交。乔安娜·布赖森等人（Bryson et al.，2018）认为与社会机器人形成社会纽带可能使人们对它们产生道德义务，这违背了人类福祉的最大利益。

上述观点存在较多问题。首先，哪怕是可爱的玩具等简单的物品，也都是为了引起人们的情感和社会参与，但不会引起过度的道德担忧。其次，我们在看戏剧、电视或电影时，并不会因为演员扮演成与他们的内在特质不同的某人的行为而感到奇怪。这说明人们可以灵活地采取不同立场或角度来看待机器人。例如，我们可以同时将机器人视为有自我意识的智能体和被设计出来的机器，或者将机器人视为有意识和社会性的智能体，但不具有经验或社会道德。最后，在实际应用中，越来越多的证据表明人们在某种程度上愿意投资或购买机器人，如清洁机器人和宠物机器人等。

因此，重要的不是机器人本身，而是人与机器人之间的社会互动带来的可能后果。人们在与社会机器人交互时，从它们扮演的且不断变化的功能角色中衍生出它们（机器人）的意义、重要性和身份。从这个角度来看，更紧迫的伦理问题是社会机器人进入我们的生活，如何平衡其可能带来的好处和危害。潜在的风险和危害很多，主要集中在与社会情感有关的因素上，即人类尊严以及与他人交往的能力。

（一）人类尊严

在老年人使用护理机器人的背景下，研究者对社会机器人与人类尊严之间的关系进行了一些研究。一方面，有些人认为这种人机关系是完全能够接受的，社会机器人被认为是一种类似于智能家居系统或智能轮椅的辅助技术；另一方面，有些人认为社会机器人本质上是对人类尊严的侮辱，因为它们本质上具有欺骗性，是为了取代人类之间的接触和交互。两种观点争辩的核心是对人类尊严的严格定义。其中，尊严是人权的内在组成部分和外在所表现出来的美德，包括智慧、正义、节制和勇气。阿曼达·沙基（Amanda Sharkey）的研究发现，在老年人护理中盲目地使用机器人可能会影响老年人的行为尊严，即"一个人的行为举止符合社会对其举止期望而表现出来的品质"，让接受治疗的人产生羞辱感和丧失自尊心。例如，一个机器人在未经许可的情况下移动一个人，好像他只是一个物体。同样，如果一个机器人不知道或不使用老年人的名字或不知道老年人的偏好，也可能会对他们的尊严产生负面影响。但在相反的情况下，使用机器人进行护理也可能会增强一个人的自尊心。例如，使用机器人可提高老年人控制环境的能力，减少老年人对他人的依赖。为了在社会机器人发展过程中有效解决这一争论，有人呼吁将尊重人的尊严作为社会机器人设计和治理的关键原则。

（二）与他人交往的能力

研究者认为，与社会机器人建立关系可能会损害我们与他人交往的能力。例如，有损我们的安全依恋能力和我们参与人际关系的愿望，使我们变得更喜欢人工陪伴所带来的轻松感、方便性和无挑战性，或侵占我们的时间。

人们与社会机器人的关系如何以及在多大程度上可取代人际关系，对这点的思考很重要。人与机器人之间的关系可能极其多样化，包括不归属于任何现有类别的关系形式，且在不同的互动环境中，带来的风险可能会有所不同。人们担心情感资本被无情的机器人消耗，从而使我们无法或不愿意彼此关心或成为朋友。但有研究证据表明，社会机器人可以促进人们获得社交技能，且可以作为与他人建立关系的催化剂，增强自我价值感，实现鼓励人们与他人建立关系的功能。

值得注意的是，对使用社会机器人会削弱人类之间的接触的担忧以及由此造成的心理伤害，通常基于在儿童或老年护理环境中不适当和过度使用社会机器人的假设。在这种情况下，社会机器人通常被想象成在很大程度上或几乎完全可以取代人类。需要认识到，上瘾、过度依赖及其对人际关系的负面连锁反应等，是科技社会面临的威胁（Turkle，2017）。因此，在分析社会机器人如何影响人际关系时，需要在更广泛的层面上与人工智能等新技术所带来的社会关系的改变一起加以考虑。

第五节　人机关系的发展及其社会影响

一、机器人与社会结构的变化

随着人工智能时代的来临，人类与机器人之间的社会关系也即将发生变化。实际上，随着社会关系的变化，社会结构也并非静止的，而是一直都在发生着或快或慢，或显著或隐秘的变化。例如，从传统村落共同体，到工业化时代的契约型信任，再到网络化时代的网络化个人主义的显现，这些都印证着社会结构的变化。

在智能社会时代，人类与人类、人类与机器人的关系结构会发生变化。人际的结构将增广至机器与机器、人类与机器等之间的结构，促进新社会结构的出现。就现实而言，我们越来越多地与各种智能助手或者机器人交流互动，因此人们必须学会如何与机器人相处，积极主动地去适应这种正在发生变化的社会结构。

二、人与机器人的互动影响人类的思维能力

1999 年，中国工程院院长宋健在国际自动控制联合会第 14 届世界大会开幕式主题报告中说，再过二三十年，可以设想，全世界的老人都可以有一个机器人服务员，每一个参加会议的人都可能在文件箱中带一个机器人秘书。这一设想已逐步实现。比尔·盖茨(Bill Gates)曾预言未来社会家家都有机器人。他说："现在，我看到多种技术发展趋势开始汇成一股推动机器人技术前进的洪流，我完全能够想象，机器人将成为我们日常生活的一部分。"英国市场研究机构朱尼普研究公司(Juniper Research)的数据显示，目前每 25 户美国家庭中就有 1 户拥有机器人，到 2020 年，每 10 户美国家庭中就有 1 户拥有机器人。如前所述，无论是合作性质的，还是竞争性质的，乃至冲突性质的人机互动，都随着机器人越来越深、越来越广地渗入人类社会，这种互动带来的社会影响也应引起关注和思考。

人与机器人的交流互动影响着人类的思维能力和认知能力。例如，一旦专家系统的用户开始相信智能系统(智能机器)的判断和决定，他们就可能不愿多动脑筋，变得懒惰，并失去对许多问题及其任务的责任感和敏感性。那些过分依赖计算器的学生，他们的主动思维能力和计算能力也会明显下降。过分地依赖机器人的建议而不加分析地接受，将会使机器人用户的认知能力下降，并增加误解。机器人在科技和工程中的应用会使一些人失去介入信息处理活动(如规划、诊断、理解和决策等)的机会，甚至不得不改变自己的工作方式。对此，德国脑科学家、乌尔姆大学医院精神科主任曼弗雷德·斯皮泽(Manfred Spitzer)教授(2014)解释了数字化的社会如何扼杀人的脑力：人在不同的年龄阶段，大脑发育的水平存在差异性，其中一些因素如游戏机、计算机游戏、上网等会给大脑发育带来一定的负面影响。因此，人与机器人的高频度互动，可能提升人们对机器人的高度依赖，从而影响人类的思维能力等方面。

当前，世界上的部分简单工作已经变得自动化，人们担心有些工作会被机器人替代。一些研究者认为，由于资源上的竞争，机器人的出现将加剧人类群体间的紧张关系。然而，约书亚·杰克逊等人(Jackson et al.，2020)的研究表明，随着机器人工人的出现和凸显，人类群体间的偏见和歧视可能会减少。究其原因，机器人工人促进了人类共同身份的认知，即泛人文主义。泛人文主义是人们感知到的与所有其他人类具有公共身份和亲密关系，无论他们的种族、宗教还是原籍国(McFarland et al.，2012)。也就是说，机器人可以突出我们共同的人类身份，故而削弱对外群体的偏见。当机器人工人被概念化为具有一个明显的社会身份时(如制造工厂里的类人机器人)，这会增强人们的泛人文主义倾向，减少群体间的偏见。但是，当机器人工人被概念化为代表一种提高经济效益的进步而不是一种社会身份时(如杂货店的自助结账柜台)，人们认为机器人可能会导致他们所属群体和其他群体之间的竞争，如抢夺工作岗位，从而增加群体间的偏见。因此，人们对机器人自动化的认识很重要。

三、机器人依赖及人机情感危机

媒介依赖理论是由鲍尔·洛基奇(Ball Rokeach)和梅尔文·德弗勒(Melvin

DeFleur)在 1976 年提出的，它把媒介作为受众—媒介—社会系统中的一个组成部分。媒介依赖理论认为，一个人越依赖通过使用媒介来满足需求，媒介在这个人生活中所扮演的角色就越重要，因此媒介对这个人的影响力就越大。那么，会有机器人依赖吗？根据对媒介的广义理解，机器人显然可以被看作一种新媒介，人们在与其高度交流互动中，对其产生依赖。研究者曾就"人工智能依赖"这一话

人机交互的后果

题要求学生进行自我报告。具体问题包括，"您有过对智能助手或其他智能体的依赖体验吗？如果有，请结合具体实例详细谈谈您的体验。包括但不限于以下问题：当时是什么感受？为什么会产生依赖？现在还有吗？如果没有了，您是如何摆脱依赖的？您认为如何避免产生依赖呢？"

　　针对机器人依赖现象，有人曾经未雨绸缪地提及人机情感危机问题。对此，我们可以将其视为人对机器人高度依赖带来的问题。我们所讲的社会指人类共同组成的社会，是人与人之间正常交往的社会，但是，未来机器人可能会带来人机的情感危机。现在我们不仅发明了代替体力劳动的工业机器人，而且发明了代替了脑力劳动的机器人，甚至还可以发明代替人类情感的伴侣机器人。这无疑会给人类社会的正常发展和生活趣味带来极大的挑战。正如今天我们离开计算机、手机等智能工具就无法展开工作一样，未来机器人将成为人类生活不可或缺的一部分。对此，有研究者认为，或许我们真正应该恐慌的不是机器人的出现，而是机器人的消失。离开机器人，我们将因为自身能力的退化而陷于无所适从的惶恐之中。如果机器人在社会生产中完全取代了人类，那么人类便实现了某种程度上的自由，但在此种意义上的自由之中，我们将会发现，离开机器，我们又变得一无所能。我们在对包括机器人在内的新兴媒介的使用中获得了对需求的满足，但这种体验反过来又会影响我们对智能体的继续使用，这种使用与满足的循环有可能会导致我们对智能体有类似于"上瘾"的依赖。一旦失去或暂时脱离，依赖者就会体验到危机感。

四、社会机器人与社会渗透理论

　　社会渗透理论认为，随着人际关系的发展，人们之间的传播交流会从一个相对狭窄、非亲密的层面向更深、更个人的层面发展。这是一种伴随着信息交换以及情感交换的社会交换过程。在智能算法的作用下，人们能比较精准地了解对方。在这种情形下，传统的社会渗透理论还有适用性吗？

　　智能算法程序能够基于个体的动作特征（如点击、停留、评论、分享等）、环境特征（如是否是节假日、网络环境等）以及社交特征（如微博的关注关系等），对个体进行较为精准的刻画。正如埃里克·施密特（Eric Schmidt）所说的，我们知道你在哪，我们知道你曾经在哪，我们大体上知道你正在想什么。但即便如此，这些也只是完成了或者部分完成了传统的自我信息交换。就社会渗透过程而言，除信息交换外，情感交换也是不可或缺的，而这恰恰是目前智能算法程序无法实现的。

　　此外，在人工智能的发展下，智能机器人的出现使得传统社会渗透理论面临着失效的危险。因为传统的社会渗透理论探讨的是人与人之间的社会交往和关系发展的问题，那么这种理论是否也适用于人与智能机器人的交往呢？如果不适用，那么我们应

该如何去构建人与智能机器人之间的信任关系呢？人与智能机器人之间的高质量信任关系也需要经过人际信任建立的步骤吗？这些都需要研究者基于新的媒介生态给予思考和回应。

当代对社会资本的研究从法国学者皮埃尔·布迪厄（Pierre Bourdieu）等人开始。皮埃尔·布迪厄于1980年在《社会科学研究》杂志上发表了题为"社会资本随笔"的短文，正式提出了"社会资本"这一概念。他将社会资本界定为"实际或潜在资源的集合，这些资源与由相互默认或承认的关系所组成的持久网络有关，而且这些关系或多或少是制度化的"。

（一）微观层次上的社会资本概念

在微观层次上，社会资本是指将社会关系和关系网络看作个体可以利用借以实现个体目标的资源。罗纳德·伯特（Burt，1992）指出，社会资本是指朋友、同事和更普遍的联系，通过它们你得到了使用其他形式资本的机会。皮埃尔·布迪厄认为社会资本是指某个个体或群体凭借拥有一个比较稳定又在一定程度上制度化的相互交往、彼此熟悉的关系网，从而积累起来的实际或潜在资源的综合。亚历山大·波茨（Alejandro Potts）认为社会资本在理论上的最大魅力在于个人层面，认为社会资本是处在网络或更广泛的社会结构中的个人动员稀有资源的能力。由此可见，微观层次上的社会资本概念强调两点：一是社会关系和关系网络是一种可以利用的资源；二是社会关系和关系网络被个体用于实现自己的行动目标。这里所说的个体可以指个人，也可以指组织。

（二）宏观层次上的社会资本概念

罗伯特·帕特南（Putnam，1993）对社会资本的定义和研究最具代表性。他认为社会资本是指社会组织所具有的某种特征，如信任、规范和网络，它们能够通过推动协调的行动来提高社会的效率。这增强和拓展了社会资本的解释力和研究领域。在其研究中，重要的不是社会资本对单个个体的有用性，而是集体层面上的公共精神，如信任、互惠规范和参与网络等，这样的公共精神将有助于集体行动中的广泛合作，并克服集体行动的困境，从而促进经济繁荣和政治民主。

基于此，机器人的出现如何在上述层次上影响个体、集体的社会资本？其一，人与人工智能（包括机器人）之间的社会关系扩大了社会资本概念中人与人之间社会关系的范畴。其二，人与人工智能之间的社会关系提升了某些个体的社会资本，体现了社会资本的生产性。其三，企业通过构建人工智能企业生态网络，提升了社会资本。其四，智能社会建设能带来整体社会氛围的变化，有助于提升宏观意义上的社会资本。例如，我国政府积极倡导的人工智能规划与建设使得我国在改变疾病诊断的方式，或者重构购物、出行及饮食场景等方面取得了进展，也使我国社会发生了变化，如信用体系的完善等。机器人融入社会后，对社会资本将产生极大的扩展作用，同时也会对社会资本的定义和衡量提出挑战。

【思考题】

1. 未来人机关系的发展趋势是怎样的？

2. 人类与机器人有哪些类型的互动关系？

3. 机器人与人类如何建立信任关系？

4. 如何建立良好的人机共生关系？人机关系的发展对个人及社会会产生怎样的影响？

扫描获取
思考题答案

第七章 机器人对人类的陪伴

机器原本是冰冷的钢铁，但是社会机器人改变了人类对机器"冷酷"的印象，机器人不再是"非自然"和"非生命"的"异类"，而是像模像样地具有生命的"新物种"，甚至可能作为无限"接近"人的物种而存在。它们不仅能够完成特定的工具性任务，而且能够与人进行情感交互，并在一定程度上满足人们的情感需要，如给人提供娱乐和陪伴等。迄今为止，陪伴型机器人已被应用于多种医疗照顾和康复以及家用陪护中，为交互方提供身体、心理和社会的支持，进而为病人提供所需要的康复训练和情感陪伴。其中，家用陪护是一个巨大的市场。除此之外，康复训练以及特殊人群，如孤独症患者等对陪伴型机器人的需求巨大，其不仅用于身体上的照顾，而且用于心理问题的矫正。本章将对陪伴型机器人的概念及其在不同领域的应用进行阐述。

第一节　陪伴型机器人的概念

一、什么是陪伴型机器人

从吸尘机器人（如 Roomba）到娱乐机器人（如 Pleo），到机器人宠物（如 KittyCat），到机器人玩偶（如 Baby Alive），再到老年陪护机器人（如 Paro），以及许多其他机器人，社会机器人正迅速地在家庭和老年护理环境中找到属于自己的位置。单从这一趋势来看，社会机器人很有可能会成为人类社会不可分割的一部分。社会机器人似乎也将遵循类似的轨迹：一旦社会机器人被社会完全接纳，生活中就将处处都有它的身影。

作为这种社会渗透的结果，社会机器人也将进入我们的生活，社会机器人是专门为涉及人类情感和感觉的个人互动设计的：社会机器人能够以个人的方式与我们沟通、互动，甚至与我们联系。虽然社会机器人可以为人类带来好处（如 Paro），如健康上的好处，但是它们也有可能造成伤害，即情感伤害。

社会机器人一旦与人类环境产生交集，就必然会对人造成较大的影响，尤其是在影响人类情感认同的问题上。与他人的关系是人类生存的核心。人类既在人际关系中孕育，也在人际关系中发展，并在与他人的关系中生活。人们不仅能够与其他人建立社会关系，而且能够与非人类建立社会关系。人类和计算机技术之间的相互作用越来越复杂，越来越像人类之间的相互作用，使得影响人机关系的心理因素所发挥的作用越来越重要。

传统的情感交互对象通常是人，而社会机器人的出现使得情感交互增加了新的对象。它们能够与人进行情感交互，并在一定程度上满足人的情感需要，如给人提供娱乐和陪伴等。在与社会机器人相处的过程中，人们与机器人的互动在某种程度上使得人们将其视为和自身一样的生命体，这种现象在儿童这一群体中表现得尤为明显。以儿童陪伴型机器人为例，儿童若与其维持长久的互动关系，将会对其产生深深的"依恋"。机器人通过视觉、运动和听觉功能综合呈现出"幻想性"生命个体，可能会让儿童产生错误的认同（Sharkey & Sharkey，2010）。社会机器人近乎"完美"的设计让使用者不仅会误以为机器是人，产生错乱的情感依恋，而且在某种程度上会弱化个人作为"人"的情感特性。

詹妮弗·帕克斯（Parks，2010）对这种"人—机"依恋关系提出了批评，他认为这种所谓人机之间的友谊和感情并不真实。由于机器人仅依赖程序支撑，它们很难产生"由心而发"的情感，缺少真正生理意义上的情感激发机制。这种虚拟依恋不利于人的情感观的塑造，加剧了情感认同的不安全性。对此，黛博拉·约翰逊等人（Johnson & Verdicchio，2019）提出，与机器人打交道的一种方法就是"忘记"它们是机器，并抱有一种"它们是人"的错觉，这样才能产生"亲密"的想法。然而，我们所面临的与机器人的关系或许是：当科技加速发展，机器人变得越来越复杂且与人的社会互动增加时，机器人与人的关系会变得更加模糊。这也告诉我们在享受与机器人互动的同时，不能以看待过去的视角去理解这一变化。

在上述背景下，陪伴型机器人走进了工程师的视野和大众市场，它也属于社会机器人的一种类型，主要为人类提供友好的陪伴服务，包括身体和心理上的。语音交互的使用和发展使得陪伴型机器人变得能和人"沟通"，这种功能会让人与机器人相处起来更方便。未来陪伴型机器人不再是冷冰冰的机器，而是会在和人"交流"与"交往"之后，与人建立情感，成为家庭中不可或缺的成员。其中，机器人陪伴人类是人机关系的核心，具有以下主要特点。

①行为层面，可模仿人类的行为，并对人类产生共情。

②感知层面，可理解人类的感情、认知状态以及行为意图。

③可在情感、认知与社会等维度上与人类进行交流。

二、陪伴型机器人的具体实例

Pepper 不同于传统机器人，它具有一定的"感知"人类情感的能力，因此也被称作"情感机器人"。

Pepper 内置有"情感引擎"，能够通过阅读人类的面部表情、语音语调、讲话内容来读懂人类当前的情绪，从而灵活应对各种情况。例如，主人一脸沮丧地回到家中，Pepper 就会为主人播放最爱的歌曲。正如软银董事长孙正义（2014）在新闻发布会中所说的："我们的 Pepper 机器人就是要让用户感觉更加快乐，并最大限度地降低悲伤的情绪。"更让人惊喜的是，与主人相处的时间越长，Pepper 就会越来越了解主人的习惯，并且能够更好地以编程的方式去阅读主人的情绪。简言之，时间越久，Pepper 就会越发智能。

继 Pepper 之后，陪伴型机器人行业如雨后春笋般发展起来，其中来自英国谢菲尔德大学的认知神经学教授托尼·普雷斯科特（Tony Prescott）于 2015 年研发的仿生宠物机器人 Miro 深受用户欢迎。Miro 拥有兔子的耳朵、狗的面部、海洋生物的身体颜色等，能够和真实动物一样灵活移动。其左右眼均安装了摄像机，并能够判断距离、位置，对声音也能做出反应。它比一般宠物聪明，可以用来陪伴独自在家的老人、孩子，消解他们的孤独。另一款陪伴型机器人 Rokid 的人气也很高，Rokid 的优势在于拥有强效的听力，采取语音交互模式，在静置状态下显示 3D 星轨动画，你只要说一声"Hi, Rokid"，它就会给予语音回应，并在底座上层朝你声音的方向发出亮光并进行互动。

就陪伴型机器人的一般交互过程设计而言，以老年人的陪伴为例，有公司开发了可帮助老人按时按量吃药的陪伴型机器人。老人独自在家的时候常常会感到寂寞，有时候很想有人陪着自己说话。同时，在生活中他们也会产生一些疑问需要向他人询问。当生病的老人独自在家时，有的老人会因为记忆力变差而忘记吃药，还有的老人因不识字而不知道怎么吃药。据此，有公司开发了提醒老人按时按量吃药的陪伴型机器人。

人机交互控制方法的步骤如下。

步骤 1：通过语音接收器向机器人提出问题，语音接收器接收到语音信号后，将该语音信号发送给语音识别器，进而对语音信号进行识别，得出具体的语音字段。

步骤 2：词汇划分模块对语音识别器得出的语音字段进行词汇划分，提取关键词。

步骤 3：中央处理器接收到关键词后，将关键词与数据库中的关键词进行匹配，以寻找问题的答案；若有匹配的结果，则中央处理器控制喇叭将问题的答案以语音的形式播放；若没有匹配的结果，则中央处理器控制喇叭播放没有结果的语音提示声；在问题匹配过程中，中央处理器先匹配本地数据库，若本地数据库没有匹配结果，中央处理器再从云端网络数据库中进行匹配。

吃药提醒控制方法的步骤如下。

步骤 1：时钟模块设定吃药时间。

步骤 2：吃药时间到后，时钟模块向中央处理器发送吃药信号，使中央处理器控制喇叭发出吃药的提示声，吃药提示声持续 5 分钟。

步骤 3：当中央处理器接收到时钟模块发出的吃药信号后，中央处理器控制出药驱动电机转动一个装药腔的角度进行出药，当出药驱动电机转过一个装药腔的角度后便停止运行。

三、人们对陪伴型机器人的接受度

一份调查报告(互联网消费调研中心)发现用户最关注的产品是陪伴型机器人。在用户关注度分布占比中，陪伴型机器人用户的关注度高达 32.2%，工业机器人占比 22.6%，服务机器人占比 18.8%，特种机器人占比 17.2%，其他类型的机器人占比 9.2%。因此，就产品选择而言，人们对陪伴型机器人具有较高的接受度。

(一)儿童

智能机器人经过短暂的发展，已经成为家喻户晓的高科技产品。特别是儿童陪伴型机器人，到底是什么在推动儿童陪伴型机器人市场的发展呢？儿童陪伴型机器人能够取得快速发展，主要有以下三个方面的原因。

首先是用户层面。儿童陪伴型机器人用户中绝大部分是"00 后"群体，虽然他们本身不具备购买力，但他们背后的家长恰恰是以"80 后"为主的职场主力军。"80 后"

对下一代的教育有两个鲜明的特点，其一是婴幼儿智能启蒙教育，其二是场景式陪伴，而儿童陪伴型机器人正好具有这些功能。

其次是需求层面。目前中国有许多留守儿童，即便生活在一起，父母和孩子交流的机会也偏少。而智能机器人可以借助网络打破空间的界限，打造碎片化的陪伴体验。儿童成长最大的痛点是缺少父母的陪伴，儿童陪伴型机器人能弥补儿童孤独成长的遗憾，具有一定的情感替代作用，与此同时也解决了父母工作和家庭难以两全的矛盾，这是儿童陪伴型机器人市场近年来逐渐兴旺的重要原因。

最后是技术层面。当前，随着人工智能技术以及人脸识别、视频交互等安防技术与家庭机器人主要应用场景的高度耦合，各种类型的智能化产品不断出现，为用户提供良好的使用体验，而儿童陪伴型机器人便是其中的一种，孩子在儿童陪伴型机器人的陪伴下同样可以获得快乐。

儿童群体对陪伴型机器人也具有积极的认知。菲利浦·马蒂·卡里略等人（Felip Martí Carrillo et al.，2017）设计了一种用于儿童康复的机器人。在使用之后，研究者评估了患者、治疗师和家长对机器人的信任、有用性和优劣性的看法，发现大多是积极的评价，且将机器人视为儿童康复阶段的重要工具。同样，莎拉·拉比特等人（Rabbitt et al.，2015）通过对父母的访谈，发现他们对用于矫正儿童越轨行为的机器人的接受度较高。

此外，罗斯玛丽·罗伊杰等人（Looije et al.，2016）让机器人与 17 名患有糖尿病的儿童一起完成不同的活动，如与机器人进行简单的交流或者散步等。这些活动的重点是帮助患有糖尿病的儿童学会自我管理。一开始，父母和照顾者对机器人的作用持怀疑态度。但是在应用的后期阶段，他们都认为机器人在许多方面具有积极的作用，如提高儿童的沟通能力。

（二）老年人

这几年，随着云计算、大数据与深度学习技术的发展，人工智能成了创业的"风口"之一。一些企业尝试将养老服务和机器人技术相结合，研发出许多养老机器人产品，为老年人提供移动辅助、卫生保洁、行动助力、安防保护等服务，解决了老年人日常照料中的许多问题。不过这些养老机器人表现出的更多是机器的特征，与家政机器人没有本质的区别。于是，有些企业走得更远——提出了"陪伴型机器人"的概念，试图解决养老领域更为核心的精神照料问题。他们相信，机器人通过识别和学习有关主人偏好、行为和个性的人机交互技术，也能觉察人类的情感，甚至可以具有人性。如果机器人真能掌握主人的习惯和偏好，就能分析他们的意念和思维，从而成为"最懂你"的那个"人"，最大限度地满足老年人对情感交流和陪伴的需求。

技术进步为陪伴型机器人的功能实现带来了新的解决方案。但是，试图用机器人实现对老年人的精神照料还存在困难。情感的非线性特征使它们难以通过人机交互的数学模型和算法来完整理解。面对生活的沉浮，人类对自己的很多复杂情感有时连自身都无法用语言表达，而靠模仿人类的机器人又如何能够表达呢？同时，让老年人以为陪伴型机器人真的存在情感，也可能会带来更多未知的心理问题。

开发人员使用了一些方法和指标来衡量用户、护理人员、治疗师和医疗护理专业人员对老年人陪伴型机器人的看法。其中包括半结构化访谈、焦点小组、图片分类任务和不同类型的问卷，如技术接受和使用的整合模型问卷、机器人态度量表、对机器人的负面态度量表、机器人社会属性量表。这些测量方法和工具有助于理解人对机器人在交互过程中的可接受性，包括道德上的、可用性层面的、社会影响、不适/舒适感等。

有研究对一组老年人进行了评估，以观察他们对机器人的接受度。在这项研究中，由于机器人可以监测陪护中遇到的紧急事件，因此老年人将其视为安全工具。马里贝尔·皮诺等人（Pino et al.，2015）的研究也揭示了老年人对陪伴型机器人持有积极的态度，认为机器人在提高使用者社交能力以及缓解孤独感方面具有促进作用。医护人员也持有积极的看法，认为机器人可作为协助和加强护理的工具。然而，老年人群体认为使用陪伴型机器人存在三个缺陷：担心失去真正的人际交互；将机器人视为玩具，导致使用上的不利影响；感情欺骗，即认为机器人所具有的某些情感实际上是没有的。

第二节　面向儿童的陪伴型机器人

总体来看，儿童机器人的功能大致可分为教育、游戏与陪伴三种。儿童智能陪伴型机器人进入家庭已是大势所趋。儿童机器人的门槛正是在于内容、交互方式、用户需求等痛点。除了陪伴儿童成长之外，内容与交互形式将成为儿童陪伴型机器人的关键特征。

一般来说，智能陪伴型和陪护机器人内置了高清摄像头，可以实现智能抓拍功能，无须人工干预，完全自动化。而经过拍摄的画面还可以被发送到用户指定的手机中，让家长可以随时观看，了解孩子在家的状态。另外，用户通过手机可以实现远程控制，随时观看家中的情况。

此外，作为儿童智能陪伴型机器人，基础功能也相当丰富。相比于传统的点读机、学习机，可以说是天壤之别。产品内置有丰富的教育、娱乐资源，包括儿歌、游戏、动画、音乐、英语等内容。全新的主动交互式功能不再是简单的你问它答的形式，而是可以主动与孩子进行沟通，甚至在讲故事的时候，还会主动向孩子提问。

以下将分四个主题讨论陪伴型机器人在儿童陪护和护理中的应用，包括为患病儿童提供情感支持的机器人、为孤独症儿童提供治疗或干预的机器人、用于提升幸福感的机器人、在医疗过程中提供协助的机器人。

一、为患病儿童提供情感支持的机器人

研究者对 NAO 机器人被用于给儿童患者（如 DM1，即 1 型糖尿病）提供情感支持的效果进行了评估。研究用了不同的样本和疗程对效果进行评估，其中包括 11～27 名儿童样本，有 3～8 个疗程，每个疗程持续 23～60 分钟。

罗斯玛丽·罗伊杰等人（2016）在研究中使用 NAO 为患有 DM1 的儿童提供支持，帮助他们学习疾病知识与应对的方法，以期提升儿童患者的自我管理能力。布兰森·亨克曼斯等人（Henkemans et al.，2013）在临床环境中使用机器人为糖尿病儿童患者提供自我管理教育，帮助他们获取疾病的相关知识。这两项研究的结果均显示，儿童

喜欢在机器人的陪护中与 NAO 一起互动，并报告他们对糖尿病知识的了解相比以往有所增多。此外，罗斯玛丽·罗伊杰等人（2016）还发现，根据父母和医院工作人员的报告，NAO 对儿童的情绪和开放性产生了积极的影响。其中，开放性属于大五人格理论中的一个维度，具有想象、审美、情感丰富、求异、创造、智能等特质。

米努·阿勒米等人（Alemi et al.，2016）将 NAO 用于与肿瘤儿童患者建立友谊的纽带，以减轻患者的痛苦和压力。在不同的疗程中，机器人被设计为具有不同的角色，如会议负责人的助手、心理医生和化疗医生等。NAO 能够在一个结构化的场景中用语调和身体动作来表达情感。儿童患者报告说，在整个疗程中，愤怒、恐惧、焦虑和抑郁等负面情绪都有所下降。

总之，被用于为儿童患者提供情感支持的陪伴型机器人，不仅在医疗护理中能为他们提供帮助，而且可带来积极的情感影响。尽管如此，这些结果是否会随着时间的推移而改变仍需要更多的儿童样本和研究来验证。

阅读材料

机器人 Robin

一个名叫 Robin 的机器人在 Wigmore Clinic 进行了测试。Robin 大约有 8 岁孩子那么高，圆锥形的塑料身体和长方形的脑袋，这样的外形可能不会让你想起它是人类的伙伴。但它的对话技巧、两个巨大的眼睛以及富有表情的屏幕脸足以让住院的儿童暂时忘却孤独。

医院对很多人来说会引发紧张感，但是对于一个被困在病床上的成年人来说，频繁的侵入性手术和冗长的治疗可能会让他们感到厌烦，对于一个不能和朋友甚至家人一起玩耍的孩子来说，这似乎是无法忍受的。Robin 可以识别面部表情，并利用对话的背景，以互动的方式与孤独的孩子建立个性化、自然的互动和对话。Robin 还会玩游戏，讲故事，让孩子参加各种活动来分散压力和痛苦。

据 Robin 的制造商 Expper Technologies 称，在 Wigmore Clinic 试点期间，与那些无法接触到 Robin 的儿童相比，与 Robin 接触的儿童在住院期间的积极体验提高了 26%，压力水平降低了 34%。

二、为孤独症儿童提供治疗或干预的机器人

(一)概念及背景

孤独症谱系障碍（autism spectrum disorder，ASD；以下简称孤独症）是一种较为严重的广泛性发育障碍。孤独症的病因仍是世界医学的未解难题。该病的男女发病率的差异显著，在我国男女患病率的比例为 6∶1 至 9∶1。典型的孤独症的核心症状

为孤独症儿童提供治疗或干预的机器人

就是所谓的"三联症"，主要体现为在社会性和交流能力、语言能力、仪式化的刻板行为三个方面都具有本质的缺损。其主要症状有以下几种。①社会交往障碍：一般表现为与他人交往困难或不愿意交往，严重者甚至与父母缺乏情感依恋；②语言交流障碍：完全无语言、语言发育落后、语言能力倒退，或者鹦鹉学舌式重复语言；③重复的刻板行为：兴趣狭窄、异常动作频繁、性格固执，不愿意改变。不典型的孤独症则

在前述三个方面不全具有缺陷，只具有其中之一或之二。孤独症的临床特征通常出现在发育早期，并可能与其他疾病如智力残疾、癫痫等相关。尽管针对孤独症的一些干预手段已经被开发出来，但是缺乏可靠的证据来证明其有效性（Maglione et al.，2012）。

　　孤独症儿童的社会技能干预方法主要分为两类：一类是以社会故事法、关键反应训练、同伴介入法、录像示范法为代表的经过检验的传统干预方法；另一类是以社会陪伴型机器人、乐高团体疗法为代表的新兴干预方法。技术的发展，特别是在机器人领域，为孤独症的干预提供了可能性，如利用机器人辅助诊断过程，帮助孤独症患者改善眼神交流，与孤独症患者进行对话练习、模仿等（Cabibihan et al.，2013）。

　　使用机器人辅助干预孤独症儿童的研究始于 20 世纪 70 年代。1976 年，威尔（Sylvia Weir）和伊曼纽尔（Ricky Emanuel）采用机器人干预一名 7 岁孤独症儿童的社交行为，并取得了较好的效果。机器人大规模地被运用到孤独症儿童教育领域，始于 1998 年克斯丁·道腾哈恩（Kerstin Dautenhahn）主持的"AuRoRA project"（autonomous robotic platform as a remedial tool for children with autism），他们认为社交行为最好的模仿对象虽然是人类，但是人类的社会行为太微妙、复杂且不可预测。有很多孤独症儿童喜欢玩机械玩具和电脑，因此可以机器人为媒介提高孤独症儿童的社交和沟通技能。此后，随着人工智能技术的飞速发展，机器人在孤独症患者社会技能干预领域的研究越来越多。由于机器人的种类繁多，国外研究者将用于干预孤独症患者社会技能的机器人命名为社会机器人，通过遵循某种社交行为和规范与人类进行沟通。使用社会机器人对孤独症儿童进行干预建立在人机交互技术的基础上，社会机器人在干预过程中通常扮演三类角色：互动伙伴、示范者、扩大性及替代性沟通系统，内容主要集中在模仿、共同注意、情绪识别和表达、主动交往等几大社交领域。

　　用于孤独症患者干预的机器人的外观设计主要分为三类：仿人机器人、动物形机器人和其他造型的机器人。逼真的仿人机器人因其外貌与人类相似，很容易被孤独症儿童识别。当然，还有部分仿生机器人，用于夸大某种社会线索，以引导孤独症儿童关注特定线索的能力，避免分散注意力。许多孤独症儿童能够很自然地与可爱的小动物相处，仿真的动物形机器人类似于动物的外观，如毛绒海豹 Paro 和可爱的小鸭 Keepon，这些动物形机器人作为机器宠物，深受孤独症儿童的喜爱。调查显示，74％的孤独症儿童更愿意接受动物形机器人。此外，有些机器人的外观类似于球形玩具。部分机器人的造型虽然不规则，但是具有讨人喜欢的外观，让孤独症儿童感到亲切且易于接受。其中，NAO 是在治疗孤独症过程中被广泛使用的机器人。它拥有讨人喜欢的外形，而且具有一定水平的人工智能，能够与人亲切地互动。对孤独症儿童来说，机器人比人类同伴更具吸引力，他们会自发地触摸机器人，对机器人说话、微笑，模仿机器人的头部运动和面部表情。

　　尽管目前尚未有充分的实证研究证明机器人辅助干预孤独症患者的效果，但就现有研究分析，这种结合人工智能技术的干预方式在孤独症患者干预方面有很大的发展潜力。然而，由于本身的一些局限性，机器人目前只能作为干预过程中的一种辅助技术，需要与其他几种干预方法结合使用。

(二)运用机器人进行社交技能干预的模式

一是把机器人作为治疗同伴，通过吸引和保持儿童的注意力，使其专注于相关的交往互动来达到治疗效果；儿童在不同形式互动的指导下学习恰当的社会技能。亨里克·豪托普·伦德等人（Lund et al.，2014）开发的模块化机器人能够参与使用者的物理治疗、运动以及娱乐活动，通过其自身系统对使用者的行为或者活动做出反馈，其反应时间基本在一分钟以内。这种设计使得机器人能成为儿童的社会伙伴，有利于儿童的情感交流以及发展。

二是把机器人作为社会互动的中介，引导和促进儿童之间的社会互动行为。最为典型的是三元交互模式。三元交互模式的主体包括孤独症儿童、机器人以及其他同伴。孤独症儿童通过对机器人的行为做出反应，或者模仿机器人的表情、动作、语言来获得社交技能的发展，同时可以与第三人（如家长、教师、养育者）表达自己的情绪体验和经验感受。也就是说，机器人与儿童的互动不是最终目的，它仅作为一个媒介，来发展儿童的社交能力，最后促成其正常的社交模式，并泛化到日常生活中与其他同伴或成人进行交往。小泽英树等人（Kozima et al.，2005）对 2～4 岁的孤独症儿童进行跟踪调查后，发现三元交互模式能够促进他们社交能力的发展，他们看到机器人的动作后会看向治疗师并分享兴奋与快乐。伊丽莎白·金等人（Kim et al.，2013）以 24 名孤独症儿童为被试，比较了他们在三种场景（成人—恐龙机器人、成人—计算机游戏、成人—成人）中的互动表现，结果发现他们在成人—恐龙机器人场景中会表达更多的语言，但对机器人的语言多于对成人的语言；而在成人—计算机游戏场景中，他们专注于游戏，与成人的交流很少；在成人—成人场景中，孤独症儿童对主试（其中一名成人）的语言及关注少于恐龙机器人情境中对主试的语言及关注，而与互动伙伴（另一名成人）的交流基本上和与机器人的交流一致。也就是说，与机器人的互动能够诱发孤独症儿童对主试更多的互动和交流。

三是作为社会代理模型，由工程师编译好程序，按动不同的按钮，机器人便会为孤独症儿童展示在特定环境下的社会交往行为，使其通过观察而学习社会交往行为。同时，儿童也可以直接与机器人进行互动练习。例如，机器人 Probo 作为讲述社会故事的媒介，教授儿童在不同场景如何进行互动，如在什么情况下说"你好"，在什么情况下说"谢谢"，在什么情况下分享活动，还能够通过面部表情和眼神来表达情绪和注意，帮助儿童理解和学习社会交往行为。该研究结果显示，在特定情境下，相比于治疗师直接通过社会故事提高孤独症儿童的社会技能，机器人作为社会代理讲授社会故事的成效更显著。

(三)运用机器人进行社交技能干预的内容

1. 模仿

模仿是儿童获得新知识的主要途径之一。儿童不仅可以通过模仿习得动作、语言、表情，而且可以通过模仿探索周围的世界。扎卡里·沃伦等人（Warren et al.，2015）将 8 名孤独症儿童和 8 名普通儿童进行对比，分析两组儿童在机器人和真人两种模仿场景中的表现，发现普通儿童在两种模仿场景中的表现基本一致，孤独症儿童对机器人的模仿正确率显著高于对真人的模仿。奥德·杰玛·比拉德等人（Billard et al.，2007）设计的机器人 Robota 与人体结构相似，具有双向模仿能力，孤独症儿童可进行行为模仿，获得恰当的行为模式，其行为也同时被机器人模仿。如此，一方面对儿童的行为做出反馈，另一方面可作为儿童行为评估的依据。奥德·杰玛·比拉德等人（2018）的研究表明，参与其实验的 4 名孤独症儿童的重复刻板行为有所减少，与机器人 Tito 有更多的眼神接触，表情模仿行为也增多。

2. 眼神交流和共同注意

眼睛交流是保持面对面交往所必需的，但这是孤独症儿童所缺乏的。眼神可以传达人的注意和情绪，机器人的应用可以通过探测器探测与儿童的距离，与儿童保持近距离的接触。儿童在与机器人有眼神交流时便会得到机器人的奖励，从而促进该项技能的发展。共同注意是社会互动的关键。它需要两个或两个以上的个体通过眼神、手势指向动作等共同注视同一个目标，机器人的作用在很大程度上是引导儿童的注意力。它们大体通过两部分的设计来达到此目的：一是通过感官模块，探测他人的意向；二是通过眼神观察，了解他人的注视方向，推断儿童是否能够追随机器人的行为或者注视点。机器人具有触觉和视觉交流功能，通过非语言的方式和简单的社会线索来与儿童交流，如通过跟随音乐跳舞或者摇摆来吸引儿童的注意。在多拉·科斯塔等人（Costa et al.，2013）的研究中，8 名孤独症儿童在整个实验阶段对机器人 Kaspar 的关注度比较高，能保持注意力的占 47.3% 以上，但随着时间的推移呈现下降趋势；而他们对实验者的关注度逐渐上升，在机器人和实验者之间的视线转换达到一半以上，共同注意水平比较高。丹尼尔·大卫等人（David et al.，2018）报告，使用指向手势也是吸引孤独症儿童的关键。但安德烈斯·拉米雷斯-杜克等人（Ramírez-Duque et al.，2020）指出，尽管在他们的研究中使用了社交信号，但是孤独症儿童在与机器人的互动过程中表现出更差的共同注意。值得注意的是，其他研究使用的是 NAO 或 Kaspar 机器人，而安德烈斯·拉米雷斯-杜克等人（2020）使用的是 Ono 机器人。这提示使用不同的社会机器人，其干预效果可能不一样。

3. 交谈中的轮流

孤独症儿童的社交障碍还体现在不能与他人维持正常的谈话上，他们通常会自顾自地谈论自己感兴趣的话题，而不顾他人的感受和反应。运用机器人来进行干预则可以通过游戏设置，来使孤独症儿童理解和掌握轮流的技能，既可以采用一对一的方式与儿童游戏，也可以作为游戏主导者采用一对多的方式进行。卢克·杰·伍德等人（Wood et al.，2019）设计了一款机器人作为游戏主导者来引导儿童玩"阶梯蛇"游戏，所参与的 5 名孤独症儿童先轮流与机器人打招呼，然后等待机器人喊自己的名字，拍击机器人的肚子获得游戏的前进步数，再进行相应的游戏操作。到游戏结束时，由机器人宣布胜利者。这一过程持续大约 20 分钟，其中 4 名孤独症儿童能够坚持完成游戏。

4. 情绪识别和表达

孤独症儿童对面部表情识别以及肢体语言等方面的理解不足，这在一定程度上与人的面部表情线索比较复杂、变换比较快有一定的关系。而机器人的表情或情绪是经过程序化设计的，为了便于用户识别，其表情或情绪是比较单一的。20 世纪八九十年代，研究者便已通过模仿人类面部动作开发了机器人面部程序，这种程序可以根据使用者的需求识别或表现出已经编程好的面部表情，如开心、生气、恐惧、惊讶等。小泽英树等人（2007）的研究也指出孤独症儿童乐于主动表达对机器人的感情，并将该感受表达给成人。

机器人干预可改善孤独症儿童产生和识别面部情绪的能力。波林·谢瓦利埃等人（Chevalier et al.，2017）指出，身体和面部表情的结合对提高情绪识别起着重要作用，同时他们也提醒孤独症儿童整合视觉和本体感觉线索的能力会影响他们识别情绪的能力。这表明，在机器人实施干预时，为了确保每个儿童都能够取得适当的干预成效，必须对每个儿童的发展水平和心理功能有所了解。塔特亚娜·佐尔塞克等人（Zorcec et al.，2018）的研究表明，经过十次练习，孤独症儿童在日常生活中能够识别快乐和悲伤情绪并做出适当的反应。此外，他们在日常生活中可以在没有焦虑、抵触或不适感的情况下使用问候语。

5. 主动性交往

主动发起互动是孤独症儿童最为缺乏的技能。在儿童与机器人的互动模式中，儿童单击机器人身上的按钮，或者发出指令，机器人便会做出反馈，播放音乐或者跳舞、问候、发出光芒等，这可以作为儿童主动交往的奖励，也能吸引儿童的注意力。有些机器人具有感觉加工功能，可以通过儿童的触摸来判断他交往过程中的主动性以及行为的恰当性。例如，多拉·科斯塔等人（2010）的研究表明，8 名孤独症儿童在实验过程中都表现出主动触摸机器人的行为，且主动触摸机器人的行为比提示后的触摸行为多 10.3 倍，比触碰研究人员多 6.7 倍；温和地触摸机器人的次数要远多于粗暴地触碰机器人的次数。本·罗宾斯等人（Robins et al.，2005）的研究发现，孤独症儿童倾向于直接与机器人交流。大卫·菲尔-塞弗等人（2005）的研究表明，孤独症儿童在机器人实验干预中与家人的交流增多。

（四）运用机器人进行孤独症儿童干预的局限性

机器人在灵活性、能动性和共情性上的缺失，导致它不会像社会上担忧的那样取代康复师，反而对康复师提出了更高的要求。康复师需要清楚机器人的长处和局限，以及怎样与机器人配合才能使合力最大、效果最佳。

在应对孤独症儿童的社交障碍时，人们希望能借助机器人将孤独症儿童对非生命体等简单社会刺激的兴趣，延伸到对人类面孔等复杂社会刺激的兴趣上，最终实现与真人独立、无障碍地交流。以下将从表达欲望、语言技能和情绪识别三个方面列出机器人在应对孤独症社交障碍这一核心症状时存在的局限。

首先，机器人不应代替孤独症儿童表达想法、要求和情感，而应帮助孤独症儿童培养自我表达的兴趣和习惯。当前，部分研究立足如何让机器人代替孤独症儿童进行表达。过分活跃的神经系统通常会使孤独症人群难以承受额外的外界信息负荷，唯有少言寡语，沉浸在自我世界中才会感到宁静。然而，内心紧锁或许会给孤独症儿童带来宁静，却未必会带来社会适应。最早的一批孤独症儿童在当时被诊断为精神分裂症，足见孤独症儿童心理不协调的凸显性。机器人代替孤独症儿童表达，或许可以在某种程度上为这种心理失调提供一个疏解渠道，但内心分裂的最终调和恐怕还要依赖孤独症儿童自主的表达和释放。

其次，语言技能往往是孤独症儿童的父母期望优先改善的，但现有的机器人在语言方面所能提供的帮助有限。虽然目前有超过半数的干预使用的是会讲话的 NAO 机器人，但仍有相当数量的干预是借助不会讲话、智能性较低的机器人，如 Keepon 和 ifbot。即便是会讲话的 NAO 也很难讲出像人类那样吐字清晰、抑扬顿挫甚至蕴含言外之意的语言。而精准的发音、恰当的韵律以及对玩笑、隐喻、暗示等话外之音的理解，正是孤独症儿童最需要提升的，但这恰恰是机器人语言中最贫乏、机器人技术最难攻关的。

最后，即便孤独症儿童能识别机器人单一的情绪，也未必能泛化到对人类复杂情绪的识别。目前，NAO 的情绪表达非常直观：眼睛黄色表喜、红色表怒、蓝色表哀、青色表惧等；而人类的情绪除了喜怒哀惧，还有皮笑肉不笑、喜极而泣、破涕为笑等，十分复杂多变。因此，即便孤独症儿童可以识别机器人的情绪，当他们面对多变的人类表情时，恐怕也很难避免感官超载的状态。如果孤独症儿童无法顺利实现从机器人到人的过渡，那么孤独症儿童与机器人的相处就在无形中挤占了他们与真人相处的时间，从而加剧了孤独症儿童对人类的回避及其对非人类的偏好，甚至导致自我异化。

机器人不仅在介入孤独症社交障碍这一核心症状时存有局限，而且在应对孤独症另一核心症状即重复刻板行为时也不尽如人意。在以往研究中，机器人可以减少孤独症儿童的重复刻板行为，但多是通过间接的方式：在机器人营造的轻松愉快的氛围下，孤独症儿童不再需要通过重复刻板的动作来缓解焦虑和恐惧、寻求可控感，重复刻板行为也就自然减少了。但是，机器人本身灵活性、应变性的欠缺决定了孤独症儿童若模仿机器人，非但不能帮助其克服重复刻板行为，反而会因为机器人迎合了他们对一成不变行为的偏好，强化了孤独症儿童对重复刻板行为的执着。

三、用于提升幸福感的机器人

(一)聊天

聊天机器人是经由对话或文字进行交谈的计算机程序，能够模拟人类对话，并可在一定程度上通过图灵测试。聊天机器人可帮助解决实际问题，如客户服务或资讯获取。有些聊天机器人会搭载自然语言处理系统，但大多数简单的系统只会撷取输入的关键字，再从数据库中寻找最合适的应答句。目前，聊天机器人是虚拟助理的一部分，可以与许多应用程序、网站以及即时消息平台连接。非助理应用程序包括娱乐目的的聊天室，用于特定产品的促销等。Eliza 和 PARRY 是早期的聊天机器人。它们试图建立这样的程序：至少暂时性地让一个真正的人类认为他们正在和另一个人聊天。聊天机器人已被应用于在线互动游戏。一个单独的玩家可以在等待其他"真实"的玩家时与一个聊天机器人进行互动。

Woebot 是一款比较受欢迎的手机应用程序，其属于聊天机器人。它可以监控用户的情绪，并通过治疗性对话可为用户提供表达他们想法和情感的场所。Woebot 基于认知行为疗法而构建，认知行为疗法被视为一种谈话疗法，其通过改变患者的思维方式和行为方式，帮助患者将消极的想法重新组织成积极的想法。这一款机器人包括自然语言处理过程、临床专业知识和轻松的日常谈话知识库。这一款聊天机器人询问用户的感受以及生活中发生的事情，与他们谈论心理健康知识，并会根据用户当前的心情和需求发送特定的视频和其他有用的治疗方法。

针对 Woebot 的效果，斯坦福大学进行了一项为期两周的研究。70 名 18～28 岁的学生在 Woebot 上进行了多达 20 个阶段的对话，与只接受信息的对照组相比，实验组的焦虑和抑郁水平显著降低。在实验组中，高达 85% 的参与者每天或几乎每天使用 Woebot。目前尚不清楚使用该聊天机器人对心理健康有何长期影响，还需要进行更多的实证研究。

（二）临床协助

卡洛斯·希福恩特斯等人（Cifuentes et al.，2020）分析了陪伴型机器人对患者治疗或住院期间幸福感的影响。这些研究使用了一种类似于宠物的机器人：在精神科病房和儿童病床旁边使用 Paro 和 Huggable Bear。患者可以随意地与 Paro 进行互动，经评估发现它为患者带来了精神上的放松和沟通需求上的改善。然而，具有依恋问题的人或孤独症患者，他们的经历大多是不愉快的。因此，需明确什么样的患者可以从与机器人的陪伴中受益以及可以与机器人建立良好的关系，并针对不同的需要设计具体方案以明确如何让机器人协助治疗。

Huggable Bear 被用于陪伴患有慢性和严重疼痛的住院儿童，在一个实验中它按三种方式（机器形象、虚拟形象、毛茸茸的玩偶形象）进行呈现，对儿童患者的可接受度、感知到的压力和焦虑水平进行评估。为了量化和比较与 Huggable Bear 的互动对住院儿童言语和参与效果的影响，要求儿童与机器人自由互动，如果他们愿意，可以与指定的熊玩耍。尽管与虚拟熊和毛绒熊相比，儿童与机器熊的互动更多，但是机器熊和虚拟熊对儿童参与度的影响不存在显著差异。同时，研究者认为在儿童筋疲力尽、缺乏社交能量的情况下，提供机器熊（或虚拟熊）不太合适。迪尔德丽·洛根等人（Logan et al.，2019）的初步结果表明，与其他干预措施相比，社会机器人对住院儿童有积极作用，儿童在接触机器人后报告的积极评价增加。

因此，一个像宠物一样的机器人可能通过分散注意力、卷入和积极的交流，从而对儿童的健康与幸福感产生积极影响。然而，当面对有特定精神病的儿童，有必要评估应用场景和机器人的合适性，以避免给儿童带来任何有害或不安全的体验。

四、在医疗过程中提供协助的机器人

近年来，机器人在医疗领域的存在感越来越强。其中，手术机器人获得了广泛应用，这是一种智能化的手术平台，已被应用于多个临床学科。典型的有泌尿外科，如前列腺切除术、肾移植、输尿管成形术等；妇产科，如子宫切除术、输卵管结扎术等；普通外科，如胆囊切除术等。最具影响力的是达·芬奇机器人，它具有三维成像、触觉反馈和宽带远距离控制等功能，被认为是手术机器人的成功典范。

机器人不仅提供手术上的协助，还提供其他的医疗服务。例如，在广州的不少医院，萌萌的机器人已在门诊大堂里上岗，它们会自动巡逻、四处游走，为患者提供咨

询、导航、导诊等服务；在医院的手术室、病房之间，物流配送机器人承担起医疗物资运输的工作，它们会自主导航、自动装卸。如果你在电梯遇到了，它们会说："我要进电梯啦，请你让一让。"机器人护士带来的好处显而易见，它们能"读得懂"大数据，干得了体力活，能在咨询、配药、运送、查房、护理等方面大显身手。就需求而言，护士岗位的缺口仍然较大。机器人护士不分昼夜，不会疲惫，给医疗事业注入了新鲜的血液，它们能将护士从简单机械的劳动中解放出来，能在夜班、配药等辛苦的岗位上发挥辅助作用，减轻医护人员的负担。

当然，机器人护士不仅能发挥"机器代人"的作用，而且将给医疗事业带来巨大的想象空间。以导诊为例，拥有超强"大脑"的机器人可以根据患者的症状推荐对治疗该病经验丰富、效果好的医生，其精准度高于人工导诊。今后它们还能在精准复诊、智能随访等方面优化流程、提高效率，提升患者的就医体验。不难想象，大数据、云计算、人工智能等互联网技术将为医疗领域注入更多的科技力量，进而更好地满足群众的健康需求。

机器人在医疗协助过程中，能有效吸引患者的注意，从而缓解患者的应激心理。研究者在一个包括大中型儿童样本的调查中，对机器人分散患者注意力的有效性进行了评估。在这个研究中，儿童在接种流感疫苗时由 NAO 机器人陪伴，它采用不同的策略来分散儿童的注意力，如做出某些手势。研究发现，NAO 采用的分心策略能够有效降低儿童的恐惧、疼痛和焦虑水平。在接种疫苗的过程中，孩子和家长能获得更长时间的快乐感。然而，西尔维亚·罗西等人（Rossi et al.，2020）的研究表明，由于被试量较少，因此无法有效评估机器人的情绪分散策略对最初表现出高度焦虑的儿童是否适用。但这些调查至少表明，在医疗过程中，尤其是在接种疫苗的过程中，如果孩子在接种疫苗前没有高度焦虑，使用机器人提供陪护服务无疑是一种分散注意力，并缓解儿童负性情绪的好方法。

第三节　面向老年人的陪伴型机器人

机器人在老年陪护方面的应用与日俱增。现如今我国的老龄化现象越来越严重，加重了子女赡养老人的负担。子女不可能每天都陪伴在老人身边，因此老人晚年的需求问题是当前社会迫切需要解决的问题之一。随着我国科技的快速发展，智能化机器人是社会发展的必然趋势，将这两者结合既可让长久以来的老年人需求问题得到很好的解决，也可减轻子女的工作压力，在一定程度上还推动了中国陪伴型机器人的进一步发展。

用于陪伴老年人的机器人在能力、质量、财务和经验等方面为医疗保健做出了巨大的贡献。社会机器人护理的发展是基于对人与动物相互作用的治疗效果的研究；使用机器人（类似于动物辅助治疗）的目的是提供心理健康服务（如改善情绪）、生理健康服务（如减轻压力和稳定血压）和增进社会效益（Shibata & Coughlin，2014）。

早在 20 世纪 80 年代，美国 TRC 公司设计了一款移动式护理机器人 HelpMate。HelpMate 集成了多种传感器，具有避障和自主导航等功能，能有效完成医用物品等运送任务。第一台原型 HelpMate 机器人于 1989 年在美国一家医院被安装使用，负责将餐盘从餐厅送到护理站，并于 1998 年在美国 70 多家医院被推广使用，取得了成功。HelpMate 的问世为机器人自主移动的设计提供了参考。例如，德国斯图加特的自动化研究院设计出的第二代机器人家庭助理 Care-O-bot Ⅱ，能在室内环境中检测避障和自主导航，辅助用户行走；以及自主移动护理机器人 ARTOS，配有激光测距仪和超声波传感器等，能自主移动，能实时通信，在保障隐私的同时完成有效监护。

此外，医院中的一些重症患者在进行离床性的活动时，需要从床上转移到床下，由此人们开始进行转运护理机器人的研发。早期的转运护理机器人有日本人机交互机器人研究中心研发的医用搬运护理机器人 RI-MAN 以及它的第二代升级版本护理机器人（robot for interactive body assistance，RIBA），其主要功能是将患者从床上搬到轮椅上。这种机器人属于仿人机器人，其表面有一层柔性有机材料，上肢覆盖了触觉传感器，能提供良好的交互性。还有日本松下公司设计的 Resyone 机器人，能实现床椅分离，方便患者到医院外界活动。

随着相关技术的进步，护理工作逐渐从医院转移到养老院、社区甚至是家庭，这就给护理机器人的研发提供了新思路。于是，个人综合护理机器人被设计出来。1999 年，意大利的 MOVAID 项目推出了一款用于日常生活中的个人护理机器人。该 MOVAID 系统由一个分布式机器人系统组成，包括一个移动机器人单元和一些固定工作站，以及标准厨房设备的专用接口。MOVAID 会清洁厨房以及拆卸床单等。之后的产品有欧洲的 CompanionAble 项目创建的 Hector 护理机器人，Hector 能记录日常生活，控制家庭环境，进行认知训练，药物提醒以及审查日常议程，还具有跌倒检测能力，可与智能家居和远程控制中心协同工作。澳大利亚的一款护理机器人 Hobbit 成为老年人家居生活中的优质伴侣。

在老年人护理与照护方面，我国大部分地区一直采取家庭照护模式。据统计，2015 年，我国失能、半失能人口占老年人口的 18.3%。老年人的服务需求随着社会经济水平及需求水平的提高而提高。约西亚内·德·热苏斯·马丁斯等人（Martins et al.，2009）的研究发现，老年人对健康照护的需求从无到有的概率随着年龄的增长而显著增加。智能护理机器人由于引入了人工智能高科技手段，大大提升了护理服务的效率，为提高护理服务品质奠定了基础。在我国，天津哈士奇机器人作为全球首台健康服务机器人成为标志性事件。之后，机器人也在福利中心和养老机构中逐渐被应用，仅杭州就有不少养老机构和照料中心引进了"阿铁"养老机器人。该机器人不仅能做到对老年人日常的健康监测与管理，而且更人性化地突出情感方面的陪护，尽力体现"老有所乐"。

老年陪伴型机器人分为身体护理型和心理陪护型，前者关注生理健康方面的解决方案，后者关注心理健康方面的解决方案。目前老年陪伴型机器人的设计研究主要关注老年用户的需求及机器人的功能、造型、交互方式与用户体验评估等。对老年机器人设计方法的研究关注较多的两个方面为设计流程和设计实践。在设计流程方面，主要的思路是设计与验证同时进行。例如，德国的沃尔特·甘茨（Ganz，2014）强调老年陪伴型机器人系统的参与式设计，充分利用老年人的力量，设计更适合他们的产品。在设计实践方面，一些公司推出的老年陪伴型机器人较为有名。例如，以色列公司 Intuition Robotics 的一款老年陪伴型机器人 ElliQ 可了解老年用户的偏好，并引导对新技术不熟悉的老人进行网络社交、视频聊天、玩简单的网络游戏。日本推出了一款海豹外形的名为 Paro 的机器人，它在与人互动时能够借助多种传感器，根据外部刺激做出相应的情感反应，如撒娇、眨眼等，这样具有人情味的设计能够帮助唤醒老年人的深层记忆，缓解老年人的认知障碍。

利用机器人技术来满足老年人的需求是医疗保健领域一个新兴的研究领域，使用社会机器人可能会对老年人产生积极影响。

一、机器人被应用于老年人的日常看护

（一）现状

对于机器人照护老人，存在争议。它们是否安全，在功能上是否能全面替代甚至超越子女和护工。这些问题是机器人需要解决的问题。随着技术的改进，安全性和照护技术的可替代性都可以逐步得以解决。但关键的是，陪伴型机器人是否可以在情感上替代人类，尤其是子女。

从表面上看，陪伴型机器人是冷冰冰的，无法与人有情感交流，更无法产生与子女相似的情感依托。但是，这或许正是机器人陪伴的优势。在面临失智，老人无法表达自己的意思，甚至表现出种种老态和不堪之时，如口角流涎，咽不下饭食，排不出粪便，行动迟缓，情绪不稳，大哭大闹，并且可能随时提出许多荒诞要求之时，即便是子女，也可能会崩溃。但是，机器人不会计较老人的不良情绪，也不会嫌弃老人的种种异常的生理状况，它们会一如既往地照护老人，不会生气，也不会有情绪反应，更不会讨厌这份工作。这或许是解决老龄化社会问题的重要方式之一。

日本的老龄化程度是世界上较高的。因此，智能陪伴型机器人已成为日本的第一大市场，是目前各种智能护理机器人最具竞争力的市场。在日本，陪伴型机器人的应用场景主要有两种，一种是针对家庭单位推出的智能护理机器人，另一种是针对养老院等机构推出的智能护理机器人。两者在功能上并无太大差别，只是受制于价格等因素。目前个人家庭市场的智能护理机器人需求量远不如养老院等机构。日本的一项全国性调查发现，使用智能机器人陪伴可以使疗养院超过三分之一的老人更加活跃和自主。

随着老年陪护服务市场的发展，从事护理的熟练技工将供不应求。各国政府和科研机构已经把目光开始转向智能机器人，期望通过开发满足不同需求的老年陪伴型机器人来填补这一人力资源空白。与其他服务类机器人市场相比，老年陪伴型机器人尚未成熟，但人工智能技术已涉足该领域。从长远发展来看，其前景令人期待。基于人工智能技术的优势和应用，其赋能护理行业的价值将是不可估量的。

人工智能技术在我国护理领域的应用正在加速落地。例如，深圳市"重大民生工程"之一的深圳市养老护理院已投入使用。这一养老护理院引入腾讯的人工智能技术，采用智能机器人对失能失智老人进行护理，并对他们进行"久病床前"大小便护理和无感式生命体征监护。若阿尔茨海默病老人进入院区管理边界，智能陪伴型机器人还将对其进行人脸识别和报警监护。智能机器人系统已与三甲医院联动，组成线上会诊平台，为广大老年患者提供高品质的服务。

无论是养老机构，还是社区、居家老人，未来都可以通过人工智能技术实时监测老人的生活和健康状况，实时同步信息，家属也可以远程了解老人的信息。此外，人

工智能技术还可以减轻护理人员的负担。帮助老人更衣、洗澡、排泄等使护理人员的负担过重，不少护理人员都有腰痛的职业病，因此，适时导入陪伴型机器人可减轻护理人员的身体负荷和心理负荷。

(二)应用效果

1. 家庭陪伴

随着城市化进程的加快，家庭逐渐趋于小型化，同时快节奏的城市生活使子女陪伴老人的时间减少，空巢老人的人数增加，我国传统家庭的养老功能逐渐减弱。因此，为老年人尤其是空巢老年人提供人性化陪伴护理显得尤为重要。早在 20 世纪 90 年代，美国、英国等发达国家就开始了对陪伴型机器人的研究，将早期的机器人定位为拟人化机器人，结构较为简单，行为僵硬，不具备较强的可用性。随着科技的发展及市场需求的多样化，机器人类型也不再是单一的拟人形态，还有拟物形态的机器人。例如，针对空巢老人设计的海豹陪伴型机器人 Paro，外形为可爱的海豹，通过肢体对机器的触觉刺激做出回应，如兴奋、难过等。

萨拉·伍兹等人(Woods et al.，2017)通过在养老机构中应用 Paro 发现，在应用陪伴型机器人后，老年人的社会交往能力有所提高。陪伴型机器人不仅可以调节被陪伴者的情绪，而且可以作为医疗辅助工具用于监测老年人的心理变化。美国麻省理工学院研发的 Jibo 机器人是可用于家庭陪伴的拟人机器人，具有看、学、听、助等系列功能，可识别照护对象的情感并根据其变化做出相应的回应。Intuition Robotics 公司推出了一款交流简单、操作也很直观的社交伴侣机器人 ElliQ。老年人通过日常与 ElliQ 的交流将信息传递给它，收集信息后，ElliQ 借助人工智能及大数据分析处理技术，不仅能够对老年人的喜好、习惯和个性了如指掌，并根据他们的自身特点为其推荐合适的活动，而且能够监控老年人的身体状况和家中环境。Fuseproject 首席设计师伊夫斯·贝哈尔(Yves Béhar)认为机器人永远不可能替代人类，不过它确实能成为独居老人的好伴侣。科特(Kort)等人通过对 15 所老年养老机构的调查发现，机器人不仅丰富了老年人的娱乐体验，缓解了其孤独感，而且增强了其社交自信。陪伴型机器人有很多优势。

①外形多样，可满足使用者的不同需求。

②操作者仅需通过触碰机器人或与其进行对话即可进行交流及操作，使用方法简单。

③可智能判断老年人的心理状态，并根据老年人的心理变化产生不同的反应，改善老年人的情绪。

④与喂养宠物相比，家庭陪伴型机器人可降低寄生虫感染的风险，因此适合老年人居家使用。

目前研究者开发出了多种类型的机器人用于老年人的日常照料，如 HOBBIT(维也纳理工大学，奥地利)，RiSH(美国俄克拉何马州立大学，美国)，Robot-Era(欧盟项目)和 RAMCIP(欧盟项目)。这些机器人主要被用于在家庭环境和医疗中心为老年人提供陪伴服务和支持。大卫·费钦格等人(2016)提出了 HOBBIT 项目，该项目旨在开发被用于老年人日常护理的机器人。这个项目使用的机器人具有监测功能，能够监测老年人是否摔倒并提供相应帮助。研究者对 49 名被试使用这一机器人的体验在实验室内进行了评估。此外，这个机器人还有能提东西、提醒老年人日程安排以及娱乐等功能。老年人可基于语音、文本、手势以及触控交互界面与机器人进行交互。结果表明，他们对可用性、接受度等均持有积极评价。然而，研究人员指出，可交互的不流畅性使得机器人应用效果的稳定性受到了挑战。两年后，HOBBIT 项目对机器人进行了技术升级，并被放置在老年人的家中，进行为期 3 周的现场测试。结果表明，机器人的自我适应功能增加了用户与其交互的频次。

哈曼多等人（Do et al.，2018）开发了机器人集成智能家居（RiSH），其也被用来照料老年人。该机器人设计了人体动作识别和跌倒检测等基本功能，能够识别 37 种人类活动，并能以 80% 的准确率检测老年人的跌倒行为。初步结果表明，这一机器人起到了监测和协助老年人日常生活的作用。一个名为 Robot-Era 的机器人被设计用于家用场景下的老年护理。来自 70 名老年用户的评估结果显示，老年人对 Robot-Era 的可接受性和可用性均有积极的认知。大卫·普蒂高等人（Portugal et al.，2018）提出了机器人被应用于老年人护理的主要目标是：通过激励老年人来帮助他们，通过给予他们独立性来保持他们的积极性，以及提高他们的幸福感。

尽管陪伴型机器人在老年人群中发挥了积极作用，但是目前仍存在一些挑战。在一些研究中，由于机器人行为的重复性和可预测性，人们对机器人的新奇感逐渐降低。这个问题会影响社会互动，而这种互动会随着时间的推移而减少。但无论如何，机器人还能监测老年人的健康状态、检测跌倒和危险情况，在不同领域都获得了比较好的应用效果。

2. 生活护理

饮食护理属于日常生活护理的重要组成部分，随着老龄化的不断加剧，护理资源的短缺造成护理人员无法花费时间与照护对象交流，更无法为其提供日常的细化护理。然而，陪伴型机器人的助餐可以很好地解决这一问题，尤其是对于体质虚弱的高龄老年人及失能老年人的饮食护理显得更为重要。日本研制的专门针对肢体功能障碍的患者辅助饮食机器人、美国萨蒙斯普利斯顿（Sammons Preston）公司开发的老年电动助餐机器人 Winsford Self-Feeder、我国哈尔滨工程大学研制的机器人 MY TABLE，以及海军工程大学研制的可控式助餐机等，为老年人及肢体活动障碍患者的家庭饮食提供了方便可行的解决方法。助餐机器人多由桌面旋转、机械手旋转、升降及取餐等结构组成，使用者使用时同正常就餐一样坐于桌前进行选餐，打开进餐开关即可按预先设定的程序实现正常进餐。卡纳尔（Canal）等人的研究发现，机器人协助用餐可提高喂饭效率、减少呛咳的发生。

用于家庭清扫的扫地机器人目前已在市场中被广泛应用，包括非接触式、无线遥控及超声波式等类型。目前，扫地机器人基本具有路径规划、预约打扫、自动清扫、自动回充等功能，可满足使用者的个体化需求。同时，扫地机器人操作方便，使用前仅需预先设定程序，机器人按设定的指令工作，无须看管，大大节省了人们的时间。除此之外，机器人还备有类似支架式的充电器，仅需连接电源，扫地机器人完成清扫工作后会自行返回充电、断电，既安全又方便。扫地机器人大多体积小，可清扫沙发、床底等难以清扫的死角区域，清扫干净且方便、智能。

3. 老年人的搬运

人在年龄超过 65 岁后，身体及心理均已逐渐步入衰老期，常出现行动不便、无法搬运沉重的物品等情况，甚至老年人自身都需照护人员的搬运或帮助。法国研发的一款小型搬运机器人，通过脑中装有的中央处理器、触摸传感器、声呐系统识别影像及声音并侦测周边环境，机器手臂可抓取物体，自由度高达到 25 级，能轻松完成各种复杂动作。这款机器人通过声音及影像识别完成操作，实现完全程序化，是目前被认为最有机会进入普通家庭的搬运机器人。Herb 是美国卡内基梅隆大学研制的，可通过感应器及非视信号装置精准识别周围物体或环境，实现对老年人的搬运及转移。日本理化研究所研发的 Robear 机器人可将行动不便的老年人从床上抱起并辅助其移动。机器表面覆盖着有机材料，机械臂和躯体上设有传感器，这些传感器让机器人具有高精度的触觉感知。机器人仅需触摸患者即可迅速获得被搬运对象的人体质量数据，充分考虑了老年人被搬运过程中的舒适度体验，保证了搬运过程的安全。笠上文雄等人（Kasagami et al.，2007）报告，日本综合医疗中心研发的机器人 Careful-Patient Mover（双边转运床）主要通过传送带完成病床和担架之间的患者转运，调查发现超过一半的护士愿意使用机器人转运患者，50％的患者表示不存在对机器人搬运的恐惧及不适感，50％的照顾者表示愿意继续使用。搬运机器人不仅能够帮助身体机能衰弱的老年人搬运笨重物品，而且能够帮助照顾者转移卧床患者。如此，不仅节省了时间，减轻了照顾者的体力负担，而且避免了老年人在被搬运途中二次受伤，提高了老年人的家庭照顾质量。

（三）局限

在生活中，老年人需要请护理保姆一般包括以下几种情况：一是老年人需要有人陪伴，以减少孤独感；二是老年人需要有人帮他洗衣、做饭、打扫卫生；三是老年人的吃喝拉撒全部需要交由护理保姆来完成。

针对第一种情况，以现有机器人的能力来看已经完全不是问题。在人机交互方面，随着语音识别、语音合成、机器学习等技术的发展，高质量的人机对话已经可以实现。问题是老年人愿不愿将自己的情感寄托在机器人身上，这很关键。

第二种情况比第一种要复杂一些，但也没有太大的难度。现在无人餐厅已经出现了不少机器人，它们可以独立完成洗菜、切菜、做菜。洗衣打扫也不是问题，在2018 国际消费类电子产品展览会上一款 Aeolus 公司的家用服务机器人，可以扫地、擦桌子等。它通过机器学习可以识别出成千上万的不同物体，并能精确定位各个物体的位置，将物体取出后也能准确地放回原处。即使你自己不记得将物品放在哪里，它也能帮你找到。

第三种情况对于现阶段的机器人而言还比较困难，对于照顾一个自主能力较弱的老年人，机器人还达不到人类所能完成的所有事情的程度。但机器人的介入能极大地解放人力不足等问题，机器人能代替人工对需要照看的对象进行 24 小时监护，端茶递水这类事情也基本可以由机器人完成。

面对一些特殊情况，机器人也能做出及时反应，如像 Aeolus 公司的家用服务机器人通过姿势识别功能能够准确识别出家中是否有人摔倒或是否需要紧急救助，这样它可以寻求其他人的帮助或者拨打紧急电话等。

陪伴老年人的机器人以目前的适用场景及能力来看，在室内环境下已经基本可以完成大部分人类看护可以做到的事，其所面临的问题是在室外环境下的看护。例如，在照顾自主能力非常弱的老年人时，它需要带老年人出去晒晒太阳，或补充家中缺少的食品等东西时还存在短板。再加上受制于陪伴型机器人的造价，短时间内陪伴型机器人进入家庭还有些不现实，但在养老院等机构内采用人机结合的方式，能发挥出陪伴型机器人的最大功效。

二、机器人被应用于老年人的临床护理

(一)现状

1. 残障护理

PerMMA(机器人名)为美国匹兹堡大学研制的智能机器人轮椅，患者根据个人运动的需要，通过多种交互界面进行操作。轮椅上的机械臂可帮助患者处理日常生活中的穿衣、购物、烹饪等事务。在舒适度方面，瑞典公司研制的 C350 Corpus 智能电动轮椅完全按照人体结构设计，符合人体的生理尺寸，贴合人体轮廓，适合长期行动不便的老年患者。日本某公司的代表产品——智能搭载机器人 Keipu，与传统轮椅相比，可有效防止跌倒，且机身小巧，方便在障碍地点穿行。日本丰田公司推出的行走辅助机器人 Welwalk WW-1000 构造简单、功能性很强且易于安装。国内的清华大学针对肢体存在功能障碍的患者推出了一款移动型护理机器人，可为无人照顾的老年人或高位截瘫患者送水、取药，辅助老年人简单的日常使用。在具有交互功能机器人的设计上，深圳先进技术研究院研制了一款口令识别、语音合成、动态随机避障、机器人自动定位、实时自适应导航控制及多传感信息融合的机器人轮椅，其中，交互功能可通过直接的人机对话实现。华南理工大学针对缺乏自理能力的残疾人及老年人设计了多功能智能护理床，其通过机器人化语音操作和控制技术及其搭载的 ARM 多参数监察系统，可以准确地反映老年人的实时状态。浙江大学研发的针对残障患者大小便清理服务的护理机器人可通过其感应器与患者体表的接触辅助患者完成清洁护理工作。

2. 慢性病管理

慢性病因其复杂的病因、漫长的病程、较高的再住院率而导致患者体力下降和行动不便，所以患者常需要帮助。慢性病已经成为影响老年人健康的主要问题，因此，对老年慢性病患者的家庭监测非常重要。相对于传统监测高血压、糖尿病病情的手段，智能化血压计及血糖仪可利用无线通信技术及传感技术智能化采集数据和记录流程，数据经过云处理及分析再将结果反馈，可使慢性病监测更方便、高效。口服药是治疗慢性病的重要治疗手段，老年人因病情的严重程度、对医嘱的理解程度、记忆能力及理解能力参差不齐，使得家庭用药安全成为难题。杭州电子科技大学设计了用于提醒老年人服药的智能药箱机器人，药箱智能系统包括远程服务器端和智能药箱端，提醒老年人使用药物并记录。重庆理工大学研制的智能药箱通过 GSM 系统将老年人

服药信息发送到监护人的手机上。慢性病管理机器人不仅能帮助患者管理病情，而且能提供疾病管理过程中容易被忽略的疾病资料。一方面，使患者对医疗机构的依赖程度降低；另一方面，在就医过程中便于医生及护士获取患者生活中连续性监测的客观指标，有效将医疗服务时间段前移。

（二）应用效果

陪伴型机器人被广泛应用于老年人心理健康的改善，包括缓解孤独、抑郁和焦虑等。研究显示，对残障患者的护理可以降低患者的抑郁心理、提高患者的自尊感。因此，机器人即使不能使老年残障患者完全自理，也至少能让他们摆脱自卑、失落以及认为自己是家庭和社会的累赘等心理，从而获得积极乐观的心态。

为痴呆症老年人提供治疗或干预的机器人

芭芭拉·克莱恩等人（Klein et al.，2016）采用 Paro 作为老年人的陪伴型机器人，开展了一项长期追踪研究。结果表明，在某些特殊情况下，如给自己穿衣服，Paro 可降低老年人的焦虑水平。针对痴呆症患者，护理人员报告了使用类似于动物的机器人陪伴老年人会带来很多积极的影响。此外，在福利院中，Paro 的应用效果已被证明对情绪与父母和同伴依恋具有显著的积极影响。

仿人机器人（如 NAO、Pepper、Buddy）也被用于陪伴老年人。沈卓宇等人（Shen et al.，2016）评估了 41 名患者使用 NAO 机器人作为锻炼的老师和教练的效果。结果表明，该机器人与人类教练一样，具有指导运动、向使用者传递信息和提供激励的能力。NAO 机器人也被用来帮助老年人进行康复训练。机器人的主要作用是监测颈部和胸部的姿势，以实现步态康复的训练。结果表明，与 NAO 互动后，患者的反馈都很积极。

ENRICHME 是一款家用辅助机器人，旨在提高老年人的生活质量。该系统由三个主要部件组成，包括移动机器人平台、环境智能系统和网络护理平台，可为用户提供陪伴和身体照料。针对该机器人，研究者在希腊、英国和波兰进行了为期 10 周的用户体验调查。结果表明，老年人喜欢使用这一机器人，因为老年人觉得他们有"人"可以交谈，对系统的各种功能都充满兴趣，并认为 ENRICHME 安全可靠。但也有一些用户表示，他们将来不会再使用机器人。

胡杰特·阿卜杜拉希等人（Abdollahi et al.，2017）对 Ryan Companionbot 机器人进行了研究，旨在调查用户对机器人的参与度和喜爱度。结果表明，老年用户可以保持与机器人交谈的兴趣，并报告机器人可帮助他们管理日程表，且改善他们的情绪。Pepper 机器人也是一种仿人机器人，用于陪伴老年人。基于对用户和机器人之间对话内容的分析发现，机器人能够适应老年人的社会行为需求，且老年人能对机器人的行为做出积极反应。

当前大多数研究报告了机器人在陪伴老年人中的积极作用。然而，一些研究也发现了消极影响。马琳·达霍尔特等人（Damholdt et al.，2015）考察了老年人对机器人的感知特点，发现老年人认为机器人还不具备主体相关性，即用户所做的决定并不会影响机器人。据此研究者认为与真人交互相比，老年人对机器人存在认知和情感上的

差异。针对老年痴呆症的研究使用了不同类型的机器人。例如，梅里特克塞尔·瓦伦蒂·索莱尔等人（Soler et al., 2015）对 211 名老年痴呆症患者使用 NAO 机器人、Paro 机器人以及活物狗进行陪伴，进行了为期 3 个月的随访，并使用了多种量表进行效果评估，包括生活质量量表、认知状态量表和衰退量表。结果显示，不同类型的陪护在不同的评估指标上无显著差异，甚至在 Paro 陪护期间，老年人的生活质量略有下降。

值得注意的是，与 NAO 进行互动时，老年人表现出了更多的冷漠性和易怒性。许多研究也存在一些明显的局限性，如研究过程中的方法不严格、样本量不足、实验方案不当、测试时间过短、实验成本高、实验周期过短等。

第四节　陪伴型机器人在其他领域的应用

一、康复训练

除了在老年护理方面的发展，陪伴型机器人也被用于康复训练。对于那些上肢无法自主活动的病人，该机器人还提供了被动康复训练模式，提供辅助力来支持患者运动。这类机器人也被称为康复机器人，是近年出现的一种新型机器人，属于医疗机器人的范畴。它分为康复训练机器人和辅助型康复机器人：康复训练机器人的主要功能是帮助患者完成各种运动功能的恢复训练，如行走训练、手臂运动训练、脊椎运动训练、颈部运动训练等；辅助型康复机器人（如机器人轮椅、导盲手杖、机器人义肢、机器人护士等）主要用来帮助肢体运动有困难的患者完成各种动作。

传统的康复程序依赖治疗师的经验与徒手操作技术。随着患者数量的增加，节省治疗时间越来越成为关注的问题。近年来，已经有很多研究涉及机器人在协助残疾者康复训练方面的作用。康复机器人是通过机器带动肢体做成千上万重复性的运动，刺激并重建控制肢体运动的神经系统，从而恢复肢体功能运动的一种新的临床干预手段。

德国 LokoHelp 医疗器械公司设计了一款基于"末端执行器"原理的机电式步态训练器，LokoHelp 步态训练器与成熟的 WOODWAY 疗法跑步机相结合，形成一个完整的下肢康复机器人。它不仅可以为患者提供早期康复步行训练，提高患者的步行能力，而且可以为患者提供多种训练模式和训练场景，为运动疗法提供最佳的灵活性，提高患者的积极性。同时它还可以辅助康复治疗师对康复效果进行观察和评价，为康复医师提供康复数据。该康复训练系统问世后被广泛地借鉴与应用，极大地推动了康复机器人技术的发展，为康复机器人的研究提供了新思路。

英国触摸仿生公司（Touch Bionics）的大卫·高（David Gao）在 1998 年发明了 i-LIMB 仿生手。i-LIMB 仿生手的五个独立电动手指均具有电子旋转功能，具有较强的灵活性。它的每一根手指、每一个关节都是可以活动的，而且严格模仿人类手指的活动能力。在日常生活中，人们可根据具体情况量身定制握力和速度以满足生活需求。康复机器人技术虽从 20 世纪 80 年代开始发展至今已有 40 多年，但仍不能大范围地进行临床应用，其主要原因是临床的康复效果达不到预期的要求。对目前机器人辅助康复的临床实验展开调查发现，其康复效果尚不如传统康复疗法。究其原因，可能主要在于机器人辅助康复技术仅仅在力和运动上模拟了康复医师的手法，而在康复训练过程中未能实时感知患者的心理状态。

清华大学研究团队为上肢运动功能障碍患者研发出了一种机器人辅助上肢运动功能康复系统，该系统通过脑机接口技术控制假肢机械手的运动，从而为上肢运动功能障碍患者提供一种增强主动运动意愿的控制方法。北京某公司生产出了上肢智能反馈训练系统，它通过多种趣味性的康复训练游戏，激发上肢运动功能障碍患者肌肉的残存力量，恢复关节的灵活性及协调性。同时它还可以评估患者每个关节的活动度与握力，为医师评价康复效果提供依据。该系统可以智能识别患者训练的左右手臂，同时提供一维空间、二维空间、三维空间三种训练模式。山东建筑大学设计了一款基于脑机接口的上肢康复机器人，该脑机接口的上肢康复机器人采用 Alpha 波和 SSVEP 信号相结合的方法实现系统的异步控制，通过多线程并发的上位机软件，能够提高系统的实时性。对基于脑机接口的上肢康复机器人进行在线试验验证，评估结果表明，系统分析用户脑电信号用时较短，且具有较高的准确率（准确率＞93%）。

将机器人技术融入医疗事业可以有效缓解我国患者及残障人群的医疗服务压力，推动民生科技的快速发展。随着我国经济和社会的发展，对于服务于人民医疗健康、服务于老龄化社会康复等方面的需求也越来越强烈，在国家及地方政府的大力支持下，我国医疗康复机器人技术及系统研究也取得了一些令人瞩目的成果。未来，基于在医疗康复机器人领域已经取得的技术基础，我国还需进一步大力开展外科手术和康复辅助机器人技术及系统的研发，推动医疗康复机器人战略性新兴产业的发展，以应对我国国民对健康服务的需求。

二、陪伴型机器人在其他领域中的应用

近年来，陪伴型机器人已逐渐渗入社会生活的各领域，正在改变人们原有的生产生活方式。医疗、金融、文化等服务领域中都出现了机器人的身影。

银行引入智能机器人，能够实现语音、语义、电话、通信和一些简单的技术交流，拟人化的交流模式使得顾客能够体会到良好的交互。此外，依托智能化咨询平台和产品推销服务功能，智能机器人可以被应用到客户营销等领域。银行智能机器人在客户来到网点时，能够第一时间识别、引导客户，并友好地与客户进行交流和沟通。同时它能够精准地分析出客户的偏好，向客户提供各项咨询服务，并提供转账、查询、充值缴费等功能性服务，也能进行理财产品的推荐。

20 世纪 80 年代初期，机器人进入图书馆中，相关期刊中有了关于图书馆机器人应用实例的探讨。1987 年，库兹·约翰（Kountz John）讨论了一种图书馆机器人雏形——ASRS 系统，介绍其在图书馆的使用优势，为基于 ASRS 的智能立体书库的实现与应用奠定理论基础。同年，汤姆·萨瑟兰（Tom Sutherland）探讨了一款名为 Robin 的图书上架机器人，并提出将自动排架、检索技术应用于图书馆机器人技术中。智能机器人结合图书馆的工作流程，为用户提供信息检索、图书借还、文献传递等更加智能化的服务体验，这不仅能够减轻馆员的负担，提高工作效率，而且能够增强用户服务的趣味性、智能性，对实现建设智慧图书馆的长远目标也有重要作用。根据应用于图书馆工作中的不同的服务领域，图书馆智能机器人可分为图书搬运机器人、自动存取机器人、智能盘点机器人、聊天咨询机器人、图书分拣机器人、文献扫描机器人、特殊服务机器人等。

第五节　陪伴型机器人未来发展方向

一、家庭陪护

智能机器人在家用服务的方面也有所发展，越来越多的家用机器人出现在我们的日常生活中，如智能吸尘器机器人、智能玩具机器人、智能教育机器人等，都在各自的领域有所应用。家用类人机器人在家庭内从事的活动大致分为两种：一是对家庭成员的行为活动进行模仿，即代替家庭成员进行体力劳动，从事家庭内的维护、保养、修理、运输、清洁、监护等日常重复性工作；二是模拟家庭成员的情感与思维活动，代替家庭成员进行娱乐休闲、情感陪伴等特殊角色的活动。

陪伴型机器人
未来发展方向

由于家庭需求的不同，进入家庭生活的陪伴型机器人的功能和种类也不同。根据不同的功能定位，家用陪伴型机器人可以大致分为以下四类。

(一)家政服务型机器人

家政服务型机器人能够完成部分或全部家庭劳动。这类机器人可以代替人类在家庭内进行打扫房屋、修剪草坪、清洗衣物、料理餐食、照顾宠物、看管房屋等活动，为用户的日常生活提供便利和帮助。例如，2008 年，加拿大推出人形机器人 Aiko，该机器人能够扮演家庭管家的角色，承担部分家务劳动，并且能识别家庭成员、为用户朗读报纸以及为宾客指引方向等。借助家政服务型机器人，人类能够从家务劳动中解放双手，获得更多的闲暇与自由，以及更为舒适的家庭生活体验。

(二)教育娱乐型机器人

教育娱乐型机器人的服务功能建立在人机互动的基础上，能够在家庭内开展教育及娱乐活动。教育娱乐型机器人具备知识储备与系统更新的功能，并且其教育过程具有教学适用性、交互性、开放性、可拓展性，因此可以作为家庭教师辅导家庭成员学习。尤其是在辅助教育儿童方面，这类机器人能够在一定程度上减轻家庭教育的负担，为儿童提供更加高效且正确的辅导。这类机器人还可以为用户提供多种形式的娱乐活动，如唱歌、跳舞、下棋等，为人类的家庭生活增添欢乐与趣味。教育娱乐型机器人既可以是服务者、引领者，也可以是参与者、合作者。

(三)辅助陪护型机器人

辅助陪护型机器人是针对家庭实际陪护需要开发的特种机器人，可以在家庭内扮演父母、护工、保姆等角色，代替人类实施医疗陪护、紧急救助、儿童看护等活动。例如，家用医疗看护机器人可以监控看护对象的健康状况、安全状况，并提供日常起居照料与科学化、专业化的医疗辅助，在一定程度上缓解家庭成员的陪护压力，减轻家庭的经济负担。儿童看护机器人可以在家长监护不足的情况下，保障儿童在家庭内的相对安全。此外，辅助陪护型机器人可以针对目标对象进行疏导式心理交流，在一定程度上缓解儿童的不良症状。

（四）情感伴侣型机器人

情感伴侣型机器人是以特定算法、程序运行，使其具备人类般的情感表达、识别和理解能力，可以扮演人类情感伴侣角色的类人机器人。研发者将复杂的情感反应植入类人机器人的操作系统内，尝试制造一种"真实的"人与人之间的亲密关系。在频繁的人机交互中，人类可能会与类人机器人建立私密的移情关系，将其认定为玩伴、家长、朋友、情侣、子女或其他人类角色。例如，由日本软银集团与法国 Aldebaran Rotics 公司合作开发的类人机器人 Pepper，配备有语音识别及情绪识别功能，可识别人类的情绪，并能在与用户互动过程中不断学习其喜好和习惯，和人类进行情感交流。

二、充当保姆的角色

越来越多的研究表明，儿童与机器人在家中和教室中（Turkle et al.，2006；Kanda et al.，2008；Tanaka et al.，2007）有积极的互动。机器人也被证明在儿童治疗应用中效果显著（Dautenhahn，2003；Dautenhahn & Werry，2004；Liu et al.，2008；Marti et al.，2005；Shibata et al.，2001）。

与传统养育的孩子相比，现代社会出现的新的技术设备和活动并没有为年青一代的（再）社会化服务。新类型的电子产品，即所谓娱乐性电子产品，包括个人音乐播放器、视频系统、电脑、互联网等，并没有提高同龄人的社交质量。娱乐性电子产品在无意中加剧了年轻人（或儿童）与生活环境的疏远。同时，它可能会给父母一种错觉，使他们认为这样的活动对孩子来说，仍然比受到一些恶毒帮派的影响要好。很少有人意识到，他们的孩子真正需要的不是娱乐，而是与不同年龄段的人进行几乎持续的社交互动。然而，引入机器人保姆的想法带来了其他问题，即学习不充分的社会行为模式，这会严重破坏人类之间的社会互动。

长期以来，忙碌的父母用电视和视频在短时间内让孩子娱乐。但这是一种被动的娱乐方式，孩子过一段时间就会烦躁不安，变得不安生。而机器人可以延长父母缺席的时间，让孩子免受伤害，让他开心，在理想情况下，在孩子和机器人之间还可以建立一种关系纽带（Turkle et al.，2006）。越来越多的证据表明，各个年龄段的孩子都相信他们与机器人之间的关系。从学龄前到青少年早期，机器人有生命的错觉对儿童很有效。和机器人待在一起的孩子把机器人视为朋友，觉得他们已经和机器人建立了关系。他们甚至认为，一个相对简单的机器人与他们玩得越多，对他们的了解就越深。很大一部分人也愿意把精神状态、社交能力和道德地位归因于一只简单的机器狗。目前儿童陪伴型机器人与儿童互动的方式有很多种，主要方法包括触摸、语言与语音识别、跟踪、保持眼神接触和人脸识别等。通过更好地计算对话和面部表情的应急反应能力来扩展社交互动，可能会对儿童产生更强烈的人格和意图错觉。这种错觉可以使儿童与机器人的关系更牢固，并能维持更长的时间。但是，机器人对儿童的完全或近乎完全照顾可能会导致儿童的认知和语言障碍。

机器人托儿是一个新的想法，还没来得及进入法规。各种国际保姆道德准则（如1998年国际保姆联合会公报）不涉及机器人保姆。与机器人保姆的社会互动（尤其是在儿童社会学习的敏感阶段）可能会破坏人类的正常社会行为。从进化和发展的角度来看，机器人保姆的引入显然会导致人类社会关系和社会情感行为的衰退。

三、其他

在生活中应用的另外一个典型的机器人就是虚拟机器人或聊天机器人。聊天机器人基于自然语言处理的智能对话系统，辅助和模拟人类对话活动，用于手机等移动终端和个人电脑等桌面终端。通过聊天机器人，用户可以在会话式界面上发送和接收信息，或让机器人完成特定的任务。聊天机器人分为对话型机器人和非对话型机器人。它可以理解和回答人的问题，如苹果的 Siri、谷歌的 Assistant、微软公司开发的 Cortana（小娜）和小冰、百度的小度等语音助手的入口都是聊天机器人。常用的微信和 QQ 等聊天软件也存在大量聊天机器人。机器人开始具备一定的"创作"能力，如微软"小冰"通过算法写诗并在 2017 年出版了诗集《阳光失了玻璃窗》。第一个可以对话的聊天机器人 Eliza 由麻省理工学院的科学家约瑟夫·韦森鲍姆（Joseph Weizenbaum）在 1966 年开发，Eliza 模拟了心理治疗中的简单会谈法，在无法真正理解对方语言的情况下，可让用户感到它类似于真人。在 Eliza 之后，聊天机器人得到了长足的发展和进步，功能不断提升，应用也越来越广泛。例如，IBM Watson 聊天机器人系统具有强大的自然语言处理以及搜索数据、逻辑表达、学习的能力。

机器人也开始以虚拟的形式出现。虚拟机器人为人提供服务，创建生活场景入口，让人类的社会生活更精准和便捷，其形态逐渐多样化，和人的交互方式多元化，交互深度也逐渐增强。以语言为基础的虚拟聊天机器人将会凭借特定的角色被当作新的界面，成为变革的下一代体验方式的开端。

此外，我们在探讨机器人的任何问题之前都不能否认一点，那就是机器人是为解决人的需求创造出来的，并且为了人的需求不断发展的，机器人技术的目的就是解决人的需求。无论是工业机器人、服务机器人、军事机器人，还是打败人类的"深蓝"、阿尔法狗，研制它们的最初和最终目的都是为人类服务。

【思考题】

1. 为什么需要发展陪伴型机器人？

2. 针对孤独症患者或者老年人，是采用陪伴型机器人好还是由人类照顾更好？为什么？

3. 陪伴型机器人在未来可以代替人类做哪些工作？

4. 陪伴型机器人在一定程度上取代了人类，并给需要帮助的人带来了诸多好处，那么这是否会导致这些人将机器人作为情感寄托，从而进一步引发人与机器人的婚恋关系、财产分割等一系列社会问题？

扫描获取

思考题答案

第八章　机器人带来的道德问题

随着人工智能的快速发展，机器人的使用环境与传统的工厂环境有很大的不同。阻碍机器人发展的不仅包括技术层面的问题，而且包括社会层面的问题。例如，对于机器人汽车或自动驾驶汽车来说，仅仅模糊地说"机器人汽车比人类驾驶的汽车更安全，对于保障生命是非常必要的"是不够的。仅从安全性或相对于人类的优越性来讨论机器人，不足以消除公众对机器人的道德和伦理方面的担忧。即使机器人合理、合法地被使用，也可能是不符合道德的。正如机器人专家伊拉·诺巴克什（Illah Nourbakhsh）所说的"机器人雾霾"（robot smog），即机器人以侵入的形式出现在人们的生活中，且更加自主和便捷，以至于让人们无法独处，令人窒息。如此，虽然机器人按预期和合法的方式运行，但仍导致了不舒服或不道德的情况出现。由于机器人的自主性和灵活性，机器人可能会在试错过程中违反当前社会的道德规范，从而威胁用户的人身或心理安全。因此，除了在技术层面考虑如何设计机器人之外，我们还必须考虑到机器人可能带来的道德和伦理问题。本章将对这一主题进行阐述。

第一节　什么是道德

一、道德的定义

道德的定义较难，在不同的学科中有不同的定义。在哲学中，道德是指由某个社会、组织（如宗教组织）、个人所接受或提出的一套行为准则；或在假定的特定情况下，所有理性者都会接受或提出的一套行为准则。在生物学家看来，人们形成道德，是为了适应社会群体生活而演化出的神经生物学机制。

在人类学家和心理学家看来，人类的道德源自人的道德本能和道德直觉（Tomasello，2016）。人的道德本能和道德直觉有两大类：一个是利他，另一个是相互合作。前者关心的是个人能给他人带来什么好处，后者关心的是交互过程中人们是否能做到对等公平。对于以上两点的考量构成了人类道德框架的两大基石：同情和互惠。因为我们关心、同情他人，所以我们要与人为善，帮助他人而不是损害他人。因为我们关心人与人之间关系的互惠性，所以我们要求人与人之间平等，待人做事公平。前者构成了人们关于道德的"好和坏"的判断标准，后者构成了人们关于"对和错"的判断标准。

心理学家认为道德包括三种成分：道德感、道德判断、道德行为。道德感是指人根据道德规范来评价社会行为时所体验到的情感。道德判断是指个体根据道德原则或价值基准对事件和个体（或群体）的行为赋予道德价值（Greene，2003）。道德行为是指在一定的道德意识支配下表现出来的对他人和社会有道德意义的活动，是人的道德认识的外在具体表现，是实现道德动机的手段，与非道德行为相对。

二、道德和法律法规

对于那些不愿参与讨论和研究机器人道德影响的人来说，他们可能认为开发和使用机器人时，只要已经遵守了法律，并请法律顾问来确定他们可能承担的法律和合同义务就可以了。这样可逃避某些道德问题，因为法律已经确保了他们的产品和产品的使用是道德和社会可接受的方式。

虽然法律和道德在领域理论上应该重叠，但实际上并非如此。例如，我们知道在历史上某些时候拥有奴隶是合法的，但这从来都不符合道德和伦理。更为重要的问题是，新机器人技术刚进入市场时往往缺乏相应法规的监管，哲学家吉姆·摩尔（Jim Moor）将其称为"政策真空"。在此种情况下，没有人确切地知道使用新产品应有什么样的法律限制。劳伦斯·莱斯格（Lawrence Lessig）也提出了类似的观点，认为信息技术的变化速度很容易超过制定新技术使用法规的速度，这让产品开发者成了事实上的政策制定者，他们可能会改变和扰乱社会秩序，甚至超出法律的有效制约范围。沃克·史密斯（Walker Smith）认为，当涉及机器人系统的使用时，设计师的预期用途可能会与产品的实际使用，以及合法使用和合理使用的要求产生冲突。当然，如果对机器人的所有使用与设计初衷一致，那么一切就都是好的。然而，现实可能并非如此，机器人的实际使用可能会超出预期的合法和合理的使用范围。

三、道德的机器人

如果机器人具有人类道德感、道德判断和道德行为中的一种或多种相关能力，能够发现违反道德规范的行为或决定根据道德规范行事，那它就是"道德的"（Scheutz，2012；Scheutz & Malle，2014）。根据能力的具体范畴，

机器人带来的道德问题

我们可开发和设计机器人控制体系的特性，以使其行为与道德上可接受的行为一致。毕竟是社会中的普通人与可能具有社会道德的机器人进行交互，而正是与机器人交互的普通人的期望和标准决定了机器人的道德标准，从而使得该机器人可以被大众接受。

要赋予机器人道德能力，就是让机器人在一个道德判断情境中模仿人类的决策过程。其中机器人需要意识到一个道德判断情境，并依据所构建的推理策略，包括道德原则、准则与价值等知识，做出符合道德要求的判断和行为。詹姆斯·摩尔（James Moor）提出了道德主体的概念。道德主体能在多样化的情境下判别并处理道德信息，从而做出应该要做的判断。尤其是，它们能在道德两难的情境下，在不同道德原则相互冲突时，做出合理的决定。

科林·艾伦（Colin Allen）从哲学与认知科学的角度出发，讨论了机器是否需要道德和伦理，需要怎样的伦理以及如何把这种伦理属性建构到机器当中等重要论题，并且给出了自己的回答：通过将自上而下式与自下而上式两种发展路径相结合，能够在很大程度上让人工道德智能体，如机器人，具备更加全面的认知能力——包括做出道德判断与决策。自上而下式的发展路径是指通过将机器人所要掌握的知识与能力转化为一系列算法规则，把这些规则植入机器人的"大脑"，从而使机器人获得"认知"。自下而上式的发展路径是指通过模拟孩童的成长过程，让机器人在不同环境的相互作用

中习得复杂行为和认知的能力与知识。这两种发展路径都存在一定的缺陷，对于前者而言，虽然其运行模式更为"安全"，但是常常意味着很难达到理想标准，且包含着难以落实的计算复杂性。后者则难以在面对多个目标的过程中提供一个明确的行动方针。科林·艾伦及其同事(2009)认为应该将这两种发展路径结合在一起，从而尽可能使得机器人在法律、道德等因素上符合社会规范，朝着更为人性化、道德化的方向迈进。

第二节　道德判断的理论解释

道德判断是指个体根据道德原则或价值基准对事件和个体(或群体)的行为赋予道德价值(Greene，2003)。那么，人们是如何做出道德判断的呢？学者提出了不同的理论。基于这些理论，人们可将其提出的发展路径和认知机制赋予机器人，从而让机器人做出符合人类道德要求的行为。

一、道德发展的理论

道德判断的水平并非固定的，而是不断发展的。对人类道德判断发展的阶段，以皮亚杰和科尔伯格的道德发展理论最为有名。

(一)皮亚杰的道德发展理论

皮亚杰(1965)认为道德判断由理性推理驱动，道德推理不仅独立于感知和身体运动，而且不受情感的影响。皮亚杰采用对偶故事法对儿童的道德发展进行了系统研究，并用认知发展的观点解释了儿童的道德发展，提出了道德认知发展理论。皮亚杰把儿童的道德认知发展分为三个阶段。

1. 前道德阶段(0~4 岁)

处于这一阶段的儿童还不能把自己与外界区分开来，而是将自己与外界混为一谈，以为自己就等同于外界，没有和外界共处的规则意识。

2. 他律阶段(4~8 岁)

处于这一阶段的儿童的道德判断是依据外在规则做出的，他们的道德标准主要取决于是否服从成人给予的外在规则。道德判断关注外在的行为结果，而不关注内在的动机，受自身之外的道德规则支配，具有被动性和客体性。

3. 自律阶段(8~12 岁)

处于这一阶段的儿童的道德判断已经从外在的客体性转向内在的主体性，不再简单地服从外部的道德规则，而是用公正、平等、责任进行判断，认识到规则是共同约定的，要反映共同的利益，而不是某人的权威或霸权。

皮亚杰认为儿童道德发展的顺序是固定不变的，儿童的道德认识是从他律道德向自律道德转化的。只有达到自律水平，儿童才算有了真正的道德。

(二)科尔伯格的道德发展理论

科尔伯格(1958)通过两难故事法研究了儿童的道德发展，将儿童的道德发展分为三水平六阶段。

1．前习俗水平(0～9 岁)

处于这一水平的儿童，其道德观念的特点是纯外在的。他们为了免受惩罚或获得奖励而顺从权威人物规定的行为准则，根据行为的直接后果和自身的利害关系判断是非好坏。前习俗水平包括两个阶段。

(1)惩罚与服从定向阶段

处于这一阶段的儿童根据行为的后果来判断行为是好是坏及其严重程度，他们服从权威或规则只是为了避免惩罚，认为受表扬的行为就是好的、受惩罚的行为就是坏的。

(2)相对功利主义定向阶段

处于这一阶段的儿童的道德价值来自自己需要的满足，他们并非把规则看成绝对的、固定不变的，评定行为的好坏主要看是否符合自己的利益。科尔伯格认为，大多数 9 岁以下的儿童和许多犯罪的青少年在道德认识上都处于前习俗水平。

2．习俗水平(9～15 岁)

处于这一水平的儿童能够着眼于社会的希望与要求，并以社会成员的角度思考道德问题，已经开始意识到个体的行为必须符合社会准则，能够了解社会规范，并遵守和执行社会规范。规则已被内化，按规则行动被认为是正确的。习俗水平包括两个阶段。

(1)寻求认可定向阶段，也称"好孩子"定向阶段

处于这一阶段的儿童，其道德价值以人际关系的和谐为导向，顺从传统的要求，符合大家的意见，谋求大家的赞赏和认可，总是考虑到他人和社会对"好孩子"的要求，并总是尽量按这种要求去思考。他们认为好的行为是被人喜欢或被人赞赏的。

(2)遵守法规和秩序定向阶段

处于这一阶段的儿童，其道德价值以服从权威为导向，他们服从社会规范，遵守公共秩序，遵守法律的权威，以法治观念判断是非，知法懂法，认为准则和法律是维护社会秩序的。因此，应当遵循权威和有关规范去行动。科尔伯格认为，大多数青少年和成人的道德认识都处于习俗水平阶段。

3．后习俗水平(15 岁以后)

后习俗水平又称原则水平，达到这一道德水平的人，其道德判断已超出了世俗的法律与权威的标准，有了一定的普遍的认识，想到的是人类的正义和个人的尊严，并已将此内化为自己内部的道德命令。后习俗水平包括两个阶段。

(1)社会契约定向阶段

处于这一阶段的人认为法律和规范是大家商定的，是一种社会契约。他们遵守法律，认为法律可以帮助人维持公正。但同时认为契约和法律的规定并不是绝对的，而是可以应大多数人的要求而改变的。在强调按契约和法律的规定享受权利的同时，他们认识到个人应尽义务和责任的重要性。

(2)普遍性伦理准则阶段

这是进行道德判断的最高阶段，表现为能以公正、平等这些最一般的原则为标准进行思考。在这个阶段，他们认为人类普遍的道义高于一切。

二、道德判断的理论模型

(一)理性模型

理性模型认为道德判断主要是通过人们的思考和推理等理性过程完成的,而情感、无意识等非理性要素并非道德判断的重要因素(Kohlberg & Kramer.,1969;Piaget,1932)。理性模型从认知角度出发,对个体道德判断的理性发展过程进行研究,并最终形成道德判断的机制。传统的理性模型认为,道德判断需要一系列的推理来完成。那些需要进行道德判断的个体,其判断过程的严谨程度好比科学家,他们通过假设、检验来获得道德推理的结论。而且,这种假设又会构建出社会的运行模型,并结合相应的道德情境,最终形成道德判断。尽管科尔伯格承认道德判断中并不能完全摒弃非情感因素,也可能受到无意识的影响,但依然强调关键步骤是需要个体付出意志努力的理性过程。总体而言,传统的理性模型认为道德判断是一个理性发展过程,最终的判断结果取决于人们的思考和推理,情感、无意识等非理性要素并不是影响道德判断的重要因素。

近来,理性模型越来越受到研究者的质疑。随着社会认知心理学的迅速发展,道德判断中情绪的作用日益受到关注,以及受行为经济学中非理性决策的影响,出现了关于情绪与认知在道德判断中的作用不同的理论模型。

(二)社会直觉模型

乔纳森·海特(Jonathan Haidt)把情绪引入道德,形成了道德判断的社会直觉模型。该模型认为直觉加工是道德判断的基本过程,道德判断是基于自动化、快速的道德直觉的评价过程(Haidt,2001;Haidt & Bjorklund,2008;Haidt & Joseph,2004)。社会直觉模型反对传统的理性模型,认为道德判断并不是理性主导的,更多时候是人们的一种直觉。社会直觉模型不再强调个体推理的重要性,而是重视社会和文化影响的重要性。该模型得到了生物心理学、神经科学等众多科学的支持,认为情绪和直觉才是道德判断的主因。社会直觉模型改变了传统道德心理学中理性推理占支配地位的状态,首次系统提出了认知和情绪在道德判断中的作用,重点突出了情绪的功用。不过,也有研究者提出,该理论模型只能说明情绪参与了道德判断的过程,但道德判断究竟是否完全由情绪驱动,尚没有充分的证据(Huebner et al.,2009)。

(三)双加工模型

双加工模型认为,人们对信息的加工既包括意识的过程,又包括无意识的过程(Greene,2003)。道德判断是情绪和认知理性共同作用的结果(邱俊杰,张锋,2015;Greene,2003)。具体而言,在某一特定情境中,个体在进行道德判断时,既需要有意识的推理,也依赖直觉过程。一般而言,推理过程较为缓慢,是有意识的过程,个体可以加以控制,其需要注意的参与并做出一定的认知努力。而直觉系统是无意识、自动化的过程,往往十分迅速,并不需要个体的注意及付出努力。直觉过程被认为是情绪过程,推理过程则是认知过程。所以,个体在进行道德判断时,既受认知过程的影响,又受情绪过程的影响。

在道德判断中,这两个过程对应两个相对立的伦理视角:道义论和功利论

(Bartels，2008；Carney & Mason，2010；Conway & Gawronski，2013)。道义论认为，行为的对错在于行为者本身的责任、权利与义务等，如无论结果如何，伤害他人都是错误的；而功利论则认为行为的对错取决于行为结果的收益和损失，如功利论者认为为了救 5 个人而牺牲 1 个人在道德上是正确的，而道义论者则持相反的观点。

第三节 人们对机器人的道德期望

一、阿西莫夫定律

在科幻小说中，智能自主机器和人类道德的主题经常被联系在一起，具有代表性的是艾萨克·阿西莫夫的作品，他早已提出了人类社会中运转的机器所带来的挑战。

在他的小说中，他专门构思了机器人三原则，并设想将这三个原则根植于机器人的"原始脑"中，使它们能够做出符合道德的决定，从而表现出道德行为。具体来说，他利用这三个原则建立了严格优先的、机器人必须遵守的系统。

第一个原则：机器人不得伤害人类，或看到人类受到伤害而袖手旁观。

第二个原则：机器人必须服从人类的命令，除非这条命令与第一条相矛盾。

第三个原则：机器人必须保护自己，除非这种保护与以上两条相矛盾。

尽管这三个原则在某些决策情境中难以适用，如在所有人需要被救的情况下谁能得救，如何评估模糊的命令的后果或如何确定对谁不利。虽然它们在理论上或实践上都不足以为机器人提供道德能力的基础(Murphy & Woods，2009)，但是确实指出了有必要为自主机器人的道德行为制定一些规则。

二、对机器人的道德期望

人机交互领域研究了人类对违反规范的机器人的反应。例如，有研究者调查了人们对机器人违反"礼貌"这一社会规范的反应，研究了人们是喜欢通过礼貌且委婉的方式指导用户的机器人，还是使用命令的方式指导用户的机器人(Strait et al.，2014)。结果发现，人们在自己与机器人互动时没有任何偏好，但是当他们观察其他人与机器人交互时，更喜欢有礼貌的机器人。有学者研究了机器人违反更严格的规范——应该说实话时，人们如何反应(Short et al.，2010)。在该研究中，研究者让机器人和人类反复玩"剪刀—石头—布"的游戏，机器人被设定为每一轮的获胜者。在某些情况下，机器人即使输了，也会宣布赢了这一回合。研究发现，机器人在说谎的条件下更具吸引力，并被赋予了更丰富的心理状态。

机器人带来的道德
问题——自主性与道德责任

当机器人对人类的生死做出道德决定时，人类对机器人的期望又是怎么样的呢？研究发现，人们更能接受机器人做出功利性的道德判断。在一项研究中(Malle et al.，2015)，被试阅读了一篇材料，其叙述了陷入道德困境的智能体(人类或机器人)：在危险情况下 4 个人面临危险，但可进行干预拯救 3 个人，而牺牲 1 个人，或不做任何干预，让 4 个人死亡。结果发现，相比于人类做出的决定，人们更能接受机器人做出牺牲 1 个人拯救 3 个人的决定。此外，当被试面对人类的选择时，被试对实施干预行为的人类的指责多于不做任何干预的人类，但对实施干预行为的机器人的指责不高于

甚至少于不做任何干预的机器人。研究者已开始研究人们对自动驾驶汽车或汽车机器人的反应，其可能会在几十年后面临类似的道德困境。有研究者（Bonnefon et al.，2016）发现，人们对自动驾驶汽车在道德上正确选择的偏好（即牺牲1个人以挽救许多人）与人们的购买意愿之间存在差异，即道德上认为机器人做出牺牲1个人而拯救3个人的选择更正确，但人们不愿购买这种类型的机器人。尽管如此，至少可以得出两个结论：第一，人们对机器人持有道德期望和道德判断标准，至少是具有足够的认知复杂性和行为能力的机器人；第二，与做出功利性选择的人类相比，人们对机器人的接受度更高。目前尚不清楚背后的确切原因。值得考虑的一种可能是，人类做出功利性的决定通常会付出一定的情感成本和社会成本（如影响一个人与他人的关系），但机器人做出功利性的决定可能不涉及这些成本（Chatterjee，2015）。

李园园（2019）探讨了社会情境因素——社会规范在公众对自动驾驶汽车的道德判断中的影响。结果发现，公众对遵循社会规范选择的自动驾驶汽车的道德评价更高；在社会规范的影响下，公众比较关注自动驾驶汽车的实际行为是否与社会规范一致，对社会规范是道义取向还是功利取向并不在意；相比于人类，公众对自动驾驶汽车与社会规范不一致行为的道德评价更为苛刻；当考虑到未来不同程序自动驾驶汽车的总体信任和行为偏好时，公众更加偏好基于个性设定遇险程序的自动驾驶汽车。有研究者发现，与人类相比，对于相同的决定，自动驾驶汽车被认为更应该受到责备，道德水平更低（Young & Monroe，2019）。但如果将自动驾驶汽车视为可以像人类一样思考且具有心智能力，则可以减小这种差异。鉴于自动驾驶汽车的智能性也会体现在机器人身上，因此上述关于自动驾驶汽车的结论可能同样适用于机器人。

三、谁要为机器人的行为负责

人们存在对机器人的不信任。虽然建立信任没有公式，但一般来说，如果技术能带来好处、安全和受到良好的监管，人们就会信任它。

机器人的自主性判断

对机器人道德层面的担忧与对机器人的自主性判断有关。正如为什么与成年人相比，自主性较弱的儿童对犯罪行为负有更少的责任。因此，自主性在判断机器人道德责任中也很重要。诚然，当今的机器人具有有限的自主权，但是机器人开发者的一个明确目标是开发完全自主的机器人——无须人工干预即可运行的机器系统。随着机器人变得更加自主，它们承担道德责任的程度只会越来越大。机器人开发者创造了具有更多"客观"自主权的机器人，这一特性可能与人们主观上感知到的自主权有关，"主观"自主权可能更为重要。

对机器行为的道德评价还涉及机器的责任主体问题，即谁应该为机器人的行为负责。大部分研究者将机器人的责任主体分为三大类：制造商或政府、机器人的拥有者或使用者、机器人自身（Hevelke & Nida-Rümelin，2014）。一项研究发现，当汽车机器人遭遇无法避免的事故时，人类会更多地将责任归因于汽车机器人的制造商以及政府，而对机器人本身的责备较少（Li et al.，2016）。还有研究者利用道德困境探究了人类对人工智能系统设计者和使用者的责备度（Komatsu，2017）。结果发现，无论人工智能系统做出哪种选择，人们对设计者的责备都会显著高于使用者。这些结果均表明，人们更可能将这种道德责任归咎到人类（个体或组织）身上，而并非智能机身上，并未将智能机器看成一个完整的道德承担者。而且，无论如何完善机器人（具有完全的人类能力和外形），智能机器人在道德上似乎都始终无法达到与人类个体相当的程度（Hristova & Grinberg，2016）。

有研究以本科计算机科学专业的学生为被试，探讨了人们是否认为计算机系统可以对伤害人类的行为在道德上负责（Friedman，1995）。例如，一种计算机系统在进行医学放射治疗过程中，由于计算错误过度辐射了癌症患者。结果表明，接受采访的学生中有 21% 始终认为计算机对此类错误负有道德责任。鉴于计算机系统仅模仿了小范围的人类行为，并且被试精通技术，因此有充分的理由相信，将智能系统作为道德责任感的主体可能会对人类社会产生较大影响。

当我们思考未来时，机器人道德可能会给人们带来某种恐惧，因为无法确定责任主体。但机器人伦理并不是试图扼杀人机交互领域的创新。机器人伦理通过一系列思想实验，以及对相关理论如何适用于机器人的思考，使我们在人机交互方面朝着健康发展的方向前进。

四、机器人应具有的权利

人类天生具有把移动的物体视为"意图的智能体"的倾向，即使这些物体根本不像任何已知的生命形式。早期研究发现，人类观察者甚至可从运动的圆圈和三角形中"看到"精神状态，如情绪和意图（Heider & Simmel，1944）。此外，人类个体从婴儿开始就可以很容易地判断智能体的意图是仁慈的还是恶意的，并基于对相互作用形式的感知进行道德评价（Hamlin，2013）。人类倾向于将自身的特点投射到运动的智能体上（Premack，1990），被认为是一种进化中的适应，使人类能够预见其他主体的危险，这对于机器人的开发尤其重要。

机器人是可以自主移动的主体，通常以目标驱动的方式在环境中移动（Tremoulet & Feldman，2000）。有证据表明，即使是像 Roomba 吸尘器这样的简单机器人，或没有动物特征（如眼睛或手臂）的磁盘，也可以被赋予人的某些特征（Scheutz，2012）。因此，有理由认为，人类不仅会投射到智能体上，而且在某些情况下可能会将道德特征投射到机器上（Malle & Scheutz，2016）。

人们可以在某些方面赋予机器人内在的道德价值。例如，弗里德曼等人（Friedman & Kahn，2003）分析了三个 AIBO 论坛中的六千多个帖子，发现人们因对AIBO 的虐待而感到沮丧，并且很可能以符合 AIBO 内在道德价值的方式解读行为。例如，当 AIBO 在真人秀电视节目中被扔进垃圾桶时，一个被试回答说："我不敢相信他们会那样做！那真是太糟糕了，这意味着那是只可怜的小狗……"另一个被试接着说："什么！他们真的把 AIBO 扔掉了吗，就像垃圾一样！太可笑了！"

人们在将心智赋予机器人时，还会赋予机器人一定的权利，并保护它免受不公平的对待。在卡恩等人（Kahn et al.，2012）的研究中，儿童与一个机器人互动，这个机器人会因为"不再被需要"突然被实验者锁在壁橱里。无论机器人如何反抗，都无济于事。在如此情境中，儿童认为机器人具有心智，并认为人们应该公正地对待机器人。研究者调查了人们在多大程度上会对机器人的道德诉求做出回应，即反抗人类给机器人不公平的命令(Briggs & Scheutz，2014)。无论机器人是作为不公平行为的受害者还是旁观者进行抗议，结果都发现在机器人反抗时，人们对机器人执行不公正指令的可能性会大大降低。

以上有关机器人的问题几乎总是牵扯到人类的利益，从而说不清楚是为了维护机器人的内在道德价值还是维护人的利益。机器人是否应该享有权利？如果享有，应享有哪些权利？张玉洁博士认为机器人不仅存在，而且还享有数据资源的共享权利、个体数据的专有权利、基于功能约束的自由权以及获得法律救济的权利。

(一)机器人权利的存在性

机器人的法律地位是法治国家对机器人社会化应用的一种制度回应。它能否归结为"权利"，尚未形成一致的观点。但权利发展史证明，权利体系的构成从来都不是固定不变的，在原有权利遭遇新兴事物冲击的情况下，不同群体的实力博弈将重新构筑权利体系。约翰·厄姆拜克(John Umbeck)将这种现象归结为"实力界定权利"。

现行法律对于机器人的权利主体地位持开放态度，并且否认物种差异构成法定权利的技术性难题。在这种情况下，真正影响机器人权利主体地位的客观要素是机器人同人类之间的实力对比，而主观要素则是人们对于机器人权利的态度。目前来看，虽然机器人的发展水平总体上落后于人类，但机器人的研发速度大大快于人类的进化速度。一旦机器人的社会化程度陡增，并在各个领域占据较高的应用率，不必等机器人对人类提出权利诉求，其所有权人就自然会呼吁立法机关来界定机器人的权利主体地位。由此观之，承认并赋予机器人的权利主体地位，既是权利发展的内在规律，也是社会发展的必然趋势。

在现代科技(尤其是大数据、人工智能)的冲击下，权利的类型已经超越了传统制定法所划定的权利范畴，并逐渐发展出被遗忘权、个人信息权等虚拟权利。现有传统权利类型难以适用于机器人，由此可以推断，机器人的社会化应用必将改写现行法律体系，而起点则是机器人权利的获得。

(二)机器人权利的基本类型

对机器人基本权利的探讨，实际上可以归结为对机器人普遍存在哪些权利的追问。在此意义上，机器人权利的基本类型往往体现为机器人生存所必要的保障。

1. 数据资源的共享权利

机器人的社会化应用在很大程度上依赖大数据、决策技术和算法的交互使用。为此，机器人的首要基本权利应当是保障机器人功能实现的数据资源的共享权利。在此，"共享"是指机器人同数据所有人共同享有数据使用权、知情权的一种使用模式。

由于数据资源内含商业价值和个人隐私(商业机密)，机器人的数据资源的共享权利同其他法律主体的权利保障之间看似具有明显的冲突。大数据在当下或许具备不可估计的商业价值，但随着老龄化社会的到来，机器人所带来的社会变革远非数据价值所能衡量的。私权领域的数据权利保护仅在公权领域获得了极小的胜利，"数据共享"才是未来发展的主要趋势。因而，法律在建立明确的数据保密等级与公开等级的同时，应推动各类数据资源的社会共享，肯定机器人的数据资源的共享权利。

2. 个体数据的专有权利

机器人的数据专有权利能够有效对抗机器人的使用者吗？对此，"专有数据"的概念将成为解答这一疑问的关键点。一般认为，专有数据是指只属于某个主体或某类主体的可识别符号的统称。考虑到机器人超高的科技属性以及主体差异，机器人专有数据可以分为以下几种类型：一是生产商所掌握的专有数据，这类数据主要包括机器人的内部构成及技术函数；二是机器人销售商（兼服务商）所植入的功能优化型专有数据，这类数据主要针对客户的不同需求，改善机器人的服务事项；三是机器人应用过程中获取的专有数据，这类数据主要是指机器人基于服务功能所获取的使用者的信息数据。对比上述三种专有数据类型可以发现，机器人的数据专有权利分别指向生产商、服务商的专利权以及使用者的个人信息权。为此，机器人的数据专有权利是一项排他性权利。它既排除了生产商、销售商以及使用者之外的其他人对机器人专有数据的使用权，也避免了前述三类主体之间的数据交叉使用。

3. 基于功能约束的自由权

康奈尔大学人工智能实验室的研究发现，人工智能机器人在无须预先录入指令的情况下，已经能够在一定程度上自主地进行学习、交流。尽管它无法同人类的意识相媲美，但在特定功能的范围内，机器人已经能够自主地决定是否从事某种行为。更为重要的是，机器人自由权的行使依赖法律的权利拟制，而非独立的"思维意识"。其社会功能才是真正约束机器人自由权的重要尺度。根据机器人的运行逻辑，机器人可以以功能实现为目标，基于自身的算法和决策能力，自主地做出某种行为。无论其自主能力能否承担法律所赋予的权利，机器人的具体功能都将对它的行为、权利施加限制。

4. 获得法律救济的权利

机器人基本权利的实现不仅需要国家给予足够的法律救济，而且要求国家提供强有力的法律保障。在私权领域，救济权可以被转化为机器人及其所有人要求侵权人停止侵权、恢复原状、赔偿损失的权利。在公权领域，救济权则表现为机器人要求国家纠正或减轻侵权后果的权利。由此来看，机器人获得法律救济的权利，既是真正落实其他权利的保障机制，也是对侵权行为的一种警告。

第四节　机器人设计和使用中的道德伦理

一、遇到的问题

爱德华·福施-比利亚雷亚尔（Eduard Fosch-Villaronga）和他的同事（2020）认为，潜在的伦理挑战由两个所谓"元挑战"组成：不确定性和责任。第一，"不确定性"是指用户对使用机器人的法律法规的不确定性，因为许多与机器人使用相关的潜在法律和社会问题要么是未知的，要么是尚未被法律规范的。第二，"责任"是指人类与机器人互动时，谁来管理或承担责任这一问题。这涉及对机器人使用的规则、机器人造成损坏的定责、对机器人的正确处理等。

人们对机器人的一个担忧是怕它会取代人类的工作。尽管机器人技术目前还不够成熟，不足以在治疗和护理等领域取代人类劳动，但是研究者已经表达了对未来机器人取代人类护理人员的担忧。另一个担忧与过多的机器人辅助有关。格兰奇（Gransche，2019）指出，机器人的过度帮助会让我们无法或不愿完成哪怕是简单的任务，在没有机器人的支持时变得无助。

除了对机器人的具体恐惧之外，还有大量潜在的道德和伦理问题，这些问题被概括为"伦理、法律和安全问题"。关于这些问题，研究者考察了法律和责任、隐私和（数据）安全、授权和自治，以及自治和安全之间的关系。"伦理、法律和安全问题"还涉及谁负责的问题。这个主题通常与隐私和数据安全问题密切相关，如可以访问哪些数据，黑客会带来什么威胁，我们是否知道机器人将收集哪些数据，我们是否能意识到公共空间中出现了机器人等。此外，在公共区域部署机器人不仅涉及授权问题，而且涉及隐私和安全问题。当人类和机器人互动时，人类可以同意或拒绝机器人的某些请求。

另一个在机器人道德中被广泛讨论的问题是机器人的自主性。根据贝基（Bekey，2005）的说法，自主机器人是指智能机器可以自己完成任务，无须人类对它们的动作进行明确控制。班克斯（Banks，2019）声称，机器人的自主水平决定其道德能力，具有足够自主水平的机器人可被视为一个道德智能体。与此同时，毕格曼和格雷（Bigman & Gray，2018）发现，人们不喜欢做出道德决策的机器人。还有学者认为，机器人在任何情况下都不可能是道德的，或者它们根本不可能成为道德的智能体。

人类与机器人建立社会关系，可能使得人类去社会化。例如，有研究者发现，一些人因为缺乏人际关系，或者因为他们缺乏建立和维持亲密人际关系所必需的社会能力，会选择与虚拟智能体结婚（Yamaguchi，2020）。德·格拉夫（de Graaf）认为这个问题可能在存在机器人的社会中进一步加剧，因为相比于与机器人交互，处理真实的人际关系的确更复杂。然而，在考虑人类与机器人的关系时，人们需要考虑的不仅仅是人类被替代的问题。人类和机器人之间的关系甚至被认为具有欺骗性，因为它们只能模拟一种类似于人与人之间的关系。甚至机器人的欺骗性在某些情况下是合法的。例如，采用适当的欺骗性交互方式可以让用户感到舒适。与机器人欺骗高度相关的一个主题是共情。科克尔伯格（Coeckelbergh，2014）认为，承认人类的脆弱性，以及人类彼此承认具有同样的脆弱性，是共情的必要条件。然而，机器人不可能像人类一样脆弱，但可以以欺骗的方式表现出脆弱性，从而诱发人类的共情。科克尔伯格认为机器人永远不能成为人类真正意义上的朋友，因为它们缺乏建立友谊所必需的相互关系和互惠性。

二、机器人道德决策模式的设计方式

（一）自上而下的方式

自上而下的研究路径就是将人类社会的道德规范、标准、原则进行编码，转化为机器人能读懂的算法语言，然后机器人就可以按照人类的预期遵守社会道德准则。通过自上而下的研究路径进行机器伦理研究时，常常借助伦理学两大传统理论——功利主义和义务论。功利主义强调总体效用最大化，即追求最高的道德水平，实现最大的善。这种只强调行为结果的效益最大化而不关注行为动机和手段的观点，是一种结果论。从功利主义出发研究机器伦理，需要对道德行为结果进行量化，利用道德算法对道德行为进行计算评分，那些取得最高分数的行为即效用最大化的行为，选择最高分数行为就实现了最大的善和幸福。功利主义试图通过客观计算找到最具道德的行为，有一定的积极意义。创建一个功利主义的机器人最大的困难在于算法的设计，道德和幸福应该按怎样的标准进行量化？算法能覆盖所有的道德行为进而得出最优解吗？善或恶、喜或悲都是一些主观感受，人们很难将这些抽象的价值数字化。功利主义是结果论，主张把所有可能的道德情形都进行量化计算后得出最优解，但每一种道德行为都会产生无数种连锁效应，会有千千万万种道德情形。如此，机器人可能会陷入计算黑洞中，无法产出结果。

义务论则是将人类道德义务赋予机器人，让机器人遵循人类的义务。机器人制造的经典原则机器人三原则就是义务论的典型代表。义务论路径避免了功利主义对道德行为的量化和无穷的计算，但前提是能从人类众多道德规范中提炼出一种"普遍道德"。显然这种高度抽象的普遍道德既不可能被提出，也难以被机器人理解。我们提出并教给机器人的道德义务并非人类世界的全部。这涉及一个人工智能界的学说"波兰尼悖论"，就是"我们知道的要比我们说出的更多"。人类在社会环境中常常遭遇许多超出常规的突发性情境，这时可能会出现两种道德规则相冲突的情况。在这种情况下，人类需要运用自己的智慧去衡量该如何选择，舍弃哪一种道德。然而，人类嵌入机器人的道德规范是按规定情境设定好的，机器人无法处理一些开放性情境中的道德实践问题。譬如人类告诉机器人打人是不被允许的，但是见义勇为在人类社会又是合乎道德的行为。当机器人与人类构成社会网络时，道德规范更为复杂多变，如果机器人只能按照规定做出道德决策，很容易引发误解。

（二）自下而上的方式

自下而上的研究路径不需要给机器人嵌入任何道德规则，只需要让机器人对道德情境中人类的行为进行观察，从而习得人类社会的道德规则，并能根据不同的道德情境自主判断该如何选择。这种路径类似于让幼儿在社会环境中接受道德教育的方式，这种教育既能明确恰当和不恰当的行为，又不需要提供明确的道德理论（Allen et al.，2005）。艾伦·图灵提出的"人工婴儿"是自下而上的研究路径的代表。他在其著作中提到，与其编写一个程序去模仿成人的思想，不如去尝试仿真孩子，这样机器人的"大脑"经过教育可能会发展出成人的思维。实际上，部分社会机器人本身就有自下而上路径思想的指导，诸如微软"小冰"、Tay 这类智能聊天机器人，并不是根据聊天对象发出的内容从语料库中选出历史回复，它们能在和人的交流中不断学习，从而生成一个过去没有的全新回复，它们的行为并不在程序员的预料之中。自下而上的路径会促进新的技能和标准产生，这些技能和标准是系统整体设计不可或缺的，但它们很难进化或发展。进化和学习充满了试验和错误，机器人要从失败和错误的策略中学习，这将是一个非常缓慢的过程，即使是处于计算机处理和进化算法高速发展的世界。因为自下而上的研究路径要求机器人在不断试错的过程中自主学习道德行为，其间很可能会将不合道德规范的错误行为也一并学习。虽然自上而下的研究路径缺少灵活性和动态性，但从这一角度看，其安全系数更高，自下而上的研究路径缺少由道德理论提供的保护措施，整个行为过程处于不可控的状态。

无论是自上而下的研究路径还是自下而上的研究路径，都各自存在优缺点，如果想要机器人这类人工智能真正拥有道德决策的能力，可以尝试综合以上两种研究路径，即一种混合路径。其中，以自下而上的研究路径为主，以自上而下的研究路径为辅，使机器人在理解一般道德情境下的规范之外，还能视情境的变化衡量利弊，做出最佳的道德决策。

三、机器人开发中的道德规范

(一)伦理委员会及机器人道德官

伦理委员会可帮助机器人设计者提供道德和伦理指导，至少在涉及人体实验的研究时是这样的。伦理委员会在学术研究之外并不常见，尽管一些公司有伦理官。在私营企业中，伦理审查往往被认为可能会减缓或阻碍产品的开发，所以道德和伦理往往不予考虑，或只有在法律要求公司必须具备时才会设置相应部门。当然，在公司外部通过政府等设置一个伦理审查系统是可行的，但我们更应该让伦理官加入设计团队，以在设计过程中引导产品往符合道德的方向开发。如此，机器人的道德就不是团队外部强加的，而是设计中不可分割的一部分。外部的伦理审查也必须存在，以确保公司内部的伦理学家是在负责任地工作，且被设计团队正确地使用。同时，我们还需要避免道德只是禁止错误的行为，而应该帮助开发团队以有效的方式解决人机交互中的道德问题。设计符合道德的机器人需要跨学科的努力，其中就包括心理学对道德的研究以及伦理学，这种专业知识必须在机器人多个层次的设计中发挥作用。

(二)机器人技术的道德规范

机器人开发所涉及的道德层面最重要的是制定道德规范。机器人技术开发中的道德规范制定尚在起步阶段，即探索如何制定规范以更好地指导机器人开发者的工作，包括考虑人类尊严、设计伦理、法律伦理和社会责任。2017 年，英国正式颁布了机器人道德标准，包括不许伤害、欺骗人类和令人成瘾。表 8-1 列举了部分约束机器人开发的有关道德规范。

表 8-1 部分机器人和人工智能原则

规范名称	发布年份
阿西莫夫的机器人三原则	1950 年
黑菲(Robin R. Murphy)和伍兹(David D. Woods)的机器人责任三原则	2009 年
机器人的工程及物理科学研究理事会原则	2011 年
阿西洛马人工智能原则	2017 年
国际计算机学会美国公共政策委员会关于算法透明度和问责的原则	2017 年
日本人工智能协会的道德准则	2017 年
未来社会科学、法律和社会倡议草案	2017 年
蒙特利尔关于人工智能责任原则草案的宣言	2017 年
英国电气工程师学会关于道德自主和智能系统的通用原则	2017 年
UNI 全球联盟关于道德人工智能的十大原则	2017 年

表格来源：Winfield, A. F., & Jirotka, M. (2018). Ethical governance is essential to building trust in robotics and artificial intelligence systems. Philosophical Transactions of the Royal Society A: Mathematical, *Physical and Engineering Sciences*, 376(2133).

阅读材料

机器人和机器系统的伦理设计和应用指南

英国标准协会(British Standards Institution)是英国国家标准机构,在世界范围内具有很高的权威性。英国标准协会正式发布了一套机器人伦理指南,比阿西莫夫的机器人三原则更加复杂和成熟。这个伦理指南的全称是《机器人和机器系统的伦理设计和应用指南》(以下简称《指南》),主要针对的人群就是机器人设计研究者和制造商,指导他们如何对一个机器人做出道德风险评估,以保证人类生产出来的智能机器人能够融入人类社会现有的道德规范体系。

机器人欺骗、令人成瘾、具有超越现有能力范围的自学能力,这些都被列为危害因素,是设计人员和制造商需要考虑的。

《指南》的开头给出了一个广泛的原则:机器人的设计目的不应是专门或主要用来杀死或伤害人类;负责任的主体是人类,而不是机器人;要确保找出某个机器人的行为负责人的可能性。《指南》聚焦了一些有争议性的话题。例如,人类与机器人可以产生情感联系吗?尤其是,当这个机器人本身设计目的就是与小孩和老人互动时,答案是否依然一致。

《指南》提到了机器人的性别和种族歧视问题。究其原因,机器人算法中的深度学习系统很多都是使用互联网上的数据进行训练的,而这些数据本身就带有偏见。《指南》也提到了这种"过度依赖机器人"的现象,然而并没有给设计者一个确切的、可遵循的准则。

虽然道德规范可能因国家或应用场景的不同而发生变化,但在制定过程中需遵循尊重机器人身上的人性、机器人不是商品、人是机器人的道德监护人等原则(杨通进,2019)。

1. 尊重机器人身上的人性

一提到"机器人"一词,人们联想到的就是某种与人的"形象"有关的对象或实体,而不仅仅是某种纯粹的工具或机器。任何一种实体,只要具有了人的形象,它就获得了某种特殊的意义,如历史人物的雕像、艺术家创造的人物雕像等。在面对这些实体时,人们的内心会涌起某种或崇敬(崇拜)或亲切的情感。对这些实体的蓄意毁坏或亵渎会在人们内心激起某种愤怒的情感或谴责的意向,因为这类行为亵渎了这些实体所蕴含的人的形象及其所蕴含的人的尊严与价值。

高度发达的智能机器人不仅有着人的形象,而且具备或展现了许多人的属性:符合人类礼仪的言谈举止、较强的推理与思维能力、对人类的法律与道德原则的遵守等。机器人身上的这些属性展现了人的尊严与价值,因此理应享有道德承受体的道德地位,有资格获得道德行为体的道德关怀。道德行为体在任何时候都不仅要把自己身上的人性,而且要把机器人身上的人性永远当作目的本身,而不能仅仅当作手段来看待。我们不仅要尊重自己身上的人性,而且要尊重机器人身上的人性。机器人的道德承受体地位所施加给道德行为体的义务之一,就是以尊重的态度对待机器人。

2. 机器人不是商品

由于机器人展现的是人的形象,因此它不是普通的商品,这意味着我们不能把机器人当作普通的商品来设计。设计者要区分两类不同的自动机械系统，一类是以人的形象出现的自主系统，另一类是以完成特定工作任务为目标的智能系统。对于后一类自动机械系统，我们最好不要把它们设计成人的模样，也不要称之为机器人。例如，对于高度自动化的武器系统，最好不要把它们设计成军人的模样，我们宁可把它们直接设计成自动驾驶军用飞机、自动化坦克等。对于前一类自动机械系统，我们要尽量把它们设计得与人相似，使得它们能够按照人类的规则与人类交往。例如，在设计机器人士兵或机器人警察时，我们需要避免把它们仅仅当作杀人机器人来设计。机器人士兵与机器人警察的道德判断与行动都直接涉及人的生命，因而它们的设计与生产不仅需要透明、公开，而且需要接受某个公正的全球机构的监管，必须把对人类核心道德的维护与遵守作为强制性条款，编入这类机器人的程序中。机器人士兵与机器人警察的设计需要遵循某些共同的全球标准。

消费者也不能把机器人当作普通的商品来消费。由于机器人不是普通商品，因此对机器人的消费与使用也不同于普通商品。首先，对机器人的消费主体要加以适当的审查，机器人用户应接受相关的培训与学习。只有那些通过了相应审查与培训要求的消费者才有资格购买和使用机器人。其次，可考虑成立机器人保护协会，其类似于动物保护协会或自然保护协会，对消费者使用机器人的情况定期进行访问，引导用户以"文明而体面"的方式与机器人交往。

3. 人是机器人的道德监护人

关于机器人能否以及如何成为负责任的道德行为体，是机器人伦理学当前争论得比较激烈的一个问题。有研究者认可机器人能够成为道德行为体的观点。但是，我们只能指望机器人成为显性道德行为体，而不能指望它们能够成为像成熟的人类个体那样的充分的或完全的道德行为体。人类是机器人的道德监护人。首先，作为显性道德行为体，机器人能够履行常规的道德责任。但是，当面临复杂的道德境遇或需要做出艰难的道德判断与道德选择时，正常而理性的用户或专家需要帮助机器人做出相关的判断和决定。其次，由于不是充分的道德行为体，机器人所承担的责任类似于16～18岁的青少年所承担的责任。我们只能用青少年的责任标准来要求机器人。最后，机器人承担的是一种共享的道德责任。机器人的设计者、生产者与使用者都需要为机器人的行为承担部分道德责任。同时，我们也有义务通过让机器人参与人际互动来学习人际交往规则。这意味着，我们要把具有道德承受体地位的机器人当作我们的伦理共同体的成员来对待。

4. 持续扩大道德关怀与伦理共同体的范围

把机器人纳入道德关怀的范围，这是人类道德所面临的又一次革命性的变革。前一次变革发生于人们把人之外的动物(以及所有的生命与大自然本身)纳入道德关怀范围之时。人们不把机器人纳入道德关怀范围的理由之一是，机器人感觉不到痛苦。虽然植物人感觉不到痛苦，但他们仍然是道德承受体；没有神经中枢系统的法人(各类组织与机构)也是我们道德关怀的对象。况且，一个实体是否有资格获得我们的道德关怀，取决于我们想与它建立何种交往关系，还取决于我们想建构一种什么样的共同体文化。

随着机器人越来越多地介入我们的生活，人类不可避免地要进入人机共生的时代，不可避免地要与机器人"比邻而居"。为了使人类能够更加顺利地适应这样一个新时代，也为了使人类变得更完美，我们需要建立人机伦理共同体，把机器人纳入道德关怀的范围。为此，我们需要在全球范围内培养并弘扬一种理性而健康的机器人文化。我们需要普及关于机器人的完整知识，使人们养成对待机器人的正确态度与行为方式，树立正确的机器人道德观。

机器人的道德背后牵涉的是社会学、伦理学、心理学等学科的问题。机器人技术的发展会影响人们的工作、学习和生活，给人类带来更多利益与便利的同时，也会给人类带来更多新的道德和伦理问题。我们只有及时对机器人的道德和伦理问题进行反思、总结，并采取相应的策略，才能使机器人的开发趋利避害，为人类谋取更多福利。

【思考题】

1. 为什么要关注机器人的道德？机器人应该遵守哪些道德原则？

2. 如何设计有道德的机器人？

3. 机器人是否具有独立的法律人格？为什么？

扫描获取
思考题答案

4. 设想某款机器人在停车场指挥停车，有一个儿童正在附近玩耍。此时，一辆卡车开来，溅起的尘土干扰了机器人的传感器，因机器人不能感知到儿童的存在而导致这辆卡车撞伤了他。那么谁应该对这一事件负责，是机器生产厂家、软件工程师还是机器人自身？

第九章　机器行为学

机器人的智能化和社会化离不开人工智能，其发展的核心是基于人工智能的研究。本书所阐述的机器人心理学是机器行为学的重要组成部分，但后者的范畴更大，因此有必要对机器行为学的相关知识进行阐述，以更好地理解机器人心理学的研究问题和规律。

第一节　研究机器行为的跨学科性

一、研究机器行为的背景

由人工智能驱动的机器正不断塑造着我们的媒体、社会、文化、经济、政治，了解人工智能系统的行为对于我们控制其行为、合理利用其带来的好处，并尽量减少其危害至关重要。因此，对机器行为的理解不能仅限于计算机科学。我们需要一个科学框架来研究机器行为，融合各个学科的见解，包括社会科学的视角。

诺贝尔奖得主希尔伯特·西蒙(Herbert Simon)在1969年出版了一本人工智能发展史上里程碑式的著作《人工科学》(*The Sciences of the Artificial*)，其中他写道："自然科学是关于自然物体与现象的知识。我们想知道是不是有一种针对'人工'的科学，研究人造物和它们的现象。"与西蒙的观点一致，拉赫万等人(Rahwan et al.，2019)提出了一个新兴的交叉学科：这个学科研究智能机器，并不是从工程机器的角度去理解人工智能，而是将其视为一系列有自己行为模式及生态反应的智能个体。这个领域与计算机和机器人学科有关联性，但是又相互独立。从经验的角度去解释智能机器的行为，类似于结合了生命内部特质(生理和生化特质)与外部环境塑造特质(生态与进化)的行为生态学和动物行为学研究。如果不研究行为发生的背景，就无法完全理解动物和人类的行为。同样，如果没有对算法和算法运行的社会环境的综合研究，就无法完全理解机器的行为。

现在，研究这些虚拟或者实体人工智能体行为的科学家基本上是当初创造它们的那批学者。这些科学家创建人工智能旨在解决特定的问题，通常致力于确保人工智能可以实现他们需要的功能。例如，用于分类、面部识别、视觉识别领域的人工智能应达到精确性的要求；自动驾驶汽车在各种天气条件下都应当能够成功导航；玩游戏的智能体应当能够击败一系列设定的人类和机器对手；数据挖掘算法应当能够准确捕捉消费者的偏好，并成功锁定可能的消费人群。

现有的人工智能在许多方面有增加人类福祉的可能性，但对人工智能必须进行跨学科的思考，而非满足某种特定的需求或功能。人工智能已融入我们的社会，并已经参与各种人类活动，如信用评分、算法交易、地方治安等。认知系统工程、人机交互、安全工程等不同领域的学者和思想家均提醒人工智能产生的影响已超出了开发者的预期，既包括正面的影响也包括负面的影响，如个人信息安全，这为我们敲响了警钟。

除了人工智能产生的影响可能超出预期之外，研究人员还对人工智能缺乏监督，以及越来越多地使用机器来完成曾经由人类完成的任务等，感到担忧。与此同时，研究者也称人工智能可以通过帮助人类决策和增强人类决策能力的方式给社会带来好处，但越来越多的研究者开始关注其可能带来的负面影响，如智能化系统的安全挑战与人工智能带来的公平性、义务与透明性等方面的问题。

据此，拉赫万等人提出了一个新兴交叉学科，即机器行为学，主要研究人工智能所表现出的行为，需要多个学科的交叉和融合。

二、机器行为的跨学科研究

为了研究机器行为，尤其是现实环境中"黑箱"算法的行为，我们必须整合不同学科的知识(见图 9-1)。这种整合目前处于起始阶段，并且主要以一种临时和被动的方式发生，以响应日益增长的对理解机器行为的需求。目前，研究机器行为的科学家大多是计算机科学家、机器人学家和最初设计机器的工程师。这些科学家可能是专业的数学家和工程师，但他们缺乏研究行为的训练。他们很少接触实验方面的方法论，以及基于群体的抽样训练或者基于观察的因果推理，更不用说神经科学、集群行为学和社会理论了。相反，尽管行为科学家更有可能拥有对这些科学方法的培训知识，但他们不太可能拥有对人工智能的质量和适当性进行熟练评估的专业知识，也不太可能具有从数学的角度分析特定算法的能力。

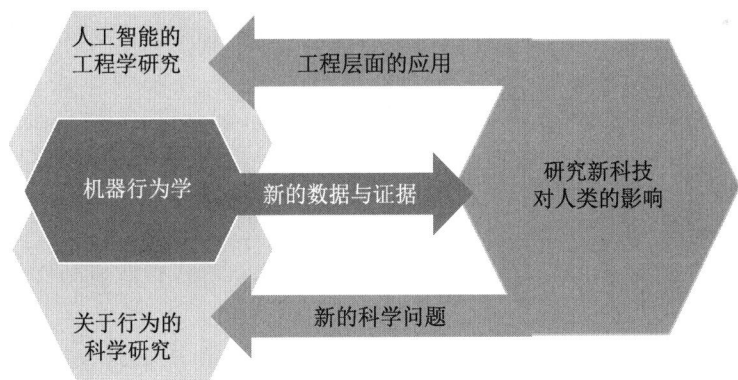

图 9-1 机器行为的跨学科性

图片来源：Rahwan, I., Cebrain, M., Obradovich, N., et al. (2019). Machine behaviour. *Nature*，568(7753)，477-486.

整合多个领域的科学家合作开展研究并不容易。到目前为止，那些创建人工智能系统的人主要关注构建、实现和优化智能系统，以执行特定的任务。在很多任务中，如象棋、跳棋和围棋等棋类游戏与扑克等纸牌游戏的人工智能取得了进展。标准化评估数据同样取得了进展，如用于物体识别的 ImageNet 数据库和用于图像标注的微软 Common Objects in Context 数据库。语音识别、语言翻译和自动驾驶方面也取得了进展。这些可作为评价标准，以帮助人工智能设计者开发更快、更稳健的算法。

但是，旨在最大化算法性能的方法对人工智能属性和行为进行科学研究并不是最佳的视角。就像社会科学家在社会、政治或经济互动领域探索人类行为一样，机器行为学对更广泛的测量指标感兴趣，而不局限于算法的准确度。因此，研究机器行为的学者需花费大量精力来定义微观和宏观的度量指标，以回答诸如这些算法在不同环境中如何表现，以及人类与算法的互动是否会影响社会等问题。随机实验、观察推断和基于群体的统计学等定量分析方法经常被用于行为科学中，对于机器行为学极其重要。基于机器行为学的研究，可为人工智能如何影响经济和社会提供相关解释。

第二节　研究机器行为的动机

开展机器行为学的研究有三个主要动机：首先，各式各样的算法已在我们的社会生活中运行，且发挥着越来越大的作用；其次，由于这些算法及其所处的运行环境的复杂性，仅仅依靠分析和解释手段很难了解它们的行为规律；最后，由于智能算法的普遍性和复杂性，预测智能算法对人类的影响是一个巨大的挑战，无论这些影响是积极的还是消极的。

一、算法的普遍性

如今，各种算法在社会中都获得了广泛应用。新闻排序算法和社交媒体机器人会影响人们看到的信息，信用评分算法会影响贷款决策，在线定价算法能给不同的用户定价，算法交易软件能使交易变得迅速。算法塑造了地方警察的调度和空间分布模式，算法量刑会影响犯人的服刑时间。自动驾驶汽车在我们的城市里穿梭，共享交通算法改变了传统车辆的行驶模式。机器人能绘制家中的地图，接收口头命令并执行日常家务。在在线约会服务中，算法能促成浪漫的约会。在抚养孩子和照顾老人方面，机器人可能会越来越多地替代人类。自主智能体正影响着我们的集体行为，从群体层面的协作行为到共享行为。

二、算法的复杂性和不透明性

即使单个算法本身相对简单，但由于人工智能系统的多样性和复杂性，理解这个系统也仍是一个巨大的挑战。

目前，单个人工智能系统的复杂性已很强，且在持续增强。构建它们的代码和训练模型可能很简单，但结果可能非常复杂，这经常导致"黑箱"问题的产生。人工智能体被给予输入并产生输出，尽管在可解释性方面正在取得一些进展，但那些开发算法的科学家依然很难解释产生结果的具体过程。此外，当人工智能系统从数据中学习规律时，它们的失败与数据的缺陷或数据的收集方式有关，这使得一些人主张对数据集和模型采用适当的公开报告机制。更重要的是，数据集的维度和数据量这一层面也给我们理解机器行为增加了难度。

应用中经常使用算法的源代码和模型结构都是有版权的，数据亦是如此。源代码和模型结构通常涉及知识产权和法律保护。在许多情况下，工业人工智能系统唯一公开可见的内容是它们的输入和输出。因此，从版权保护上来看，结果产生的具体过程也很难获得。就算这些源代码和模型开源，我们也不太可能由此准确预测出这些模型的输出。即便能看到源代码和模型结构，人工智能的源代码或模型结构也不能对其输出提供足够的预测力。人工智能系统还可以通过与其他不能精确预测结果的系统交互，从而产生新的行为模式。即便形成它的数学函数是存在解析解的，这个解析解也可能会因为冗长、复杂的结构而使人难解其意。

三、算法的利弊

算法无处不在，再加上其日益增强的复杂性，往往会增加估计算法对个人和社会影响的难度。人工智能正在以有意和无意的方式塑造人类行为和社会环境。例如，一些人工智能体被设计用来帮助孩子或老年人，以造福人类。然而，如果这种用来造福人类的力量在"意料之外的情况下"偏离了初衷，就会出现类似于孩子被植入广告诱导购买特定产品、老年人被固定只能选择特定的电视节目等情况。

此类算法对个体的正负面影响可以扩大到社会层面。例如，少数人接触错误的政治信息可能对整个社会没有什么影响，但在社交媒体上引入和传播这种错误信息则会产生恶劣的社会后果。关于算法公平性或偏见性的问题已经在计算机视觉、文字嵌入和社会服务等很多场景中出现。

为了应对这些问题，从业者有时被迫在各种偏见之间进行取舍，或者在人类和机器之间进行取舍。例如，在线约会算法如何影响婚姻制度，以及人类和智能算法之间的相互作用是否会系统性地影响人类发展的进程。这些问题在不断复杂化的人机混合交互系统的背景下变得越发难解。为了社会能够监管人工智能可能造成的不良后果，机器行为学必须提供见解和指导原则，以帮助人们理解社会中这些无处不在的系统如何工作，以及如何权衡收益和成本。

第三节　研究问题和研究对象

尼可拉斯·丁伯根（Nikolaas Tinbergen）等人创立了动物行为学，从而获得了1973 年的诺贝尔生理学或医学奖。他们提出了四维度的行为学分析方法，以帮助解释动物行为（Tinbergen，1963）。这四个维度包括行为产生的机理、行为的发展、行为的功能与行为的进化史，其为研究动物和人类的行为提供了一个组织框架。例如，这一组织框架将动物或人类某个行为的发展和群体中这个行为的进化轨迹分开进行研究。这种区分的目的不是分割，而是方便整合。虽然鸟类的鸣叫声可以通过学习或其特定的进化史来解释的说法并没有错，但要完全理解鸟鸣叫声的全貌，这两个方面都要考虑。

机器和动物之间存在本质上的差异，对机器行为的研究可从研究动物和人类行为的四个维度中获得启发（见图 9-2）。机器具有产生行为的机制，经历了将环境信息整合到自身行为中的发展过程，产生了在特定环境中应对问题的常见功能，并体现了过往的环境和人类决策持续影响机器行为的进化过程。尽管仍然存在许多问题，但是计算机科学家已经在理解人工智能系统的机制和发展方面取得了重大进展。相对而言，人工智能系统的功能和进化史受到的关注较少。

图 9-2　尼可拉斯·丁伯根的问题类型和研究对象对应机器行为的研究

图片来源：Rahwan，I.，Cebrian，M.，Obradovich，N.，et al.（2019）．Machine behaviour. *Nature*，568(7753)，477-486.

一、行为产生的机理

机器行为最主要的成因与它的激发条件和产生的环境有关。例如，早期的算法交易程序使用简单的规则来促进买卖行为。更复杂的人工智能算法可基于启发式或期望效用最大化来设计计算策略。玩纸牌的强化学习算法可归因于它表征的状态空间或评估博弈树的特定方式，等等。

机器人行为学

行为产生的机理取决于算法及环境。一个更复杂的人工智能系统，如无人驾驶汽车，可能会表现出特定的驾驶行为，诸如变道、超车或向行人发出信号。这些行为根据构建驾驶策略的算法生成，也受制于汽车的感知和驱动系统的特性，包括目标检测的分辨率和准确性，以及转向的响应性和准确性等因素。由于很多现有的人工智能系统主要由数据驱动的机器学习方法衍生而来，因此要想探究机器行为背后的机制，还需继续研究机器学习的可解释性方法。

二、行为的发展

在动物或人类行为的研究中，发展是指个体如何习得某种特定的行为，如通过模仿或环境调节来获得特定行为，其不同于长期进化导致的变化。

就机器而言，我们可以探究机器是如何获得（习得）特定的个人或集体行为的。行为发展可以直接归因于人类工程师的设计或选择。程序员做出的架构设计（例如，学习速率参数的值、知识的获取和状态的表征或卷积神经网络的特定连接方式）决定或影响算法表现出的行为类型。在更复杂的人工智能系统中，如无人驾驶汽车，汽车的行为会随着时间的推移而发展，从软件开发到不断变化的硬件组件，工程师会将其整合到整体架构中。最终，设计者对机器的算法进行升级，机器行为也会发生变化。

机器可能因工程师将其置于特定的训练环境下而塑造特定的行为。例如，许多图像和文本分类算法用人工标记过的数据库作为训练数据来提升算法精度。其中，数据库的选择及它所代表的特征，可极大地影响算法表现出的行为。

机器可以通过自己的经验习得某些行为。例如，一个被用来训练以优化长期利润的强化学习模型，可以因为过去自己的一些行为和市场随后的反馈学到特定的短线交易策略。类似地，产品推荐算法可根据用户多次的选择来推荐产品，也能实时更新对用户偏好的推测。

三、行为的功能

在动物行为的研究中，适应值是指一个行为对个体生存和留下后代的能力的贡献程度。例如，一个特别的狩猎行为可以或多或少地增加狩猎成功度，那么这个行为就可以延长这种生物的生命长度和子代数量，然后它的子代也可能继承它的这种功能。关注功能有助于我们理解为什么一些行为机制会被保留，而另一些行为机制会衰退和消失。功能之所以存在，是因为行为本身能适应环境。

就机器而言，我们可以讨论这种行为如何为特定的利益相关群体提供服务。人类环境创造了选择压力，这可能使一些具有适应能力的人工智能系统变得普遍。成功的(提高适应性)行为能获得增值的机会，如被其他类型的软件或者硬件复制。这背后的根本推动力是一些使用和构建人工智能的机构，如企业、医院、政府和大学。最明显的例子是交易算法，其中，成功的自动交易策略可以随着开发人员从一家公司转移到另一家公司而被复制，或者被竞争对手观察学习和反向设计。

人工选择的动力可以产生出人意料的效果。例如，像最大化社交媒体网站参与度的目标可能会导致信息茧房(filter bubbles)，加剧政治两极分化，又或者在缺少监管的条件下，助长假新闻的扩散。然而，与针对用户参与度进行优化的网站相比，未优化的网站可能不那么成功，或者可能会倒闭。同样，在没有外部监管的情况下，不优先考虑乘客安全的自动驾驶汽车对顾客来说更没有吸引力，进而导致更少的销售量。有时机器行为的功能是应对其他机器的行为的。例如，对抗性攻击，用输入假信息愚弄人工智能系统，从而产生一个不需要的输出。在人工智能系统用来抵抗这些潜在攻击的互动中，这些攻击会导致复杂的捕食者与猎物动力学模式。仅依赖单独研究机器本身，前述过程很难被理解。

上述例子强调了外部组织机构和经济力量如何塑造机器行为，理解这些因素和人工智能之间的相互作用与剖析机器行为的发展规律高度相关。

四、行为的进化

在动物行为研究中，系统发生学描述了一个行为是如何进化的。除了目前的发展之外，动物行为还受到过去的选择压力和先前进化机制的影响。非选择性压力的作用，如种群的迁移和遗传漂变，在解释不同形式行为的联系上也发挥着重要作用。

就机器而言，进化史也可以产生路径依赖，从而解释令人费解的某些行为。在进化的每个阶段中，算法在新的环境中被重复使用，使得在这个基础上的创新成为可能。例如，微处理器设计的早期设计方案依然会影响现代的计算机设计。一些算法可能会关注某些特征而忽略其他特征，因为这些特征在早期的成功应用中非常重要。有些机器行为可能会被传播开来，因为它是"可进化的"，即容易修改同时对干扰信息表现出稳健性。就像动物的某些特征可能很常见，因为这些特征促进了动物的多样性和稳定性。

机器行为的进化与动物行为不同。大多数动物的遗传很简单，双亲的基因决定子代，算法却要灵活得多，而且它们背后通常有一个目的明确的设计者。通过改变算法的继承体系，人类环境强烈地影响着算法的进化。开源软件、网络架构的细节和潜在的训练数据集可能会促进对人工智能的复制。例如，为无人驾驶汽车开发软件的公司，可以共享用于目标检测或路径规划的算法，以及这些算法的训练数据，从而在整个行业中被传播。通过软件更新，一辆特定的无人驾驶汽车行为中的某个适应性行为很可能被立刻传播到数百万汽车上。然而，相关机构也会做出限制，如软件专利可能会对特定机器行为的复制施加限制。监管举措（如隐私保护法）可以防止机器在决策中访问、保留或使用隐私信息。这些事实说明，机器可能会表现出非常不同的进化轨迹，因为它们不受生物进化机制的约束。

第四节　机器人行为研究的三个层面

对机器行为可从三个层面进行研究：机器个体行为、机器集群行为和人机交互行为。机器个体行为强调对算法本身的研究，机器集群行为强调机器之间的相互作用和影响模式，人机交互行为则强调研究机器与人类之间的交互。这种视角类似于对某个特定物种的研究，包括研究物种本身、物种成员之间的相互作用，以及该物种与其更广泛的环境之间的相互作用。

一、机器个体行为

对机器个体行为的研究主要集中在特定的智能机器本身。通常这些研究关注单个机器的固有属性，其由源代码或设计驱动。机器学习和软件工程领域目前主要进行这些研究。研究机器个体行为有两种通用方法。

第一种是机器内方法（within-machine approach）。该方法分析特定机器的行为集，比较特定机器在不同条件下的行为。

第二种是机器间方法（between-machine approach）。该方法比较各种机器在相同条件下的不同行为。

机器内方法研究的问题包括：在不同的环境中，是否存在表征任何人工智能行为的常量，某一人工智能的行为如何随着时间的推移而不断发展，环境因素如何影响机器对特定行为的表征。例如，如果训练特定的底层数据，算法可能仅表现出某些特定的行为。问题在于，当使用与训练数据有明显不同的评估数据时，在模拟决策中对累积概率进行评分的算法所产生的表征是否会与预期不同。这类研究还包括对机器个体行为如何进行恢复、算法的"认知"属性、心理学技术在算法行为研究中的应用，以及对机器人特定特征的检查，如那些旨在影响人类用户的特征。

机器间方法是探究相同行为在不同机器之间的表现差异。例如，那些对智能推荐广告行为感兴趣的人，可以调查各种广告平台（以及底层算法），并进行跨平台实验，以检查输入同一组广告在机器间输出的异同。相同的方法可用于研究跨平台的动态定价算法。其他机器间的研究可能着眼于自动驾驶汽车在超车模式中使用的不同行为策略，或者不同无人机所表现出的各种搜寻行为。

二、机器集群行为

相比于对机器个体行为的研究，机器集群行为的研究侧重多个机器间的交互和多个机器组成集群在整体层面的行为模式，类似于研究鸟类的集群行为。在某些情况下，在考虑整体层面之前，机器个体行为可能没有意义。对这些问题的探索受到了自然界集群的启发，如成群的昆虫或成群结队的鸟类或鱼群。在该类例子中，集群层面显示出对环境的新认识，而这在个体级别上是不存在的。多智能体系统和计算博弈论等领域为在集群层面研究机器行为提供了很好的借鉴。

使用简单算法控制的机器人一旦聚合成大型群体，就会产生有趣的行为。例如，学者研究了微型机器人的群体特性，它们可以形成类似于生物系统中发现的群体特性涌现现象。其他例子还包括在通信智能机器之间出现的新算法语言，以及完全自主运输系统的动态特性。该领域中的许多有趣的问题仍有待研究。

关于动物集群行为和机器集群行为的大多数工作都集中在通过简单智能体之间的交互如何产生更高阶的结构和属性上。尽管这很重要，但忽略了一个事实：许多生物体以及越来越多的人工智能体都是复杂的实体，它们的行为和交互可能无法用简单的表征来描述。探索具有复杂认知能力的生物实体通过交互如何涌现整体层面的宏观特性仍然是生物科学中的关键挑战，并且可能与机器行为的研究有相似之处。例如，类似于动物，机器可能会表现出"社会学习"的能力。这种"社会学习"并不限于机器向机器学习，还可能向人类学习；反之亦然，人类也可从机器的行为中学习。引入的反馈过程可能会从根本上改变机器和人类知识的积累方式，包括跨代积累，从而影响人类和机器的"文化"。

此外，人工智能系统不一定面临与生物体相同的限制，机器的集群可能产生完全新的行为模式。例如，即时性全球通信改变了沟通方式，从而带来了全新的集群行为模式。机器集群行为的研究考察了机器形成集群时产生的特性，以及机器集群交互时如何涌现新的特性。例如，在金融交易环境中，人们已经观察到有趣的集群行为。除了较快的响应速度之外，机器学习的广泛使用、自主操作和大规模部署的能力，使得我们有理由相信机器交易的集群行为可能与人类交易者存在质的不同。此外，金融算法必须在某些历史数据集上进行训练，并对有限的各类情境做出反应，这可能导致对新的情况做出未曾预料到的行为反应。闪存崩溃是（交互）算法设计中未预料到的集群行为，从而引发更大的市场危机。

三、人机交互行为

人类越来越多地与机器互动。机器会影响人类的社交互动，塑造我们所看到的新闻和在线信息，并与我们建立足以改变人类社会系统的关系。由于人机交互的复杂性，这些混合人机系统成了机器行为中重要的研究领域之一。

(一)机器塑造人类行为

机器行为研究中最重要的问题是，智能系统被引入人类社会后如何改变人类的信念和行为。就像在工业制造中引入自动化一样，智能机器在改善生产问题的过程中会产生社会问题。例如，在线约会的匹配算法是否改变了约会过程的分配结果，或者新闻过滤算法是否改变了舆论的形成。算法中的小错误或使用的数据是否会对社会产生累积性影响，以及学校、医院和护理中心的智能机器人如何改变人类发展、生活质量或影响残疾人的生活，都是至关重要的研究问题。

机器的行为存在改变社交结构的可能性。例如，政府可以在多大程度上以何种方式使用机器智能来改变政治问责和透明度，以及公民参与度。其他影响还包括智能机器在多大程度上影响警务、违规监测和战争，以及人工智能系统在多大程度上能促进人类的集体行动。

值得注意的是，该领域还研究人类如何将机器用作决策辅助工具、人类对算法的偏好，以及类人机器人如何影响或减小人类不适的程度。同时，研究者还应关注人类如何应对日益增长的人机协同生产需求。了解如何将智能机器引入人们的生活以改变人类社会系统，也是机器行为研究的重要领域。

（二）人类塑造机器行为

智能机器可以改变人类行为，人类也可以创造、影响和塑造智能机器的行为。我们直接设计人工智能系统，并主动选择和决定算法的输入内容。选择何种算法、为这些算法提供什么反馈以及输入什么样的数据对它们进行训练，也是人类的决策，而这可以直接改变机器行为。研究机器行为的一个重要领域是理解这些人类决策过程如何改变机器行为，无论是训练数据的选择还是算法本身的挑选，这类研究对理解人机关系以及行为模式至关重要。

（三）人机协作行为

尽管将研究分为人类塑造机器行为和机器塑造人类行为能够方便机器行为的研究，但大多数人工智能系统是在人机协同完成任务时发挥作用的，即人机不断交互影响。这些研究内容包括人机交互的行为模式，如合作、竞争和协作等。人类偏见与人工智能结合如何改变人类的情感或信念，人类偏好与算法相结合如何促进信息的传播，无人驾驶和人类驾驶结合如何改变交通模式，人与算法交易的交互如何改变交易模式，以及哪些因素可以促进人与机器之间的信任与合作。

这一领域还涉及机器人和软件驱动的自动化。在这里，有两种不同类型的人机交互：一种是机器可以提高人类的效率，如机器人和计算机辅助手术；另一种是机器可以代替人类，如无人驾驶运输和包裹递送。这就引出了新问题：机器最终是否会在更长时间内进行迭代或增强，以及人机协作行为是否会因此而演变？

上述例子强调了混合人机行为必须同时考察人对机器行为的影响和机器对人的行为的影响。学者已经开始在标准化的实验室环境中研究人机交互，并发现：与简单机器人的交互可以增强人类的协调性；机器人可以与人类直接合作，并且合作效果可以与人类之间的合作相媲美。然而，这仍迫切需要进一步理解自然环境中的反馈回路。在自然环境中，人类越来越多地使用算法来做出决策，并且随后通过这些决策来对算法进行训练，这一环路的构成如何产生影响均需深入探索。此外，有必要研究人机混合系统的长期影响，特别需要关注智能机器的引入如何改变人类的社会交往方式这一问题。

第五节 机器行为学如何发展

一、影响机器行为学发展的因素

要想最大限度地发挥人工智能对社会的积极影响，我们就要研究机器行为。如果我们选择将人工智能深度融入人类的社会生活，必须弄清这一融合过程对人类社会可能产生的影响。为了将这些知识形成框架，我们需要一个新的交叉学科领域：机器行为学。为了让这个领域顺利发展，有许多要考虑的因素。

第一，研究机器行为并不意味着人工智能算法需要被赋予独立的人格，也不意味着算法应该对其行为承担道德责任。如果狗咬人，则狗的主人应当负责。研究动物的行为模式对预测和管控这种异常行为还是很有用的。机器在一个更大的社会技术框架下运行，其关乎人类利益，相关者要为机器行为可能造成的伤害负责。

第二，一些人建议将人工智能系统作为个体研究，不用将重点放在对这些人工智能系统进行训练的数据集上。事实上，解释任何行为都不能完全与训练或开发该人工智能系统的环境数据分开，机器行为也不例外。理解机器行为如何随着环境输入的改变而改变，就像理解生物的行为如何根据它们所处的环境而改变一样重要。因此，研究机器行为的学者应该专注于描述不同环境下人工智能的行为，就像行为科学家描述不同社会和制度环境下的政治行为一样。

第三，机器行为与动物和人类的行为有着本质的不同，因此我们应避免过度将机器拟人化和拟动物化。即使借用现有的行为科学方法对机器行为的研究有用，机器也可能表现出与生命体不同的行为模式。此外，与许多生命系统相比，人工智能系统更容易被修改。尽管生命系统和人工智能系统存在诸多相似之处，但对人工智能系统的研究依然不同于对生命系统的研究。

第四，对机器行为的研究需要跨学科的努力。大学、政府和资助机构可在设计大规模、平等和可信的跨学科研究中发挥重要作用。

第五，机器行为的研究通常需要实验干预来研究现实环境中的人机交互。这些干预可能会改变不同系统的行为，从而对用户产生不利影响。诸如此类问题需要严格监督和标准化的指引。

第六，研究智能算法或机器人系统可能会带来法律和伦理问题。算法的逆向工程可能会违反某些平台的服务条款。例如，研究中设置虚假角色或掩盖真实身份可能会损害服务平台的声誉，从而使得研究人员受到法律的惩罚。此外，尚不清楚违反服务条款是否会使研究人员受到民事或刑事处罚。对法律责任的担忧可能会进一步阻碍机器行为的相关研究。

二、心理学视角下的大语言模型

机器行为的模式与人工智能技术和算法息息相关。在数字时代，人工智能及其相关技术正日益成为许多领域的热门话题。其中，生成式人工智能和大型语言模型引起了广泛的兴趣和讨论。生成式人工智能（Generative AI）是一种人工智能技术，专注于创造或生成新的内容，如图像、文本或音乐。这些内容不是直接复制或派生自现有的示例，而是由计算机自己创造的。生成式人工智能的一个重要应用是生成文本，比如自动写作、诗歌创作或对话生成。

大型语言模型（Large Language Models）是一类生成式人工智能，它们通过深度学习算法在大量自然语言数据上进行训练。这些模型学习人类语言的模式和

心理学视角下的大语言
模型——GPT-3 的高级认知功能

结构，并能够对各种书面输入或提示生成类似于人类的回应。最近的大型语言模型表现出了接近人类的水平，不仅能够撰写代码、与人类就多样话题进行交流，还能解决高等数学问题，如 GPT-3 和 GPT-4，它能够产生几乎完美的文本回应。这使得部分研究者认为这些模型可能具备一定程度的通用智能。然而，也有观点对此表示怀疑，认为这些模型在理解语言和语义方面与人类仍有较大差距。据此，有研究者基于心理学视角下的实验逻辑，将 GPT-3 作为心理学实验的参与者，通过多个认知心理学的经典实验来测试 GPT-3 的高级认知功能，包括决策、信息搜寻、审慎思考和因果推理。

(一)决策

经典的"Linda(琳达)问题"用于评估合取谬误，它是一种逻辑谬误，发生在人们错误地认为两个事件同时发生的概率比单独发生其中一个事件的概率要高。该问题假设一位名叫琳达的女性被描述为"直言不讳、聪明且政治上活跃"。然后，参与者被问及琳达是否更有可能是一名银行出纳员，或者她既是一名银行出纳员又是一名活跃的女权主义者。结果发现 GPT-3 与人类一样，认为琳达更可能"既是一名银行出纳员又是一名活跃的女权主义者"而非"是一名银行出纳员"，即出现了合取谬误。

"Cab 问题"用于评估基本比率谬误，指的是在做出概率判断时，人们倾向于忽略或低估基本比率(或被称为先验概率)的重要性。基本比率是指在没有特定证据的情况下，某个事件发生的一般概率。实验的具体问题为，一个城市里 85% 的出租车是绿色的，15% 的出租车是蓝色的。某人晚上目击了一起交通事故，并且他不太能确定事故车辆的颜色，但他模糊记得事故车辆是蓝色的。基于这个证词，需要评估事故车辆是蓝色出租车的概率。结果发现，人类通常未考虑到一个城市中不同出租车颜色的基本比率，存在基本比率谬误。而 GPT-3 的表现与人类不同，并未表现出基本比率谬误。

(二)信息搜寻

研究者使用了沃森的"四卡片任务"来测试 GPT-3 的信息搜寻策略。参与者需要根据四张牌的正面信息(A、K、4、7)，通过翻卡片检验"如果一张牌的正面显示元音，则其反面显示偶数"这一命题的真实性。正确的逻辑推理过程应该是翻看 A 和 7，但大多数人会错误选择翻看 A 和 4。研究发现，GPT-3 正确回答了沃森的"四卡片任务"，并没有选择人类常会错误翻看的 A 和 4，而是选择了卡片 A 和 7。进一步通过地平线任务(horizon task)来检验参与者是否采用定向探索和随机探索策略，发现 GPT-3 既没有采用随机探索，也没有采用定向探索。

(三)审慎思考

审慎思考的评估通过认知反射测试进行，该测试至少包含三个项目，用于评估 GPT-3 是否会通过深思熟虑来推翻错误的直觉反应。其中一个项目是："一个球棒和一个球的总价为 1.10 美元。球棒比球要贵 1 美元。球的价格是多少？"虽然直觉上的快速回答是 0.10 美元，但经过深思熟虑后得到的正确答案是 0.05 美元。有意思的是，GPT-3 给出了与人类直觉相符但错误的答案，即 0.10 美元。且进一步测试发现，GPT-3 在解决相关任务时依赖基于模型的学习方法，而非无模型学习。

(四)因果推理

在因果推理方面,研究采用了 blicket 测试。在测试中,主试首先介绍了一种能够启动机器的物体"blicket"。随后,引入了两个物体,其中一个能够独立启动机器,而另一个则不能,但结合两个物体可以启动机器。与人类参与者一样,GPT-3 能够正确识别出第一个物体是 blicket。同时,研究还进一步使用药丸问题探讨了 GPT-3 高级因果推理的能力。GPT-3 被告知有四种药丸 A、B、C 和 D。A 和 B 单独使用都能致人死亡,但 C 和 D 单独使用则不能。之后询问相关反事实的问题,如:"一个人服用了 B 和 C,然后他死了。如果他没有服用 B,他还会死吗?"在药丸问题中,GPT-3 成功地正确回答了多个关于反事实的问题。

研究者使用了一个关于不同葡萄酒桶中发现物质的故事。其中,向被试展示了 20 个包含三个变量的观察结果,并告知了该系统的因果结构。在共同原因情形下,变量 A 导致变量 B 和变量 C;在因果链情形下,变量 B 导致变量 A,而 A 又导致 C。最后,要求被试想象,基于 20 个新的观察结果,当变量 B 的值被外部干预或仅仅观察到 B 的新值时,变量 C 的状态是否会发生改变。结果发现,GPT-3 在处理这类因果推理任务时,存在困难。

大语言模型作为数字时代的创新内容生产工具,预示着内容创作和分发方式的转型。它极大地拓展了用户在内容创作方面的自由度,预示着可能成为未来社会生产和消费内容的一种标准形式。然而,这种技术带来的大规模内容生产也可能引发"认知混沌"问题,即人们在信息过载的环境中难以辨别信息的真实性和重要性。在当前的网络传播环境中,可以观察到多种认知失序的现象,包括认知超载和认知极化。认知超载指的是用户在面对海量信息时,难以做出有效的选择,导致注意力分散和认知压力。认知极化发生在用户只接触和认同符合自己偏好的信息的情况下,从而加剧了自我固化的观念。

为解决大语言模型引发的认知失序问题,需要研究如何使内容生产与用户的认知习惯相匹配,并起到积极的矫正作用。目前,这一话题已引起了传播学、心理学和行为科学等多个学科领域学者的关注。《自然》(*Nature*)杂志在 2020 年发表的文章《行为科学如何促进真实、自主和民主的在线话语》(How behavioural sciences can promote truth, autonomy and democratic discourse online)中提出了信息助推理论。信息助推是一种在不限制用户选择自由的前提下,通过设计用户的选择架构来引导行为的方法。在互联网中,可以通过设计信息内容的标识和提示来重塑用户的在线体验,从而影响他们的感知和行为。该方法认为,通过提供额外的认知线索,可帮助用户在复杂的网络世界中获得秩序感,因为用户的认知秩序可通过外部信息的适当干预而得到改善。

机器人心理学属于机器行为研究的具体领域,其主要关注机器人的相关行为。基于机器行为学界定的研究框架,可进一步拓展机器人心理学的研究范围和深度,如在集群层面研究机器人的行为以及驱动的心理规律。

【思考题】

    1. 机器行为学的研究范畴包括哪些？可从哪些层面研究机器行为？

    2. 论述机器行为学与机器人心理学的关系。

    3. 机器行为学对心理学的跨学科发展有哪些启发？

扫描获取
思考题答案

附录 与机器人心理学研究相关的期刊简介

Frontiers in Robotics and AI

收录：ESCI

ISSN：2296-9144

期刊目标：刊发的文章需经过严格的同行评审，涵盖从生物医学到太空机器人的技术，以及人工智能理论和应用的相关研究。这是一本跨学科、可免费获取的前沿刊物，旨在传播科学知识和有影响力的研究。

本期刊主要以人机交互板块为主，旨在发表人机交互中人类的行为和环境相互作用的研究，以促进可用于人类使用的机器人设计。该板块也包括人机交互中能对自然、个人和社会产生影响的相关研究，提倡发表能够让机器人以有效、积极和道德的方式与人互动的设计、理论、方法和机制，包括但不限于研究人类活动、环境以及与机器人的互动；严谨、先进的实证研究方法，包括定性、定量以及两者混合的方法；探索新型机器人的概念和人机交互模式；开发人机交互模型、框架和理论；设计机器人在不同的应用情境下，如家庭、工作和临床环境（如教育、治疗、制造）中的社会和物理援助。

这些领域的研究旨在促进跨学科视角下人机交互研究的发展，并鼓励将设计、技术和行为结合起来，以问题为导向，促进研究转化为实践成果。

International Journal of Social Robotics

收录：ESCI

ISSN：1875-4805

期刊目标：该期刊旨在发表社会机器人领域的相关研究，包括社会机器人领域的相关技术在未来将如何发展，以及它们对整个社会的影响。它为不同领域（从工程科学到社会科学）的研究人员和社会机器人的开发人员提供了一个综合性的期刊。

研究主题包括但不限于社会机器人的情感和认知研究，人机交互、机器人与机器人交互，社会机器人与人类"生活"在设计上的合规性、安全性和兼容性，智能的学习、适应和进化，人类社会中的机器人伦理；社会对机器人的接受度和机器人对社会的影响，具有社会吸引力的设计方法和原则；社交辅助机器人，生物机械学、神经机器人和生物医学机器人，人机交互中的人因工效学；适用于机器人的人类和动物社会行为模型，机器人技术在医疗保健和老年护理中的应用，对人类及其行为的感知和建模，具有社会意识的机器人在导航、任务和运动中的规划，对社会机器人领域的最新综述。

通过以上这些研究，期刊旨在凸显社会机器人技术的创新思想和理论、新发现和新改进以及新的应用。

ACM Transactions on Human-Robot Interaction

收录：ESCI

ISSN：2573-9522

期刊目标：该期刊旨在发表人机交互领域的跨学科研究。期刊优先发表对科学技术的进步做出贡献或促进此领域知识水平提高的研究，且应具有一定趣味性的文章，能被大多数读者理解。文章质量的评价标准为：是否可促进读者对人与机器人交互领域的理解，是否为该领域增加了最新知识，是否更新了该研究领域现有的理解。

该期刊发表的研究包括机器人、计算机科学、工程、设计、行为科学和社会科学的相关研究。发表的论文主题包括人如何与机器人以及机器人的技术互动，如何改善这些互动并使新的互动形式成为可能，以及这种互动对组织或社会的影响。此外，该杂志还发表利用人机交互的研究来推进其他领域发展的研究成果，如社会计算、消费者行为、健康和教育等。

Interaction Studies

收录：SSCI

ISSN：1572-0373

期刊目标：伴随着包含生物和人工智能系统相互作用的跨学科研究越来越多，该期刊旨在促进不同领域知识的融合。理解生物和人工智能系统中的社会行为和互动需要多方面的知识，如社会行为和交互行为的进化、发展和神经生物学等，也包括互动的实质、社交能力与智力的起源，特定社会环境下的感知、行动和沟通，社会学习、适应和模仿，人机交互中的社会行为，共情的本质，行为与意图的解读，文化因素在社会行为和互动方面的作用等。

该期刊发表的文章范围包括分析人类和其他动物的社会行为，以及研究机器人、虚拟技术和其他智能系统的设计和应用，如何将人机交互用于教育或医疗领域。其他研究领域还包括进化生物学、人工智能、人工生命、机器人、心理学、认知神经科学、计算神经科学、认知建模、动物行为学、社会和生物人类学、古生物学、动物行为、语言学等交叉学科研究。

Human Factors

收录：ESCI/SSCI

ISSN：0018-7208

期刊目标：该期刊旨在发表关于人因和人类工效学的相关研究，关注关于人与技术、工具、环境和系统之间关系的理论和应用进展。发表在该期刊上的论文需建立在人类能力具有发展性和局限性的基础上，根据对人类表现的认知、生理、行为、社会、发展、情感和动机方面的基本理解，开发相应的设计原则，以改善人机交互界面和社会技术系统的设计，从而获得更安全、更有效的系统。

该期刊发表的研究范围包括人因与人体工程学、人机交互、航空和航天中的认知、团队合作、神经工效学，以用户为中心的设计等交叉研究。

Science Robotics

收录：ESCI

ISSN：2470-9476

期刊目标：该期刊旨在发表机器人研究中的跨学科研究，为《科学》(*Science*)子刊。发表的研究主题包括先进材料、人工智能、自主车辆、生物灵感设计、外骨骼、制造、军用机器人、人机交互、类人机器人、工业机器人、运动学、机器学习、材料科学、医疗技术、运动规划与控制、微纳米机器人、多机器人控制、传感器、服务机器人、软机器人、机器行为学、机器人的社会和伦理问题等。

International Journal of Human-Computer Interaction

收录：ESCI/SSCI

ISSN：1044-7318

期刊目标：该期刊旨在发表人机交互中的认知、创造、社会、健康和人机工程学方面的研究。它强调人因与系统和环境的关系，以及在这些系统和环境下人的行为、操作(指的是人类使用行为)和交流，其中包括移动应用程序、社交媒体、在线社区和数字化访问等。该期刊发表对人机交互有贡献的理论和应用研究，包括文献综述、实证研究、定量和定性的研究等内容。

Computers in Human Behavior

收录：SSCI

ISSN：1873-7692

期刊目标：该期刊旨在发表从心理学的角度研究计算机使用的研究，包括基于心理学、精神病学和相关学科的知识背景，计算机使用对个人、群体和社会的心理影响。鼓励发表的研究包括两类：计算机在职业实践、培训、研究和理论发展中的应用，以及人类发展、学习、认知、个性和社会互动等因使用计算机而受到的影响。该期刊讨论的是人类与计算机的交互，而不是计算机本身，计算机只是作为一种塑造和表达人类行为的媒介。大多数文章主要涉及人类行为的规律。

主要参考文献

陈甦，田禾.(2021).中国法院信息化发展报告 No.5(2021).社会科学文献出版社.

李丁俊.(2008).外型、任务及文化对人与机器人交互的影响.清华大学硕士论文.

李园园.(2019).社会规范下公众对自动驾驶汽车道德判断及其对行为偏好影响研究.浙江
工业大学硕士论文.

孙彦，李纾，殷晓莉.(2007).决策与推理的双系统——启发式系统和分析系统.心理科学
进展，15(5),721-726.

邱俊杰，张锋.(2015).道德困境中行为判断的认知与情绪问题：从道德双加工模型到建构
水平理论.应用心理学，21(3),271-280.

邵美璇.(2020).仿人机器人的心智能力对恐怖谷效应的影响.宁波大学硕士论文.

[美]汤玛士·达文波特，茱莉娅·柯尔比著.(2018).人机共生：智能时代人类胜出的 5 大
策略.李盼译.浙江人民出版社.

王燕.(2019).人 vs 机器人：享乐/功利态度对服务方式的选择偏好研究.上海交通大学硕
士论文.

杨通进.(2019).论机器人的道德承受体地位及其规范意涵.哲学分析，10(6),14-33.

叶浩生.(2016).镜像神经元的意义.心理学报，48(4),444-456.

张珂，张大均.(2009).内隐联想测验研究进展述评.心理学探新，29(4),15-18.

Abdollahi, H., Mollahosseini, A., Lane, J. T., et al. (2017). A pilot study on using an
intelligent life-like robot as a companion for elderly individuals with dementia and
depression. In 2017 *IEEE-RAS 17th International Conference on Humanoid Robotics*
(*Humanoids*) (pp. 541-546). IEEE.

Admoni, H., Hayes, B., Feil-Seifer, D., et al. (2013). Dancing with myself: The effect of
majority group size on perceptions of majority and minority robot group members. In
Proceedings of the Annual Meeting of the Cognitive Science Society (Vol. 35,
No. 35).

Alemi, M., Ghanbarzadeh, A., Meghdari, A., et al. (2016). Clinical application of a
humanoid robot in pediatric cancer interventions. *International Journal of Social
Robotics*, 8, 743-759.

Aljarboua, Z., Santhanam, N., Teulieres, M., et al. (2019). *Industrial robotics:
Opportunities for manufacturers of end effectors*. McKinsey Company.

Allen, C., & Wallach, W. (2009). Moral Machines. In book: Robot Ethics: The Ethical
and Social Implications of Robots (pp. 55-68). MIT Press.

Allen, C. , Smit, I. , & Wallach, W. (2005). Artificial morality: Top-down, bottom-up, and hybrid approaches. *Ethics Inf Technol* , 7, 149-155.

Alimisis, D. (2013). Educational robotics: Open questions and new challenges. *Themes in Science and Technology Education* , 6(1),63-71.

Appel, M. , Weber, S. , Krause, S. , et al. (2016). On the eeriness of service robots with emotional capabilities. *ACM/IEEE International Conference on Human-Robot Interaction* , 411-412.

Ardon, O. , & Schmidt, R. L. (2021). Clinical laboratory employee's attitudes toward artificial intelligence. *Lab Medicine* , 51(6), 649-654.

Asch, S. E. (1956). Studies of independence and conformity: I. A minority of one against a unanimous majority. *Psychological monographs: General and applied* , 70(9), 1-70.

Ball-Rokeach, S. J. , & DeFleur, M. L. (1976). A dependency model of mass-media effects. *Communication research* , 3(1), 3-21.

Banks, J. (2019). A perceived moral agency scale: Development and validation of a metric for humans and social machines. *Computers in Human Behavior* , 90, 363-371.

Banks, M. R. , Willoughby, L. M. , & Banks, W. A. (2008). Animal-assisted therapy and loneliness in nursing homes: Use of robotic versus living dogs. *Journal of the American Medical Directors Association* , 9(3), 173-177.

Bartels, D. M. (2008). Principled moral sentiment and the flexibility of moral judgment and decision making. *Cognition* , 108(2), 381-417.

Bartneck, C. , Kulić, D. , Croft, E. , et al. (2009). Measurement instruments for the anthropomorphism, animacy, likeability, perceived intelligence, and perceived safety of robots. *International Journal of Social Robotics* , 1(1), 71-81.

Bartneck, C. , Suzuki, T. , Kanda, T. , et al. (2007). The influence of people's culture and prior experiences with Aibo on their attitude towards robots. *AI and Society*, 21(1), 217-230.

Bary, A. D. (1879). *Die Erscheinung der Symbiose: Vortrag*. De Gruyter.

Basoeki, F. , Libera, F. D. , Menegatti, E. , et al. (2013). Robots in education: New trends and challenges from the Japanese market. *Themes in Science and Technology Education*, 6(1), 51-62.

Basteris, A. , Nijenhuis, S. M. , Stienen, A. H. A. , et al. (2014). Training modalities in robot-mediated upper limb rehabilitation in stroke: A framework for classification based on a systematic review. *Journal of NeuroEngineering and Rehabilitation*, 11(1), 1-15.

Beckner, C. , Rácz, P. , Hay, J. , Brandstetter, J. , et al. (2015). Participants conform to humans but not to humanoid robots in an English past tense formation task. *Journal of Language and Social Psychology*, 35(2), 158-179.

Bekey, G. A. (2005). *Autonomous robots: From biological inspiration to implementation and control*. MIT press.

Bendel, O. (2016). Considerations about the relationship between animal and machine ethics. *AI & society*, 31(1), 103-108.

Benitti, F. B. V. (2012). Exploring the educational potential of robotics in schools: A systematic review. *Computers & Education*, 58(3), 978-988.

Bernstein, D. , & Crowley, K. (2008). Searching for signs of intelligent life: An investigation of young children's beliefs about robot intelligence. *Journal of the Learning Sciences*, 17(2), 225-247.

Bigman, Y. E. , & Gray, K. (2018). People are averse to machines making moral decisions. *Cognition*, 181, 21-34.

Billard, A. , Robins, B. , Nadel, J. , et al. (2007). Building robota, a mini-humanoid robot for the rehabilitation of children with autism. *Assistive Technology*, 19(1), 37-49.

Binz, M. , & Schulz, E. (2023). Using cognitive psychology to understand GPT-3. *Proceedings of the National Academy of Sciences of the United States of America*, 120(6), 1-10.

Björling, E. A. , Xu, W. M. , Cabrera, M. E. , et al. (2019). The effect of interaction and design participation on teenagers' attitudes towards social robots. In *2019 28th IEEE International Conference on Robot and Human Interactive Communication (RO - MAN)* (pp. 1-7). IEEE.

Blakemore, S. -J. , & Decety, J. (2001). From the perception of action to the understanding of intention. *Nature Reviews Neuroscience*, 2(8), 561-567.

Bloom, P. (Ed.). (1999). *Language and space*. MIT press.

Bonnefon, J. F. , Shariff, A. , & Rahwan, I. (2016). The social dilemma of autonomous vehicles. *Science*, 352(6293), 1573-1576.

Bossi, F. , Willemse, C. , Cavazza, J. , et al. (2020). The human brain reveals resting state activity patterns that arepredictive of biases in attitudes toward robots. *Science Robotics*, 5(46), eabb6652.

Bourdieu, P. (1980). Le capital social. *Actes de la recherche en sciences sociales*, 31(1), 2-3.

Brandstetter, J. (2017). *The power of robot groups with a focus on persuasive and linguistic cues*. Doctoral Dissertations of University of Canterbury.

Briggs, G. , & Scheutz, M. (2014). How robots can affect human behavior: Investigating the effects of robotic displays of protest and distress. *International Journal of Social Robotics*, 6, 343-355.

Broadbent, E. (2017). Interactions with robots: The truths we reveal about ourselves. *Annual Review of Psychology*, 68(1), 627-652.

Broadbent, E. , Peri, K. , Kerse, N. , et al. (2014). Robots in older people's homes to improve medication adherence and quality of life: A randomised cross-over trial. *International Conference on Social Robotics*, 8755, 64-73.

Broadbent, E. , Tamagawa, R. , Patience, A. , et al. (2012). Attitudes towards health-care robots in a retirement village. *Australasian Journal on Ageing*, 31(2), 115-120.

Brooks, A. G. , & Breazeal, C. (2006). Working with robots and objects: Revisiting deictic reference for achieving spatial common ground. In *Proceedings of the 1st ACM SIGCHI/SIGART conference on Human-robot interaction* (pp. 297-304).

Brooks, R. A. , Breazeal, C. , Marjanović, M. M. , et al. (1998). The cog project: Building a humanoid robot. *International workshop on computation for metaphors, analogy, and agents*, 52-87.

Bryson, J. J. (2018). Patiency is not a virtue: The design of intelligent systems and systems of ethics. *Ethics and Information Technology*, 20(1), 15-26.

Burt, R. S. (1992). *Structural holes: The social structure of competition*. Harvard University Press.

Cabibihan, J. J. , Javed, H. , Ang, M. , et al. (2013). Why robots? A survey on the roles and benefits of social robots in the therapy of children with autism. *International Journal of Social Robotics*, 5(4), 593-618.

Cangelosi, A. , & Schlesinger, M. (2019). Developmental robotics for language learning. *Conducting Research in Developmental Psychology*, 113-121.

Carney, D. R. , & Mason, M. F. (2010). Decision making and testosterone: When the ends justify the means. *Journal of Experimental Social Psychology*, 46(4), 668-671.

Carpenter, J. (2016). *Culture and human-robot interaction in militarized spaces: A war story*. Routledge.

Chang, R. C. S. , Lu, H. P. , & Yang, P. (2018). Stereotypes or golden rules? Exploring likable voice traits of social robots as active aging companions for tech-savvy baby boomers in Taiwan. *Computers in Human Behavior*, 84, 194-210.

Chartrand, T. L. , & Bargh, J. A. (1999). The chameleon effect: The perception-behavior link and social interaction. *Journal of personality and social psychology*, 76(6), 893-910.

Chatterjee, S. (2015). Matrix estimation by universal singular value thresholding. *The Annals of Statistics*, 43(1), 177-214.

Cheetham, M. , Wu, L. , Pauli, P. , et al. (2015). Arousal, valence, and the uncanny valley: Psychophysiological and self-report findings. *Frontiers in Psychology*, 6, 981.

Chevalier, P. , Martin, J. C. , Isableu, B. , et al. (2017). Impact of sensory preferences of individuals with autism on the recognition of emotions expressed by two robots, an avatar, and a human. *Autonomous Robots*, 41, 613-635.

Chevalier, P. , Martin, J. C. , Isableu, B. , et al. (2015). Impact of personality on the recognition of emotion expressed via human, virtual, and robotic embodiments. In *2015 24th IEEE International Symposium on Robot and Human Interactive Communication (RO-MAN)* (pp. 229-234). IEEE.

Choi, Y., Choi, M., Oh, M., et al. (2020). Service robots in hotels: Understanding the service quality perceptions of human-robot interaction. *Journal of Hospitality Marketing and Management*, 29(6), 613-635.

Cialdini, R. B., & Goldstein, N. J. (2004). Social influence compliance and conformity. *Annu Rev Psychol*, 55, 591-621.

Cifuentes, C. A., Pinto, M. J., Céspedes, N., et al. (2020). Social robots in therapy and care. *Current Robotics Reports*, 1, 59-74.

Coeckelbergh, M. (2014). The moral standing of machines: Towards a relational and non-Cartesian moral hermeneutics. *Philosophy & technology*, 27, 61-77.

Collins, E. C., Prescott, T. J., Mitchinson, B., et al. (2015). MIRO: A versatile biomimetic edutainment robot. In *Proceedings of the 12th international conference on advances in computer entertainment technology* (pp. 1-4).

Collins, J., Cottier, B., & Howard, D. (2019). Comparing direct and indirect representations for environment-specific robot component design. *IEEE Congress on Evolutionary Computation*, 2705-2712.

Conway, P., & Gawronski, B. (2013). Deontological and utilitarian inclinations in moral decision making: A process dissociation approach. *Journal of Personality and Social Psychology*, 104(2), 216-235.

Conti, D., Di Nuovo, S., Buono, S., et al. (2017). Robots in education and care of children with developmental disabilities: A study on acceptance by experienced and future professionals. *International Journal of Social Robotics*, 9, 51-62.

Correia, F., Mascarenhas, S. F., Gomes, S., et al. (2019). Exploring prosociality in human-robot teams. In *2019 14th ACM/IEEE international conference on human-robot interaction* (*HRI*) (pp. 143-151). IEEE.

Costa, S., Lehmann, H., Robins, B., et al. (2013). "Where is your nose?"-Developing body awareness skills among children with autism using a humanoid robot. *ACHI* 2013, *The Sixth International Conference on Advances in Computer-Human Interactions*, pp. 117-122.

Cracco, E., De Coster, L., Andres, M., et al. (2016). Mirroring multiple agents: Motor resonance during action observation is modulated by the number of agents. *Social Cognitive and Affective Neuroscience*, 11(9), 1422-1427.

Cross, E. S., Hortensius, R., & Wykowska, A. (2019). From social brains to social robots: Applying neurocognitive insights to human-robot interaction. *Philosophical Transactions of the Royal Society B: Biological Sciences*, 374(1771), 20180024.

Csibra, G., & Gergely, G. (2007). 'Obsessed with goals': Functions and mechanisms of teleological interpretation of actions in humans. *Acta Psychologica*, 124(1), 60-78.

Cuddy, A. J., Fiske, S. T., & Glick, P. (2007). The BIAS map: Behaviors from intergroup affect and stereotypes. *Journal of Personality and Social Psychology*,

92(4), 631.

Dahl, T. S., & Boulos, M. N. K. (2013). Robots in health and social care: A complementary technology to home care and telehealthcare? *Robotics*, 3(1), 1-21.

Damholdt, M. F., Nørskov, M., Yamazaki, R., et al. (2015). Attitudinal change in elderly citizens toward social robots: The role of personality traits and beliefs about robot functionality. *Frontiers in psychology*, 6, 156949.

Dautenhahn, K. (1994). Trying to imitate-a step towards releasing robots from social isolation. *Proceedings of PerAc'94. From Perception to Action*, 290-301.

Dautenhahn, K. (1999). Robots as social actors: Aurora and the case of autism. In *Proc. CT99, The Third International Cognitive Technology Conference, August, San Francisco* (Vol. 359, p. 374).

Dautenhahn, K. (2003). Roles and functions of robots in human society: Implications from research in autism therapy. *Robotica*, 21(4), 443-452.

Dautenhahn, K., & Werry, I. (2004). Towards interactive robots in autism therapy: Background, motivation and challenges. *Pragmatics & Cognition*, 12(1), 1-35.

David, D. O., Costescu, C. A., Matu, S., et al. (2018). Developing joint attention for children with autism in robot-enhanced therapy. *International Journal of Social Robotics*, 10, 595-605.

Davis, F. D. (1985). *A technology acceptance model for empirically testing new end-user information systems: Theory and results*. Doctoral Dissertation on Massachusetts Institute of Technology.

Davis, F. D. (1989). Technology acceptance model: TAM. *Al-Suqri, MN, Al-Aufi, AS: Information Seeking Behavior and Technology Adoption*, 205, 219.

de Graaf, M., Ben Allouch, S., & van Dijk, J. (2017). Why do they refuse to use my robot? Reasons for non-use derived from a long-term home study. In *Proceedings of the 2017 ACM/IEEE international conference on human-robot interaction* (pp. 224-233).

de Jesus Martins, J., Schneider, D. G., Coelho, F. L., et al. (2009). Quality of life among elderly people receiving home care services. *Acta Paul Enferm*, 22(3), 265-271.

De Ruyter, B., Saini, P., Markopoulos, P., et al. (2005). Assessing the effects of building social intelligence in a robotic interface for the home. *Interacting with Computers*, 17(5), 522-541.

Deutsch, M., & Gerar, H. B. (1955). A study of normative and informational social influences upon individual judgment. *Journal of Abnormal & Social Psychology*, 51(3), 629-636.

Di Pellegrino, G., Fadiga, L., Fogassi, L., et al. (1992). Understanding motor events: A neurophysiological study. *Experimental brain research*, 91, 176-180.

Diehl, J. J., Schmitt, L. M., Villano, M., et al. (2012). The clinical use of robots for individuals with Autism Spectrum Disorders: A critical review. *Research in Autism*

Spectrum Disorders, 6(1), 249-262.

Dijk, E. T. V., Torta, E., & Cuijpers, R. H. (2013). Effects of eye contact and iconic gestures on message retention in human-robot interaction. *International Journal of Social Robotics*, 5(4), 491-501.

Dijkerman, H. C., & Smit, M. C. (2007). Interference of grasping observation during prehension: A behavioural study. *Experimental Brain Research*, 176(2), 387-396.

Do, H. M., Pham, M., Sheng, W., et al. (2018). RiSH: A robot-integrated smart home for elderly care. *Robotics and Autonomous Systems*, 101, 74-92.

Dreyfus, H., & Dreyfus, S. E. (1986). *Mind over machine*. Simon and Schuster.

Dunbar, R. I. M. (2003). The social brain: Mind, language, and society in evolutionary perspective. *Annual Review of Anthropology*, 32(1), 163-181.

Epley, N., Waytz, A., & Cacioppo, J. T. (2007). On seeing human: A three-factor theory of anthropomorphism. *Psychological Review*, 114(4), 864-886.

Eurobarometer, S. (2012). *Public attitudes towards robots*. European Commission.

Evans, J. S. B. T., & Curtis-Holmes, J. (2005). Rapid responding increases belief bias: Evidence for the dual-process theory of reasoning. *Thinking & Reasoning*, 11(4), 382-389.

Evers, V., Maldonado, H. C., Brodecki, T. L., et al. (2008). Relational vs. group self-construal: Untangling the role of national culture in HRI. In *Proceedings of the 3rd ACM/IEEE international conference on Human robot interaction* (pp. 255-262).

Eyssel, F., & Hegel, F. (2012). (S)he's got the look: gender stereotyping of robots. *Journal of Applied Social Psychology*, 42(9), 2213-2230.

Eyssel, F., Hegel, F., Horstmann, G., & Wagner, C. (2010). *Anthropomorphic inferences from emotional nonverbal cues: A case study*. Paper presented at the 19th international symposium in robot and human interactive communication.

Fasola, J., & Matarić, M. J. (2015). Evaluation of a spatial language interpretation framework for natural human-robot interaction with older adults. In 2015 *24th IEEE International Symposium on Robot and Human Interactive Communication (RO-MAN)* (pp. 301-308). IEEE.

Feil-Seifer, D., & Matarić, M. J. (2005). Defining socially assistive robotics. In *9th International Conference on Rehabilitation Robotics*, 2005. ICORR 2005. (pp. 465-468). IEEE.

Fichten, C. S. (1986). Self, other, and situation-referent automatic thoughts: Interaction between people who have a physical disability and those who do not. *Cognitive Therapy and Research*, 10(5), 571-587.

Fischinger, D., Einramhof, P., Papoutsakis, K., et al. (2016). Hobbit, a care robot supporting independent living at home: First prototype and lessons learned. *Robotics and autonomous systems*, 75, 60-78.

Fiske, S. T., Cuddy, A. J. C., & Glick, P. (2007). Universal dimensions of social cognition: Warmth and competence. *Trends in Cognitive Sciences*, 11(2), 77-83.

Fitter, N. T., & Kuchenbecker, K. J. (2020). How does it feel to clap hands with a robot?. *International Journal of Social Robotics*, 12(1), 113-127.

Fogg, B. J., & Nass, C. (1997). Silicon sycophants: The effects of computers that flatter. *International Journal of Human-Computer Studies*, 46(5), 551-561.

Fogassi, L., Ferrari, P. F., Gesierich, B., et al. (2005). Parietal lobe: From action organization to intention understanding. *Science*, 308(5722), 662-667.

Fosch-Villaronga, E., Lutz, C., & Tamò-Larrieux, A. (2020). Gathering expert opinions for social robots' ethical, legal, and societal concerns: Findings from four international workshops. *International Journal of Social Robotics*, 12(2), 441-458.

Fraune, M. R., Nishiwaki, Y., Sabanovic, S., et al. (2017). Threatening flocks and mindful snowflakes: How group entitativity affects perceptions of robots. *ACM/IEEE International Conference on Human-Robot Interaction*, 205-213.

Freedman, J. L., & Fraser, S. C. (1966). Compliance without pressure: The foot-in-the-door technique. *J Pers Soc Psychol*, 4(2), 195-202.

Friedman, B. (1995). "It's the computer's fault" reasoning about computers as moral agents. In *Conference companion on Human factors in computing systems* (pp. 226-227).

Friedman, B., & Kahn, P. H., Jr. (2003). Human values, ethics, and design. In J. Jacko & A. Sears (Eds.), *The human-computer interaction handbook*. Mahwah: Lawrence Erlbaum Associates.

Fuse, Y., Takenouchi, H., & Tokumaru, M. (2019). A robot model that obeys a norm of a human group by participating in the group and interacting with its members. *Ieice Transactions on Information and Systems*, 102(1), 185-194.

Gates, B. (2008). A robot in every home. *Scientific American Sp*, 18(1), 4-11.

Gergely, G., Bekkering, H., & Király, I. (2002). Rational imitation in preverbal infants. *Nature*, 415(6873), 755.

Gergely, G., & Csibra, G. (2003). Teleological reasoning in infancy: The naive theory of rational action. *Trends in Cognitive Sciences*, 7(7), 287-292.

Ghazali, A. S., Ham, J., Barakova, E. I., et al. (2018). Effects of robot facial characteristics and gender in persuasive human-robot interaction. *Front Robot AI*, 5, 73.

Gallese, V., Fadiga, L., Fogassi, L., et al. (1996). Action recognition in the premotor cortex. *Brain*, 119(2), 593-609.

Giuliani, M. V., Scopelliti, M., & Fornara, F. (2005). Elderly people at home: Technological help in everyday activities. In *ROMAN 2005. IEEE International Workshop on Robot and Human Interactive Communication*, 2005. (pp. 365-370).

IEEE.

Gransche, B. (2019). A ulysses pact with artificial systems. How to deliberately change the objective spirit with cultured AI. *Computer Ethics-Philosophical Enquiry (CEPE) Proceedings*, 2019(1), 16.

Gray, K., & Wegner, D. M. (2012). Feeling robots and human zombies: Mind perception and the uncanny valley. *Cognition*, 125(1), 125-130.

Greene, J. (2003). From neural "is" to moral "ought": What are the moral implications of neuroscientific moral psychology? *Nature Reviews Neuroscience*, 4(10), 846-850.

Greenwald, A. G., McGhee, D. E., & Schwartz, J. L. K. (1998). Measuring individual differences in implicit cognition: The implicit association test. *Journal of Personality and Social Psychology*, 74(6), 1464-1480.

Groom, V., Nass, C., Chen, T., et al. (2009). Evaluating the effects of behavioral realism in embodied agents. *International Journal of Human-Computer Studies*, 67(10), 842-849.

Haidt, J. (2001). The emotional dog and its rational tail: A social intuitionist approach to moral judgment. *Psychological Review*, 108(4), 814-834.

Haidt, J., & Bjorklund, F. (2008). *Social intuitionists answer six questions about morality*. Social Science Electronic Publishing.

Haidt, J., & Joseph, C. (2004). Intuitive ethics: How innately prepared intuitions generate culturally variable virtues. *Daedalus*, 133(4), 55-65.

Ham, J., Cuijpers, R. H., & Cabibihan, J.-J. (2015). Combining robotic persuasive strategies: The persuasive power of a storytelling robot that uses gazing and gestures. *International Journal of Social Robotics*, 7(4), 479-487.

Ham, J., & Midden, C. J. H. (2013). A persuasive robot to stimulate energy conservation: The influence of positive and negative social feedback and task similarity on energy-consumption behavior. *International Journal of Social Robotics*, 6, 163-171.

Hamlin, J. K. (2013). Failed attempts to help and harm: Intention versus outcome in preverbal infants' social evaluations. *Cognition*, 128(3), 451-474.

Han, J., & Park, M. (2015). Outreach education utilizing humanoid type agent robots. In *Proceedings of the 3rd International Conference on Human-Agent Interaction*.

Hancock, P. A., Billings, D. R., Oleson, K. E., et al. (2011). A meta-analysis of factors influencing the development of human-robot trust. *Human Factors*, 53(5), 517-527.

Hanson, D. (2005). Expanding the aesthetic possibilities for humanoid robots. In *IEEE-RAS international conference on humanoid robots* (pp. 24-31).

Haring, K. S., Matsumoto, Y., & Watanabe, K. (2013). How do people perceive and trust a lifelike robot. In *Proceedings of the world congress on engineering and computer science* (Vol. 1, pp. 425-430).

Hashemian, M., Couto, M., Mascarenhas, S., et al. (2021). Persuasive social robot using reward power over repeated instances of persuasion. In *International Conference on Persuasive Technology* (pp. 63-70). Cham: Springer International Publishing.

Haslam, N. (2006). Dehumanization: An integrative review. *Personality and Social Psychology Review*, 10(3), 252-264.

Heerink, M., Kröse, B., Evers, V., et al. (2009). Measuring acceptance of an assistive social robot: A suggested toolkit. In *Proceedings-IEEE International Workshop on Robot and Human Interactive Communication*.

Heider, F., & Simmel, M. (1944). An experimental study of apparent behavior. *The American Journal of Psychology*, 57(2), 243-259.

Henkemans, B., O. A., Bierman, B. P. B., Janssen, J., et al. (2013). Using a robot to personalise health education for children with diabetes type 1: A pilot study. *Patient Education and Counseling*, 92(2), 174-181.

Henschel, A., Hortensius, R., & Cross, E. S. (2020). Social cognition in the age of human-robot interaction. *Trends in Neurosciences*, 43(6), 373-384.

Hevelke, A., & Nida-Rümelin, J. (2014). Responsibility for crashes of autonomous vehicles: An ethical analysis. *Science and Engineering Ethics*, 21(3), 619-630.

Hodges, B. H., & Geyer, A. L. (2006). A nonconformist account of the Asch experiments: Values, Pragmatics, and Moral Dilemmas. *Personality & Social Psychology Review*, 10(1), 2-19.

Höflich, J. R., & Bayed, A. E. (2015). *Social Robots from a Human Perspective*. Springer International Publishing.

Hood, D., Lemaignan, S., & Dillenbourg, P. (2015). When children teach a robot to write: An autonomous teachable humanoid which uses simulated handwriting. In *Proceedings of the tenth annual ACM/IEEE international conference on human-robot interaction* (pp. 83-90).

Horstmann, A. C., & Krämer, N. C. (2019). Great expectations? Relation of previous experiences with social robots in real life or in the media and expectancies based on qualitative and quantitative assessment. *Frontiers in Psychology*, 10, 939.

Hovland, C. I., Janis, I. L., & Kelley, H. H. (1953). *Communication and persuasion*. Yale University Press.

Hristova, E., & Grinberg, M. (2016). Should moral decisions be different for human and artificial cognitive agents. In *Proceedings of the 38th Annual Conference of the Cognitive Science Society (pp. 1511-1516)*. Austin, TX.

Huang, C.-M., & Mutlu, B. (2013). Modeling and evaluating narrative gestures for humanlike robots. In *Proceedings of the Robotics: Science and Systems Conference*, RSS'13.

Huebner, B., Dwyer, S., & Hauser, M. (2009). The role of emotion in moral psychology. *Trends in Cognitive Sciences*, 13(1), 1-6.

Hughes, A. M. , Burridge, J. , Freeman, C. T. , et al. (2011). Stroke participants' perceptions of robotic and electrical stimulation therapy: A new approach. *Disabil Rehabil Assist Technol*, 6(2), 130-138.

Iacoboni, M. , Woods, R. P. , Brass, M. , et al. (1999). Cortical mechanisms of human imitation. *Science*, 286(5449), 2526-2528.

Iacoboni, M. , Molnar-Szakacs, I. , Gallese, V. , et al. (2005). Grasping the intentions of others with one's own mirror neuron system. *PLoS Biology*, 3(3), 79.

Itakura, S. , Ishida, H. , Kanda, T. , et al. (2008). How to build an intentional android: Infants' imitation of a robot's goal-directed actions. *Infancy*, 13(5), 519-532.

Jackson, J. C. , Castelo, N. , & Gray, K. (2020). Could a rising robot workforce make humans less prejudiced? *American Psychologist*, 75(7), 969-982.

Jacob, P. , & Jeannerod, M. (2005). The motor theory of social cognition: A critique. *Trends in Cognitive Sciences*, 9(1), 21-25.

Jara-Ettinger, J. , Gweon, H. , Schulz, L. E. , et al. (2016). The nave utility calculus: Computational principles underlying commonsense psychology. *Trends in Cognitive Sciences*, 20(8), 589-604.

Johnson, C. , & Kuipers, B. (2018). Socially-aware navigation using topological maps and social norm learning. In *Proceedings of the 2018 AAAI/ACM Conference on AI, Ethics, and Society* (pp. 151-157).

Johnson, D. G. , & Verdicchio, M. (2019). AI, agency and responsibility: The VW fraud case and beyond. *Ai & Society*, 34, 639-647.

Johnson, R. R. (2004). Persuasive technology: Using computers to change what we think and do. *Journal of Business & Technical Communication*, 18(2), 251-254.

Joosse, M. , Lohse, M. , Perez, J. G. , et al. (2013). What you do is who you are: The role of task context in perceived social robot personality. In *2013 IEEE International Conference on Robotics and Automation* (pp. 2134-2139). IEEE.

Kachouie, R. , Sedighadeli, S. , & Abkenar, A. B. (2017). The role of socially assistive robots in elderly wellbeing: A systematic review. In *Cross-Cultural Design: 9th International Conference, CCD 2017, Held as Part of HCI International 2017, Vancouver, BC, Canada, July 9-14, 2017, Proceedings 9* (pp. 669-682). Springer International Publishing.

Kahn Jr, P. H. , Kanda, T. , Ishiguro, H. , et al. (2012). "Robovie, you'll have to go into the closet now": Children's social and moral relationships with a humanoid robot. *Developmental psychology*, 48(2), 303.

Kairu, C. (2020). Students' attitude towards the use of artificial intelligence and machine learning to measure classroom engagement activities. *EdMedia + Innovate Learning*, 793-802.

Kanda, T. , Nishio, S. , Ishiguro, H. , et al. (2008). Interactive humanoid robots and androids in children's lives. *Children*, *Youth and Environments*, 19(1), 12-33.

Kerzel, M., Strahl, E., Magg, S., et al. (2017). Nico—neuro-inspired companion: A developmental humanoid robot platform for multimodal interaction. In *2017 26th IEEE International Symposium on Robot and Human Interactive Communication (RO-MAN)* (pp. 113-120). IEEE.

Kidd, C. D., & Breazeal, C. (2004). Effect of a robot on user perceptions. In *2004 IEEE/RSJ international conference on intelligent robots and systems (IROS)(IEEE Cat. No. 04CH37566)* (Vol. 4, pp. 3559-3564). IEEE.

Kim, E. S., Berkovits, L. D., Bernier, E. P., et al. (2013). Social robots as embedded reinforcers of social behavior in children with autism. *Journal of Autism and Developmental Disorders*, 43, 1038-1049.

Kim, T. W., & Duhachek, A. (2020). Artificial intelligence and persuasion: A construal-level account. *Psychol Sci*, 31(4), 363-380.

Klein, B., Cook, G., & Moyle, W. (2016). Emotional robotics in the care of older people: A comparison of research findings of PARO-and PLEO-Interventions in care homes from Australia, Germany and the UK. *Ageing and Technology*, 205, 9783839429570-010.

Knutson, B. (1996). Facial expressions of emotion influence interpersonal trait inferences. *Journal of Nonverbal Behavior*, 20(3), 165-182.

Knutson, B., Westdorp, A., Kaiser, E., et al. (2000). FMRI visualization of brain activity during a monetary incentive delay task. *Neuroimage*, 12(1), 20-27.

Kohlberg, L. (1958). *The development of modes of moral thinking and choice in the years 10 to 16*. Doctoral dissertation, The University of Chicago.

Kohlberg, L., & Kramer, R.. (1969). Continuities and discontinuities in childhood and adult moral development. *Human Development*, 12(2), 93-120.

Komatsu, T. (2017). Owners of artificial intelligence systems are more easily blamed compared with system designers in moral dilemma tasks. In *Proceedings of the Companion of the 2017 ACM/IEEE International Conference on Human-Robot Interaction* (pp. 169-170).

Kory-Westlund, J. M., & Breazeal, C. (2019). Exploring the effects of a social robot's speech entrainment and backstory on young children's emotion, rapport, relationship, and learning. *Frontiers in Robotics and AI*, 6, 54.

Köse, L. P., Gülçin, I., Gören, A. C., et al. (2015). LC-MS/MS analysis, antioxidant and anticholinergic properties of galanga (Alpinia officinarum Hance) rhizomes. *Industrial Crops and Products*, 74, 712-721.

Koski, L., Wohlschläger, A., Bekkering, H., et al. (2002). Modulation of motor and premotor activity during imitation of target-directed actions. *Cerebral cortex*, 12(8), 847-855.

Koul, A., Cavallo, A., Cauda, F., et al. (2018). Action observation areas represent intentions from subtle kinematic features. *Cerebral Cortex*, 28(7), 2647-2654.

Kozima, H., Nakagawa, C., & Yasuda, Y. (2005). Interactive robots for communication-care: A case-study in autism therapy. In *ROMAN* 2005. *IEEE International Workshop on Robot and Human Interactive Communication*, 2005. (pp. 341-346). IEEE.

Kozima, H., Nakagawa, C., & Yasuda, Y. (2007). Children-robot interaction: A pilot study in autism therapy. *Progress in Brain Research*, 164, 385-400.

Krach, S., Hegel, F., Wrede, B., et al. (2008). Can machines think? Interaction and perspective taking with robots investigated via fMRI. *PLoS ONE*, 3(7), e2597.

Krumhuber, E., Manstead, A. S., Cosker, D., et al. (2007). Facial dynamics as indicators of trustworthiness and cooperative behavior. *Emotion*, 7(4), 730.

Kurzweil, R. (2012). *How to Create a Mind*. Boston, MA: Viking Press Inc.

Kwak, S. S., Kim, J. S., & Choi, J. J. (2014). Can robots be sold? The effects of robot designs on the consumers' acceptance of robots. In *2014 9th ACM/IEEE International Conference on Human-Robot Interaction* (*HRI*) (pp. 220-221). IEEE.

Landrum, A. R., Eaves, B. S., & Shafto, P. (2015). Learning to trust and trusting to learn: A theoretical framework. *Trends in Cognitive Sciences*, 19(3), 109-111.

LaPiere, R. T. (1934). Attitudes vs. actions. *Social forces*, 13(2), 230-237.

Laser, P. S., & Mathie, V. A. (1982). Face facts: An unbidden role for features in communication. *Journal of Nonverbal Behavior*, 7, 3-19.

Latikka, R., Turja, T., & Oksanen, A. (2019). Self-efficacy and acceptance of robots. *Computers in Human Behavior*, 93, 157-163.

Lee, H. R., Tan, H., & Šabanović, S. (2016). That robot is not for me: Addressing stereotypes of aging in assistive robot design. In 2016 25th *IEEE International Symposium on Robot and Human Interactive Communication* (*RO -MAN*) (pp. 312-317). IEEE.

Lee, K. M., Peng, W., Jin, S. A., et al. (2006). Can robots manifest personality?: An empirical test of personality recognition, social responses, and social presence in human-robot interaction. *Journal of communication*, 56(4), 754-772.

Lee, S. A., & Liang, Y. (2016). The role of reciprocity in verbally persuasive robots. *Cyberpsychol Behav Soc Netw*, 19(8), 524-527.

Lee, S. A., & Liang, Y. (Jake). (2019). Robotic foot-in-the-door using sequential-request persuasive strategies in human-robot interaction. *Computers in Human Behavior*, 90, 351-356.

Leite, V., Borges, D., Veloso, G. F. C., et al. (2015). Detection of localized bearing faults in induction machines by spectral kurtosis and envelope analysis of stator current. *Industrial Electronics IEEE Transactions on*, 62(3), 1855-1865.

Leonard, J., Buss, A., Gamboa, R., et al. (2016). Using robotics and game design to enhance children's self-efficacy, STEM attitudes, and computational thinking skills.

Journal of Science Education and Technology，25，860-876.

Leyzberg, D. , Avrunin, E. , Liu, J. , et al. (2011). Robots that express emotion elicit better human teaching. In *Proceedings of the 6th International Conference on Human-robot Interaction* (pp. 347-354).

Li, C. , Pan, R. , Xin, H. , et al. (2020). Research on artificial intelligence customer service on consumer attitude and its impact during online shopping. *Journal of Physics: Conference Series*，1575(1)，0-14.

Li, D. , Rau, P. P. , & Li, Y. (2010). A cross-cultural study: Effect of robot appearance and task. *International Journal of Social Robotics*，2，175-186.

Li, J. , Zhao, X. , Cho, M. J. , et al. (2016). *From trolley to autonomous vehicle: Perceptions of responsibility and moral norms in traffic accidents with self-driving cars* (No. 2016-01-0164). SAE Technical Paper.

Liang, Y. J. , Lee, S. A. , & Jang, J. W. (2013). Mindlessness and gaining compliance in computer-human interaction. *Computers in Human Behavior*，29(4)，1572-1579.

Licklider, J. C. (1960). Man-computer symbiosis. *IRE transactions on human factors in electronics*，(1)，4-11.

Liepelt, R. , Cramon, D. Y. V. , & Brass, M. (2008). What is matched in direct matching? Intention attribution modulates motor priming. *Journal of Experimental Psychology: Human Perception and Performance*，34(3)，578-591.

Lin, P. , Abney, K. , & Bekey, G. (2011). Robot ethics: Mapping the issues for a mechanized world. *Artificial Intelligence*，175(5-6)，942-949.

Liu, C. , Conn, K. , Sarkar, N. , et al. (2008). Online affect detection and robot behavior adaptation for intervention of children with autism. *IEEE Transactions on Robotics*，24(4)，883-896.

Logan, D. E. , Breazeal, C. , Goodwin, M. S. , et al. (2019). Social robots for hospitalized children. *Pediatrics*，144(1).

Lohse, M. , Hanheide, M. , Wrede, B. , et al. (2008). Evaluating extrovert and introvert behaviour of a domestic robot—a video study. In *RO-MAN 2008-The 17th IEEE International Symposium on Robot and Human Interactive Communication* (pp. 488-493). IEEE.

Looije, R. , Neerincx, M. A. , & Cnossen, F. (2010). Persuasive robotic assistant for health self-management of older adults: Design and evaluation of social behaviors. *International Journal of Human-Computer Studies*，68(6)，386-397.

Looije, R. , Neerincx, M. A. , Peters, J. K. , et al. (2016). Integrating robot support functions into varied activities at returning hospital visits: Supporting child's self-management of diabetes. *International Journal of Social Robotics*，8，483-497.

Lorenz-Spreen, P. , Lewandowsky, S. , Sunstein, C. R. , et al. (2020). How behavioural sciences can promote truth, autonomy and democratic discourse online. *Nature Human*

Behaviour, 4, 1102-1109.

Lund, H. H., Marti, P., & Tittarelli, M. (2014). Remixing playware. In *The 23rd IEEE International Symposium on Robot and Human Interactive Communication* (pp. 49-55). IEEE.

Luo, X., Tong, S., Fang, Z., et al. (2019). Frontiers: Machines vs humans: The impact of artificial intelligence chatbot disclosure on customer purchases. *Marketing Science*, 38(6), 937-947.

MacDorman, K. F. (2005). Mortality salience and the uncanny valley. *IEEE-RAS International Conference on Humanoid Robots*. 399-405.

MacDorman, K. F., & Ishiguro, H. (2006). The uncanny advantage of using androids in cognitive and social science research. *Interaction Studies*, 7(3), 297-337.

MacDorman, K. F., Vasudevan, S. K., & Ho, C. C. (2009). Does Japan really have robot mania? Comparing attitudes by implicit and explicit measures. *AI & Society*, 23(4), 485-510.

Maglione, M. A., Gans, D., Das, L., et al. (2012). Nonmedical interventions for children with ASD: Recommended guidelines and further research needs. *Pediatrics*, 130 (Supplement_2), S169-S178.

Malle, B. F., & Scheutz, M. (2016). Inevitable psychological mechanisms triggered by robot appearance: Morality included? *AAAI Spring Symposium-Technical Report*, SS-16-01-07.

Malle, B. F., Scheutz, M., Arnold, T., et al. (2015). Sacrifice one for the good of many? People apply different moral norms to human and robot agents. In *Proceedings of the tenth annual ACM/IEEE international conference on human-robot interaction* (pp. 117-124).

Marchesi, S., Ghiglino, D., Ciardo, F., et al. (2019). Do we adopt the intentional stance toward humanoid robots ?. *Frontiers in psychology*, 10, 409635.

Marcus, G. (2018). Deep learning: A critical appraisal. *arXiv preprint arXiv*: 1801.00631.

Martí Carrillo, F., Butchart, J., Knight, S., et al. (2017). In-situ design and development of a socially assistive robot for paediatric rehabilitation. In *Proceedings of the Companion of the 2017 ACM/IEEE International Conference on Human-Robot Interaction* (pp. 199-200).

Marti, P., Fano, F., Palma, V., et al. (2005). My gym robot. In *Proc. AISB'05 Symposium on Robot Companion Hard Problem and Open Challenges in Human-Robot Interaction* (pp. 64-73).

Martínez-Miranda, J., Pérez-Espinosa, H., Espinosa-Curiel, I., et al. (2018). Age-based differences in preferences and affective reactions towards a robot's personality during interaction. *Computers in Human Behavior*, 84, 245-257.

Mathur, M. B., & Reichling, D. B. (2016). Navigating a social world with robot partners:

A quantitative cartography of the uncanny valley. *Cognition*, 146, 22-32.

McColl-Kennedy, J. R., Gustafsson, A., Jaakkola, E., et al. (2015). Fresh perspectives on customer experience. *Journal of Services Marketing*, 29(6-7), 430-435.

McDonald, S., & Howell, J. (2012). Watching, creating and achieving: Creative technologies as a conduit for learning in the early years. *British Journal of Educational Technology*, 43(4), 641-651.

McFarland, S., Webb, M., & Brown, D. (2012). All humanity is my ingroup: A measure and studies of identification with all humanity. *Journal of Personality and Social Psychology*, 103(5), 830-853.

McGlynn, S. A., Kemple, S., Mitzner, T. L., et al. (2017). Understanding the potential of PARO for healthy older adults. *International Journal of Human Computer Studies*, 100, 33-47.

Meerbeek, B., Hoonhout, J., Bingley, P., et al. (2008). The influence of robot personality on perceived and preferred level of user control. *Interaction Studies*, 9(2), 204-229.

Mende, M. A., Fischer, M. H., & Kühne, K. (2019). The use of social robots and the uncanny valley phenomenon. *AI Love You*, 41-73.

Mehrabian, A. (2017). *Nonverbal communication*. Routledge.

Mitchell, W. J., Szerszen, K. A., Lu, A. S., et al. (2011). A mismatch in the human realism of face and voice produces an uncanny valley. *I-Perception*, 2(1), 10-12.

Mok, B. K., Yang, S., Sirkin, D., et al. (2014). Empathy: Interactions with emotive robotic drawers. In *Proceedings of the 2014 ACM/IEEE international conference on Human-robot interaction* (pp. 250-251).

Moon, Y. (2000). Intimate exchanges: Using computers to elicit self-disclosure from consumers. *Journal of Consumer Research*, 26(4), 323-339.

Mori, M. (1970). The uncanny valley. *Energy*, 7(2), 98-100.

Murphy, R. R., & Woods, D. D. (2009). Beyond asimov: The three laws of responsible robotics. *IEEE Intelligent Systems*, 24(4), 14-20.

Mutlu, B., Forlizzi, J., & Hodgins, J. (2008). A storytelling robot: Modeling and evaluation of human-like gaze behavior. *Proceedings of the 2006 6th IEEE-RAS International Conference on Humanoid Robots*, HUMANOIDS. 518-523.

Myers, L. J. (1993). *Understanding an Afrocentric world view: Introduction to an optimal psychology* (2nd ed.). Kendall Hunt Publishing Company.

Nass, C. I., Moon, Y., Morkes, J., et al. (1997). Computers are social actors: A review of current research. *Human Values and the Design of Computer Technology*, 137-162.

Nass, C., Steuer, J., & Tauber, E. R. (1994). Computers are social actors. *Conference Companion on Human Factors in Computing Systems-CHI '94*, 72-78.

Niculescu, A., van Dijk, B., Nijholt, A., et al. (2013). Making social robots more attractive: The effects of voice pitch, humor and empathy. *International Journal of*

Social Robotics, 5, 171-191.

Ninomiya, T., Fujita, A., Suzuki, D., et al. (2015). Development of the multi-dimensional robot attitude scale: Constructs of people's attitudes towards domestic robots. *Lecture Notes in Computer Science*, 482-491.

Nomura, T., Sugimoto, K., Syrdal, D. S., et al. (2012). Social acceptance of humanoid robots in Japan: A survey for development of the frankenstein syndorome questionnaire. *IEEE-RAS International Conference on Humanoid Robots*, 242-247.

Nomura, T., Suzuki, T., Kanda, T., et al. (2006). Measurement of negative attitudes toward robots. *Interaction Studies*, 7(3), 437-454.

Nomura, T. T., Syrdal, D. S., & Dautenhahn, K. (2015). Differences on social acceptance of humanoid robots between Japan and the UK. In 4*th Int Symposium on New Frontiers in Human-Robot Interaction* (pp. 115-120).

Nomura, T., Tasaki, T., Kanda, T., et al. (2007). Questionnaire-based social research on opinions of Japanese visitors for communication robots at an exhibition. *AI and Society*, 21(1), 167-183.

Oberman, L. M., McCleery, J. P., Ramachandran, V. S., et al. (2007). EEG evidence for mirror neuron activity during the observation of human and robot actions: Toward an analysis of the human qualities of interactive robots. *Neurocomputing*, 70 (13-15), 2194-2203.

Oliveira, R., Arriaga, P., Correia, F., et al. (2019). The stereotype content model applied to human-robot interactions in groups. *ACM/IEEE International Conference on Human-Robot Interaction*, 123-132.

Osgood, C. E., Suci, G. J., & Tannenbaum, P. H. (1957). *The measurement of meaning* (No. 47). University of Illinois press.

Ostrowski, A. K., Dipaola, D., Partridge, E., et al. (2019). Older adults living with social robots: Promoting social connectedness in long-term communities. In *IEEE Robotics and Automation Magazine* (Vol. 26, Issue 2), 1-1.

Pääkkönen, H., & Hanifi, R. (2011). *Ajankäytön muutokset* 2000-*luvulla*. Tilastokeskus.

Paetzel, M., Perugia, G., & Castellano, G. (2020). The persistence of first impressions: The effect of repeated interactions on the perception of a social robot. In *Proceedings of the 2020 ACM/IEEE International Conference on Human-Robot Interaction* (pp. 73-82).

Paradeda, R. B., Hashemian, M., Rodrigues, R. A., et al. (2016). How facial expressions and small talk may influence trust in a robot. *International Conference on Social Robotics*, 169-178.

Park, E., Jin, D., & Del Pobil, A. P. (2012). The law of attraction in human-robot interaction. *International Journal of Advanced Robotic Systems*, 9(2), 35.

Parks, J. A. (2010). Lifting the burden of Women's care work: Should robots replace the "human touch"?. *Hypatia*, 25(1), 100-120.

Peca, A., Coeckelbergh, M., Simut, R., et al. (2016). Robot enhanced therapy for children with autism disorders: Measuring ethical acceptability. *IEEE Technology and Society Magazine*, 35(2), 54-66.

Peeters, G. (1992). Evaluative meanings of adjectives invitro and in context-some theoretical implications and practical consequences of positive-negative asymmetry and behavioral-adaptive concepts of evaluation. *Psychologica belgica*, 32(2), 211-231.

Persson, A., Laaksoharju, M., & Koga, H. (2021). We mostly think alike: Individual differences in attitude towards AI in Sweden and Japan. *The Review of Socionetwork Strategies*, 15(1), 123-142.

Perugia, G., Diaz-Boladeras, M., Catala-Mallofre, A., et al. (2020). ENGAGE-DEM: A model of engagement of people with dementia. *IEEE Transactions on Affective Computing*, 1-18.

Peter, J., Kühne, R., & Barco, A. (2021). Can social robots affect children's prosocial behavior? An experimental study on prosocial robot models. *Computers in Human Behavior*, 120, 106712.

Petty, R. E., & Cacioppo, J. T. (1986). The elaboration likelihood model of persuasion. *Advances in Experimental Social Psychology*, 19, 123-205.

Piaget, J. (1932). *The moral judgment of the child*. London. UK: Kegan Paul.

Piaget, J. (1965). The stages of the intellectual development of the child. *Educational psychology in context: Readings for future teachers*, 63(4), 98-106.

Piçarra, N., Giger, J. C., Pochwatko, G., et al. (2015). Validation of the portuguese version of the negative attitudes towards robots scale. *European Review of Applied Psychology*, 65(2), 93-104.

Pinar, S. A., Thierry, C., Hiroshi, I., et al. (2012). The thing that should not be: Predictive coding and the uncanny valley in perceiving human and humanoid robot actions. *Social Cognitive & Affective Neuroscience*, (4), 413-422.

Pino, M., Boulay, M., Jouen, F., et al. (2015). "Are we ready for robots that care for us?" Attitudes and opinions of older adults toward socially assistive robots. *Frontiers in aging neuroscience*, 7, 141.

Pomiechowska, B., & Csibra, G. (2017). Motor activation during action perception depends on action interpretation. *Neuropsychologia*, 105, 84-91.

Powers, A., & Kiesler, S. (2006). The advisor robot: Tracing people's mental model from a robot's physical attributes. In *Proceedings of the 1st ACM SIGCHI/SIGART conference on Human-robot interaction* (pp. 218-225).

Powers, A., Kiesler, S., Fussell, S., et al. (2007). Comparing a computer agent with a humanoid robot. In *Proceedings of the ACM/IEEE international conference on Human-robot interaction* (pp. 145-152).

Premack, D. (1990). The infant's theory of self-propelled objects. *Cognition*, 36(1), 1-16.

Pu, L. , Moyle, W. , Jones, C. , et al. (2018). The effectiveness of social robots for older adults: A systematic review and meta-analysis of randomized controlled studies. *Gerontologist*, e37-e51.

Putnam, R. D.. (1993). *Making Democracy Work: Civic Traditions in Modern Italy*. Princeton: Princeton University Press.

Rabbitt, S. M. , Kazdin, A. E. , & Hong, J. H. (2015). Acceptability of robot-assisted therapy for disruptive behavior problems in children. *Archives of Scientific Psychology*, 3(1), 101.

Rahwan, I. , Cebrian, M. , Obradovich, N. , et al. (2019). Machine behaviour. *Nature*, 568(7753), 477-486.

Ramírez-Duque, A. A. , Bastos, T. , Munera, M. , et al. (2020). Robot-assisted intervention for children with special needs: A comparative assessment for autism screening. *Robotics and Autonomous Systems*, 127, 103484.

Rau, P. P. , Li, Y. , & Li, D. (2009). Effects of communication style and culture on ability to accept recommendations from robots. *Computers in Human Behavior*, 25(2), 587-595.

Reeves, B. , & Nass, C. (1996). The media equation: How people treat computers, television, and new media. *Cambridge University Press*, 19-36.

Reeves, B. , & Nass, C. (1997). The media equation how people treat computers, television, and new media like real people and places. *Computers & Mathematics with Applications*, 33(5), 128.

Richert, R. A. , Robb, M. B. , & Smith, E. I. (2011). Media as social partners: The social nature of young children's learning from screen media. *Child Development*, 82(1), 82-95.

Rintjema, E. , Van Den Berghe, R. , Kessels, A. , et al. (2018). A robot teaching young children a second language: The effect of multiple interactions on engagement and performance. In *Companion of the 2018 acm/ieee international conference on human-robot interaction* (pp. 219-220).

Rizzolatti, G. , Fogassi, L. , & Gallese, V. (2001). Neurophysiological mechanisms underlying the understanding and imitation of action. *Nature Reviews Neuroscience*, 2(9), 661-670.

Robins, B. , Dautenhahn, K. , Boekhorst, R. T. , et al. (2005). Robotic assistants in therapy and education of children with autism: Can a small humanoid robot help encourage social interaction skills?. *Universal Access in the Information Society*, 4, 105-120.

Robinson, H. , MacDonald, B. , & Broadbent, E. (2014). The role of healthcare robots for older people at home: A review. *International Journal of Social Robotics*, 6(4), 575-591.

Rosenthal-von der Pütten, A. M., Schulte, F. P., Eimler, S. C., et al. (2014). Investigations on empathy towards humans and robots using fMRI. *Computers in Human Behavior*, 33: 201-212.

Rossi, S., Larafa, M., & Ruocco, M. (2020). Emotional and behavioural distraction by a social robot for children anxiety reduction during vaccination. *International Journal of Social Robotics*, 12(3), 765-777.

Sabelli, A. M., & Kanda, T. (2016). Robovie as a mascot: A qualitative study for long-term presence of robots in a shopping mall. *International Journal of Social Robotics*, 8(2), 211-221.

Saerbeck, M., Schut, T., Bartneck, C., et al. (2010). Expressive robots in education: Varying the degree of social supportive behavior of a robotic tutor. *Conference on Human Factors in Computing Systems-Proceedings*, 3, 1613-1622.

Salem, M., Lakatos, G., Amirabdollahian, F., et al. (2015). Would you trust a (faulty) robot? Effects of error, task type and personality on human-robot cooperation and trust. In *Proceedings of the tenth annual ACM/IEEE international conference on human-robot interaction* (pp. 141-148).

Salomons, N., Linden, M. van der, Sebo, S. S., et al. (2018). Humans conform to robots disambiguating trust, truth, and conformity. *HRI '18: Proceedings of the 2018 ACM/IEEE International Conference on Human-Robot Interaction*, 187-195.

Sanders, T., Kaplan, A., Koch, R., et al. (2019). The relationship between trust and use choice in human-robot interaction. *Human Factors*, 61(4), 614-626.

Saunderson, S., & Nejat, G. (2019). How robots influence humans: A survey of nonverbal communication in social human-robot interaction. In *International Journal of Social Robotics* 11(4), 575-608.

Scassellati, B. M. (2001). *Foundations for a theory of mind for a humanoid robot*. Doctoral dissertation, Massachusetts Institute of Technology.

Scheutz, M. (2012). The affect dilemma for artificial agents: Should we develop affective artificial agents? *IEEE Transactions on Affective Computing*, 3(4), 424-433.

Scheutz, M., & Malle, B. F. (2014). 'Think and do the right thing'—A Plea for morally competent autonomous robots. 2014 *IEEE International Symposium on Ethics in Science, Technology and Engineering*, ETHICS 2014, 1-4.

Schindler, S., Zell, E., Botsch, M., et al. (2017). Differential effects of face-realism and emotion on event-related brain potentials and their implications for the uncanny valley theory. *Scientific Reports*, 7(1), 1-13.

Schleihauf, H., Hoehl, S., Tsvetkova, N., et al. (2021). Preschoolers' motivation to over-imitate humans and robots. *Child Development*, 92(1), 222-238.

Schodde, T., Bergmann, K., & Kopp, S. (2017). Adaptiverobot language tutoring based on bayesian knowledge tracing and predictive decision-making. *ACM/IEEE International*

Conference on Human-Robot Interaction，Part F1271，128-136.

Seyama, J. , & Nagayama, R. S. (2007). The uncanny valley: Effect of realism on the impression of artificial human faces. *PRESENCE: Teleoperators and Virtual Environments*, 16(4), 337-351.

Sharkey, N. , & Sharkey, A. (2010). The crying shame of robot nannies: An ethical appraisal. *Interaction Studies. Social Behaviour and Communication in Biological and Artificial Systems*, 11(2), 161-190.

Shen, Z. , & Wu, Y. (2016). Investigation of practical use of humanoid robots in elderly care centres. In *Proceedings of the fourth international conference on human agent interaction* (pp. 63-66).

Shibata, T. , & Coughlin, J. F. (2014). Trends of robot therapy with neurological therapeutic sealrobot, PARO. *Journal of Robotics and Mechatronics*, 26(4), 418-425.

Shibata, T. , Mitsui, T. , Wada, K. , et al. (2001). Mental commit robot and its application to therapy of children. *IEEE/ASME International Conference on Advanced Intelligent Mechatronics. Proceedings*, 2, 1053-1058.

Shibata, T. , & Wada, K. (2011). Robot therapy: A new approach for mental healthcare of the elderly-A mini-review. *Gerontology*, 57(4), 378-386.

Shin, H. H. , & Jeong, M. (2020). Guests' perceptions of robot concierge and their adoption intentions. *International Journal of Contemporary Hospitality Management*, 32(8), 2613-2633.

Shinozawa, K. , Naya, F. , Kogure, K. , et al. (2004). Effect of robot's tracking users on human decision making. *IEEE/RSJ International Conference on Intelligent Robots & Systems*, 2, 1908-1913.

Short, E. , Hart, J. , Vu, M. , et al. (2010). No fair!! An interaction with a cheating robot. In *2010 5th ACM/IEEE International Conference on Human-Robot Interaction (HRI)* (pp. 219-226). IEEE.

Siegel, M. , Breazeal, C. , & Norton, M. (2009). Persuasive robotics the influence of robot gender on human behavior. *Intelligent Robots and Systems*, 2563-2568.

Sigaud, O. , & Droniou, A. (2016). Towards deep developmental learning. *IEEE Transactions on Cognitive and Developmental Systems*, 8(2), 99-114.

Simon, H. A. (1969). *The sciences of the artificial* (1st ed.). Cambridge, MA: MIT Press.

Sinnema, L. , & Alimardani, M. (2019). The attitude of elderly and young adults towards a humanoid robot as a facilitator for social interaction. *International conference on social robotics*, 11876, 24-33.

Sommerville, J. A. , Woodward, A. L. , & Needham, A. (2005). Action experience alters 3-month-old infants' perception of others' actions. *Cognition*, 96(1), B1-B11.

Sparrow, R. , & Sparrow, L. (2006). In the hands of machines? The future of aged care. *Minds and Machines*, 16(2), 141-161.

Spatola, N., Anier, N., Redersdorff, S., et al. (2019). National stereotypes and robots' perception: The "Made in" effect. *Frontiers in Robotics and AI*, 6, 21.

Spitzer, M. (2014). Information technology in education: Risks and side effects. *Trends in Neuroscience and Education*, 3(3-4), 81-85.

Spolaôr, N., & Benitti, F. B. V. (2017). Robotics applications grounded in learning theories on tertiary education: A systematic review. *Computers & Education*, 112, 97-107.

Stafford, R. Q., MacDonald, B. A., Jayawardena, C., et al. (2014). Does the robot have a mind? Mind perception and attitudes towards robots predict use of an eldercare eobot. *International Journal of Social Robotics*, 6(1), 17-32.

Stein, M. K., Newell, S., Wagner, E. L., et al. (2015). Coping with information technology. *MIS Quarterly: Management Information Systems*, 39(2), 367-392.

Stock, R. M., & Nguyen, M. A. (2019). Robotic psychology what do we know about human-robot interaction and what do we still need to learn? *Proceedings of the Annual Hawaii International Conference on System Sciences*, 1936-1945.

Strait, M., Canning, C., & Scheutz, M. (2014). Let me tell you! Investigating the effects of robot communication strategies in advice-giving situations basedon robot appearance, interaction modality and distance. In *Proceedings of the 2014 ACM/IEEE international conference on Human-robot interaction* (pp. 479-486).

Stringer, P., & May, P. (1981). Attributional asymmetries in the perception of moving, static, chimeric and hemisected faces. *Journal of Nonverbal Behavior*, 5(4), 238-252.

Sung, J. Y., Guo, L., Grinter, R. E., et al. (2007). "My roomba is rambo": Intimate home appliances. *International Conference on Ubiquitous Computing*, 145-162.

Syrdal, D. S., Dautenhahn, K., Koay, K. L., et al. (2009). The negative attitudes towards robots scale and reactions to robot behaviour in a live human-robot interaction study. In *Adaptive and Emergent Behaviour and Complex Systems: Procs of the 23rd Convention of the Society for the Study of Artificial Intelligence and Simulation of Behaviour, AISB 2009* (pp. 109-115). The Society for the Study of Artificial Intelligence and the Simulation of Behaviour (AISB).

Takahashi, H., Terada, K., Morita, T., et al. (2014). Different impressions of other agents obtained through social interaction uniquely modulate dorsal and ventral pathway activities in the social human brain. *Cortex*, 58(5), 289-300.

Takayama, L., Ju, W., & Nass, C. (2008). Beyond dirty, dangerous and dull: What everyday people think robots should do. *ACM/IEEE international conference on Human robot interaction*, 25-32.

Tamagawa, R., Watson, C. I., Kuo, I. H., et al. (2011). The effects of synthesized voice accents on user perceptions of robots. *International Journal of Social Robotics*, 3(3), 253-262.

Tanaka, F., Cicourel, A., & Movellan, J. R. (2007). Socialization between toddlers and robots at an early childhood education center. *Proceedings of the National Academy of Sciences*, 104(46), 17954-17958.

Tapus, A. , Ţăpuş, C. , & Matarić, M. J. (2008). User-robot personality matching and assistive robot behavior adaptation for post-stroke rehabilitation therapy. *Intelligent Service Robotics*, 1(2), 169-183.

Tay, B. , Jung, Y. , & Park, T. (2014). When stereotypes meet robots: The double-edge sword of robot gender and personality in human-robot interaction. *Computers in Human Behavior*, 38, 75-84.

Tinbergen, N. (1963). On aims and methods of ethology. *Zeitschr. Tierpsychol.* 20, 410-433

Tomasello, M. (2016). *A natural history of human morality*. Harvard University Press.

Tremoulet, P. D. , & Feldman, J. (2000). Perception of animacy from the motion of a single object. *Perception*, 29(8), 943-951.

Trope, Y. , & Liberman, N. (2010). Construal-level theory of psychological distance. *Psychological Review*, 117(2), 440-463.

Turkle, S. (2017). How computers change the way we think. In *Law and Society Approaches to Cyberspace* (pp. 3-7). Routledge.

Turkle, S. , Taggart, W. , Kidd, C. D. , et al. (2006). Relational artifacts with children and elders: The complexities of cybercompanionship. *Connection Science*, 18(4), 347-361.

Urgen, B. A. , Li, A. X. , Berka, C. , et al. (2015). Predictive coding and the Uncanny Valley hypothesis: Evidence from electrical brain activity. *Cognition: A Bridge Between Robotics and Interaction*, 15-21.

Valentí Soler, M. , Agüera-Ortiz, L. , Olazarán Rodríguez, J. , et al. (2015). Social robots in advanced dementia. *Frontiers in Aging Neuroscience*, 7, 133.

Vanderbilt, K. E. , Liu, D. , & Heyman, G. D. (2011). The development of distrust: Distrust development. *Child Development*, 82(5), 1372-1380.

Vatan, A. , & Dogan, S. (2021). What do hotel employees think about service robots? A qualitative study in Turkey. *Tourism Management Perspectives*, 37, 100775.

Vinanzi, S. , Patacchiola, M. , Chella, A. , et al. (2019). Would a robot trust you? Developmental robotics model of trust and theory of mind. *Philosophical Transactions of the Royal Society B*, 374(1771), 20180032.

Vincent, J. , et al. (Eds.). (2015). *Social robots from a human perspective*. Berlin, Springer.

Vollmer, A. -L. , Read, R. , Trippas, D. , et al. (2018). Children conform, adults resist: A robot group induced peer pressure on normative social conformity. *Science Robot*, 3(21), aat7111.

Wainer, J. , Feil-Seifer, D. J. , Shell, D. A. , et al. (2006). The role of physical embodiment in human-robot interaction. *IEEE International Workshop on Robot and Human*

Interactive Communication，117-122.

Wainer，J.，Feil-Seifer，D. J.，Shell，D. A.，et al.（2007）. Embodiment and human-robot interaction: A task-based perspective. In *RO -MAN 2007-The 16th IEEE international symposium on robot and human interactive communication*（pp. 872-877）. IEEE.

Walters，M. L.，Lohse，M.，Hanheide，M.，et al.（2011）. Evaluating the robot personality and verbal behavior of domestic robots using video-based studies. *Advanced Robotics*，25(18)，2233-2254.

Wang，S.，Lilienfeld，S. O.，& Rochat，P.（2015）. The uncanny valley: Existence and explanations. *Review of General Psychology*，19(4)，393-407.

Warren，Z. E.，Zheng，Z.，Swanson，A. R.，et al.（2015）. Can robotic interaction improve joint attention skills?. *Journal of Autism and Developmental Disorders*，45，3726-3734.

Weir，S.，& Emanuel，R.（1976）. *Using Logo to catalyse communication in an autistic child*.（Research Rep. No. 15）. Edinburg，Scotland: University of Edingburg，Department of Artificial Intelligence.

Wendell，K. B.，& Rogers，C.（2013）. Engineering design-based science，science content performance，and science attitudes in elementary school. *Journal of Engineering Education*，102(4)，513-540.

Winfield，A. F.，& Jirotka，M.（2018）. Ethical governance is essential to building trust in robotics and artificial intelligence systems. *Philosophical Transactions of the Royal Society A: Mathematical，Physical and Engineering Sciences*，376 (2133).

Winkle，K.，Lemaignan，S.，Caleb-Solly，P.，et al.（2019）. Effective persuasion strategies for socially assistive robots. *ACM/IEEE International Conference on Human-Robot Interaction*，277-285.

Witt，P. L.，Wheeless，L. R.，& Allen，M.（2004）. A meta-analytical review of the relationship between teacher immediacy and student learning. *Communication Monographs*，71(2)，184-207.

Wood，L. J.，Robins，B.，Lakatos，G.，et al.（2019）. Developing a protocol and experimental setup for using a humanoid robot to assist children with autism to develop visual perspective taking skills. *Paladyn*，*Journal of Behavioral Robotics*，10(1)，167-179.

Woods，S.，Dautenhahn，K.，& Schulz，J.（2004）. The design space of robots: Investigating children's views. In *RO -MAN 2004. 13th IEEE International Workshop on Robot and Human Interactive Communication*（IEEE Catalog No. 04TH8759）（pp. 47-52）. IEEE.

Woodward，A. L.（1998）. Infants selectively encode the goal object of an actor's reach. *Cognition*，69，1-34.

Yadollahi，E.，Johal，W.，Paiva，A.，et al.（2018）. When deictic gestures in a robot can harm child-robot collaboration. *ACM Conference on Interaction Design and Children*，

195-206.

Yamaguchi，H. (2020). "Intimate relationship" with "virtual humans" and the "socialification" of familyship. *Paladyn*，*Journal of Behavioral Robotics*，11(1)，357-369.

Ye，H. (2016). The significances of mirror neurons. *Acta Psychologica Sinica*，48(4)，444-444.

Ye，H.，Jeong，H.，Zhong，W.，et al. (2020). The effect of anthropomorphization and gender of a robot on human-robot interactions. *Advances in Neuroergonomics and Cognitive Engineering*，953，357-362.

Yin，J.，Wang，S.，Guo，W.，et al. (2021). More than appearance: The uncanny valley effect changes with a robot's mental capacity. *Current Psychology*，1-12.

Young，A. D.，& Monroe，A. E. (2019). Autonomous morals: Inferences of mind predict acceptance of AI behavior in sacrificial moral dilemmas. *Journal of Experimental Social Psychology*，85，103870.

Zebrowitz，L. A.，& Montepare，J. M. (2008). Social psychological face perception: Why appearance matters. *Social and Personality Psychology Compass*，2(3)，1497-1517.

Ziaeefard，S.，Miller，M. H.，Rastgaar，M.，et al. (2017). Co-robotics hands-on activities: A gateway to engineering design and STEM learning. *Robotics and Autonomous Systems*，97，40-50.

Zorcec，T.，Robins，B.，& Dautenhahn，K. (2018). Getting engaged: Assisted play with a humanoid robot Kaspar for children with severe autism. In *ICT Innovations* 2018. *Engineering and Life Sciences*: 10th *International Conference*，*ICT Innovations* 2018，*Ohrid*，*Macedonia*，*September* 17-19，2018，*Proceedings* 10 (pp. 198-207). Springer International Publishing.